短视频从入门到盈利

短视频

策划、拍摄、制作与运营 从入门到精通

邓竹◎编著

Planning, shooting, production and Operations from entry to mastery

北京大学出版社
PEKING UNIVERSITY PRESS

内 容 提 要

本书从短视频的实际应用出发，主要讲解了短视频的策划、拍摄、后期制作与运营推广等方面的技能与技巧，以帮助短视频创作者迅速掌握相关的知识并成功变现。

本书内容全面，逻辑清晰，贴近一线，实操性强。全书共分为12章，具体包括认识短视频（第1章），短视频的规划与布局、定位与内容策划、拍摄与编辑工具、拍摄技法（第2~5章），四大短视频主题拍摄详解（第6章），短视频制作要点与上传方法（第7章），使用Premiere编辑短视频（第8章），使用抖音拍摄、编辑与发布短视频（第9章），使用剪映App制作奇趣的短视频（第10章），高效推广短视频（第11章），短视频变现（第12章）。

本书不仅非常适合各类短视频创作者阅读，还适合从事新媒体传播实践工作的人员使用，同时也可作为本科院校及高职高专院校市场营销类、企业管理类、商业贸易类、电子商务类专业的新媒体类课程的教学用书。

图书在版编目(CIP)数据

短视频策划、拍摄、制作与运营从入门到精通 / 邓竹编著. — 北京：北京大学出版社，2021.8

ISBN 978-7-301-32262-8

Ⅰ. ①短… Ⅱ. ①邓… Ⅲ. ①视频编辑软件②图像处理软件 Ⅳ. ①TN94②TP391.413

中国版本图书馆CIP数据核字(2021)第122343号

书　　名 短视频策划、拍摄、制作与运营从入门到精通
DUANSHIPIN CEHUA、PAISHE、ZHIZUO YU YUNYING CONG RUMEN DAO JINGTONG

著作责任者 邓　竹　编著

责任编辑 张云静　吴秀川

标准书号 ISBN 978-7-301-32262-8

出版发行 北京大学出版社

地　　址 北京市海淀区成府路205 号　100871

网　　址 http://www.pup.cn　　新浪微博：@ 北京大学出版社

电子信箱 pup7@ pup.cn

电　　话 邮购部 010-62752015　发行部 010-62750672　编辑部 010-62570390

印 刷 者 天津中印联印务有限公司

经 销 者 新华书店

720毫米×1020毫米　16开本　18.75印张　329千字

2021年8月第1版　2023年2月第4次印刷

印　　数 9001-12000册

定　　价 58.00元

前言

不知从什么时候起，大家的生活节奏变得越来越快，完整的时间也越来越少。很多人习惯了在紧张的生活工作之余，见缝插针地摸出手机来上网，而这已然成为现代人的标志。这种变化导致人们的娱乐、交流方式变得越来越“短、平、快”，让应运而生的短视频迅猛发展。抖音、快手等平台火遍全国，正是对快节奏生活的最好诠释。

由于短视频形式非常适合大众的生活习惯，因此也成为移动互联网时代信息的主流传播方式。短视频的用户规模与市场规模变得日益庞大，不仅吸引了越来越多的创作者与MCN（多频道网络）机构，也吸引了巨量的资本进入，短视频领域的“含金量”不言而喻。

但是，要在短视频领域“淘金”却并不容易，许多进入短视频领域的个人与团队，不仅缺乏相关理论知识，更缺乏短视频制作、运营、推广方面的经验，因此多交了很多学费，付出了巨大的代价。鉴于此，编者萌生了帮助短视频创作者的愿望，希望帮助他们在这条路上行走得更稳、更好，于是有了本书的创作。编者调研了上百个热门短视频账号，访谈了数十名成功的短视频创作者，收集了大量的珍贵资料，经过长时间的整理与提炼，将之编撰成稿，以飨读者。

本书详细讲解了短视频策划、拍摄、后期处理与推广、快速变现等方面的理论知识以及实战技巧，内容全面而又不乏深度，具有较强的系统性与实操性，能够帮助读者快速掌握短视频从入门到盈利的一系列必要技能，让读者少走弯路，赢在起点。

本书不仅适合短视频行业新人阅读学习，也适合拥有一定经验的从业者作查漏补缺之用，还能供新媒体专业的师生、学者了解短视频在新媒体行业的应用与前景。

由于编者能力有限，且短视频领域仍处于快速发展和变化的过程中，因此本书难免有错漏之处，还望读者谅解并不吝指正。来函请发至452009641@aa.com，编者将尽力回复。

本书附赠相关学习资源，读者可用微信扫一扫下方二维码关注公众号，输入代码“37215”，即可获取下载地址及密码。

编　者

目 录

01 Chapter

第 1 章
认识短视频

1.1 短视频的概述 // 2
- 1.1.1 什么是短视频？ // 2
- 1.1.2 短视频的类型 // 3

1.2 短视频的商业价值 // 4

1.3 短视频领域不可触碰的“雷区” // 6
- 1.3.1 法律雷区 // 7
- 1.3.2 道德雷区 // 7
- 1.3.3 平台雷区 // 7

1.4 秘技一点通 // 7

第 2 章
短视频的
规划与布局

2.1 不同短视频平台的特点 // 12
- 2.1.1 抖音 // 13
- 2.1.2 快手 // 14
- 2.1.3 美拍 // 14
- 2.1.4 好看视频 // 15

2.2 选择短视频平台的四个因素 // 16

2.3 如何布局短视频营销账号矩阵？ // 18
- 2.3.1 1+*N*矩阵 // 19
- 2.3.2 AB矩阵 // 19
- 2.3.3 蒲公英矩阵 // 19
- 2.3.4 HUB矩阵 // 20

2.4 如何布局多平台营销自媒体矩阵？ // 21

2.4.1 布局多平台自媒体矩阵需要关注的重点内容 // 21
2.4.2 不同站外平台的引流 // 22
2.5 秘技一点通 // 27

03 Chapter 第3章 短视频定位与内容策划

3.1 短视频的定位原则 // 31
3.1.1 标签定位——给观众留下什么印象 // 31
3.1.2 观众定位——给谁看 // 32
3.1.3 内容定位——做什么 // 33
3.2 策划短视频内容的 4 个要点 // 35
3.2.1 明确视频要实现的目的 // 35
3.2.2 明确视频的主题 // 35
3.2.3 编写内容大纲（故事梗概） // 36
3.2.4 填充内容细节 // 36
3.3 短视频脚本的编写技巧 // 37
3.3.1 短视频脚本的类型 // 38
3.3.2 编写短视频脚本的要点和“万能公式” // 40
3.3.3 从产品维度策划脚本 // 41
3.3.4 从“粉丝”维度策划脚本 // 43
3.3.5 从营销策略维度策划脚本 // 44
3.4 轻松策划各类常见短视频 // 45
3.4.1 策划技能技巧展示类短视频 // 45
3.4.2 策划评论类短视频 // 46
3.4.3 策划知识教学类短视频 // 47
3.4.4 策划幽默搞笑类短视频 // 47
3.4.5 策划剧情类短视频 // 48
3.4.6 策划产品展示类短视频 // 49
3.4.7 策划品牌推广类短视频 // 50
3.5 秘技一点通 // 50

04 Chapter 第4章 短视频拍摄与编辑工具

4.1 短视频拍摄工具 // 54
4.1.1 4类常见的拍摄工具 // 54
4.1.2 4类常见的辅助工具 // 57
4.2 短视频编辑制作工具 // 60
4.2.1 视频剪辑工作对电脑性能的要求 // 60
4.2.2 电脑端视频编辑软件 // 61
4.2.3 手机端视频处理App // 63
4.3 秘技一点通 // 64

05 Chapter 第5章 短视频的拍摄技法

5.1 短视频常用的拍摄技法 // 72
5.1.1 镜头语言：引导观众的思维 // 72
5.1.2 运镜：用镜头的移动来表现不同的视角 // 74
5.1.3 转场：两个场景之间的切换效果 // 77
5.1.4 走位：演员在拍摄时的移动路线 // 80
5.2 短视频常用的布光技法 // 81
5.2.1 光源：类型不同，效果各异 // 81
5.2.2 光位：7种方向，7种效果 // 82
5.2.3 光质：聚散软硬，灵活运用 // 84
5.2.4 室内人物视频的布光技巧 // 85
5.2.5 室外视频的布光技巧 // 85
5.3 短视频常用的5种构图技法 // 86
5.3.1 对角线构图法 // 87
5.3.2 对称构图法 // 87
5.3.3 放射/汇聚构图法 // 88
5.3.4 九宫格构图法 // 89
5.3.5 黄金分割构图法 // 89
5.4 秘技一点通 // 90

06 Chapter 第6章 四大短视频主题拍摄详解

6.1 产品营销类短视频的拍摄 // 96
6.1.1 产品营销类短视频的拍摄原则 // 96
6.1.2 农产品产地采摘与装箱类短视频的拍摄要点 // 98
6.1.3 工业品制作过程类短视频的拍摄要点 // 99
6.1.4 产品开箱类短视频的拍摄要点 // 101
6.1.5 产品展示类短视频的拍摄要点 // 102
6.1.6 产品使用评测类短视频的拍摄要点 // 103
6.2 美食类短视频的拍摄 // 105
6.2.1 美食类短视频的拍摄原则 // 105
6.2.2 美食探店类短视频拍摄要点 // 106
6.2.3 美食评测类短视频的拍摄要点 // 107
6.2.4 美食制作类短视频的拍摄要点 // 109
6.3 生活记录类短视频的拍摄 // 110
6.3.1 生活记录类短视频的拍摄原则 // 110
6.3.2 旅游类短视频的拍摄要点 // 112
6.3.3 萌宠萌宝类短视频的拍摄要点 // 113
6.3.4 街拍类短视频的拍摄要点 // 114
6.4 知识技能类短视频的拍摄 // 115
6.4.1 知识技能类短视频的拍摄原则 // 115
6.4.2 知识技巧分享类短视频的拍摄要点 // 116
6.4.3 技能展示类短视频的拍摄要点 // 117
6.4.4 教学类短视频的拍摄要点 // 118
6.4.5 咨询解答类短视频的拍摄要点 // 119
6.4.6 评论类短视频的拍摄要点 // 120
6.5 秘技一点通 // 121

07 Chapter 第7章 短视频制作要点与上传方法

7.1 短视频的制作规范 // 127

7.1.1 短视频的分辨率要求 // 127
7.1.2 短视频的时间要求 // 128
7.1.3 短视频的格式要求 // 129
7.2 短视频的制作步骤 // 129
7.2.1 整理原始素材 // 129
7.2.2 素材剪辑及检验 // 131
7.2.3 添加声音、字幕、特效 // 132
7.2.4 输出符合要求的短视频 // 133
7.3 短视频制作的注意事项 // 133
7.3.1 剪辑后情节应突出重点 // 133
7.3.2 配音与音乐要烘托气氛 // 134
7.3.3 加上片头片尾会显得更专业 // 135
7.4 短视频的上传方法 // 136
7.4.1 从电脑端上传短视频 // 136
7.4.2 从手机端上传短视频 // 140
7.5 秘技一点通 // 142

08 Chapter 第8章 使用 Premiere 编辑短视频

8.1 用Premiere制作精彩的短视频 // 145
8.1.1 新建项目并导入素材 // 145
8.1.2 素材的剪切与拼接 // 149
8.1.3 为片段添加转场效果 // 153
8.1.4 添加音乐、音效与配音 // 156
8.1.5 添加字幕并调整字幕时间线 // 164
8.1.6 使用“超级键”抠图更换视频背景 // 167
8.1.7 制作视频变速特效 // 171
8.1.8 为音频降噪，以提高音质 // 173
8.2 案例：制作高点赞数的短视频 // 175
8.2.1 精准、精练的字幕 // 176
8.2.2 放大的视频细节 // 177
8.2.3 无声胜有声的配乐 // 180

8.3 秘技一点通 // 180

09 Chapter
第9章 使用抖音拍摄、编辑与发布短视频

9.1 了解抖音App的功能界面 // 188
9.2 抖音中常用的拍摄技巧 // 192
9.2.1 设置滤镜与道具并进行拍摄 // 192
9.2.2 视频的分段拍摄与合成 // 194
9.2.3 调整播放速度让视频更加有趣 // 196
9.2.4 制作合拍视频 // 197
9.3 抖音中常用的编辑技巧 // 198
9.3.1 为视频添加背景音乐 // 198
9.3.2 为拍摄好的视频添加贴纸与特效 // 199
9.4 将短视频发布到抖音平台 // 201
9.5 设置好看的视频封面 // 202
9.6 秘技一点通 // 203

10 Chapter
第10章 使用剪映App制作奇趣的短视频

10.1 了解剪映App的功能界面 // 206
10.2 一键生成“圣诞快乐”视频 // 208
10.3 制作照片音乐卡点视频 // 211
10.4 制作多视频同框显示的短视频 // 213
10.5 制作电子音乐相册 // 215
10.6 自动识别语音并生成字幕 // 217
10.7 制作与喜欢的名人的“合照” // 218
10.8 制作“搜索一下”效果 // 220
10.9 一键生成可爱治愈的Vlog片头 // 222
10.10 秘技一点通 // 224

11 Chapter

第11章 高效推广短视频

11.1 设计吸引“粉丝”的短视频名片 // 233

11.1.1 什么是短视频的名片？ // 233

11.1.2 起一个好听、好记的昵称 // 234

11.1.3 上传符合定位的头像 // 236

11.1.4 撰写吸引目光的视频标题 // 239

11.1.5 策划方便推广的分类标签 // 244

11.1.6 撰写有吸引力的简介 // 245

11.1.7 编辑让人忍不住点击的封面 // 248

11.2 短视频的发布也有讲究 // 249

11.2.1 用@功能提醒“粉丝”观看 // 249

11.2.2 选择高效的发布时间段 // 250

11.2.3 发布规律要明确 // 250

11.3 提升视频权重与账号权重 // 251

11.3.1 平台流量池及推荐核心算法 // 251

11.3.2 什么是新作品流量触顶机制？ // 253

11.3.3 视频权重与账号权重的作用 // 254

11.3.4 权重与播放量的关系 // 254

11.3.5 如何根据基础数据测算权重？ // 255

11.3.6 提高权重的六大妙招 // 256

11.3.7 被平台降权后的补救方法 // 257

11.3.8 提高点赞率的4个方法 // 258

11.3.9 提高评论率的4个方法 // 261

11.3.10 提高播放量和互动量的九大关键环节 // 264

11.4 用DOU+工具将短视频推上热榜 // 266

11.4.1 抖音平台的推荐和分发的原理 // 266

11.4.2 新账号怎样投DOU+？ // 268

11.4.3 什么样的场景适合投DOU+？ // 269

11.4.4 分析DOU+热门的核心逻辑 // 270

11.4.5 DOU+投放技巧与常见问题 // 272

11.5 短视频播放与推广效果数据分析 // 273

11.5.1 不可不知的衡量指标 // 273
11.5.2 一定要重视初始推荐量 // 274
11.5.3 同期发布的多个短视频数据差距较大之解惑 // 274
11.5.4 分析相近题材短视频的数据 // 274
11.5.5 分析他人的爆款短视频数据 // 275
11.5.6 根据成绩差距来改进工作 // 275
11.6 秘技一点通 // 276

12 Chapter 第12章 短视频变现

12.1 渠道分成 // 279
12.2 广告合作 // 279
12.3 “粉丝”变现 // 281
12.4 电商变现 // 282
12.5 IP形象打造 // 284
12.6 知识付费 // 284
12.7 其他变现方式 // 286
12.8 秘技一点通 // 286

01 Chapter 认识短视频

▶ 本章要点

- ★ 了解短视频的概念
- ★ 了解短视频的类型
- ★ 了解短视频的商业价值
- ★ 了解短视频不可触碰的“雷区”

5G时代已经悄然拉开序幕，短视频正在占据越来越多的传播渠道，成为信息呈现的主流方式。于是，各类短视频平台如雨后春笋般快速成长，抢占流量的财富风口。各类互联网企业、自媒体达人都瞄准机会，纷纷涌入短视频行业，分享短视频的市场红利。

为了帮助即将进入短视频行业的读者朋友快速认识短视频，对短视频有一个正确的认识，本章将主要介绍短视频的概念、特点、类型和商业价值，以及该领域不可触碰的“雷区”。

1.1 短视频的概述

今天，短视频已然成为新一代的互联网风口。作为一种新兴的娱乐方式，短视频不受时间、地点的限制，在短时间内占领了全年龄段用户的心智，创造了极其可观的利润。本节将讲述什么是短视频及短视频的内容类型，总结高质量短视频的特点，梳理短视频的变现路径。通过对以上要点的学习，在短视频行业外观望的创业者，可以了解短视频的独特魅力，明白为什么要做短视频。

1.1.1 什么是短视频?

短视频，顾名思义就是时长较短的视频，但这样的定义既对也不对。从一定程度上来说，时长的缩短的确是短视频相较于在线视频的最大特点，但时下人们所接触到的短视频，更区别于传统长视频的鲜明特色，具体如下。

- 短小精悍，内容有趣。短视频的时长一般在15秒到1分钟，比传统长视频体量更小。同时，相较于文字和图片，视频能够带给用户更好的视觉体验，在表达时也更加生动形象。因为时间有限，短视频展示出的内容往往都是精华，符合用户碎片化的视听习惯，降低了人们观看短视频的时间成本。
- 互动性强，社交黏度高。观众可以在短视频App中对视频进行点赞、评论，或是在自己的好友圈进行转发，还可以给播主发送私信。播主也可以对评论、私信进行回复。这加强了用户与用户以及用户与播主之间的互动，提升社交黏性。

- 具有“草根”性。短视频的兴起，让许多“草根”出身的短视频创作者火了起来。和传统媒介相比，短视频的创作门槛更低，运营团队可根据市场的走向和当下火爆的元素或话题来灵活安排创作内容。抖音上热度不减的李子柒和Papi酱等，都是“草根”名人的代表。

- 娱乐性强。许多以创意类轻喜剧为主要内容的账号，如“陈翔六点半”，其创作的内容能在业余时间为用户带去轻松与欢乐，缓解了上班族的压力，收获了大量的粉丝。

- 剪辑手法充满创意。短视频常常运用充满个性和创意的剪辑手法，如运用比较动感的转场和节奏，或是加入解说、评论等，将用户带入播主的节奏中，让人欲罢不能。

名师点拨

短视频与直播的异同

短视频与直播既有相同之处，又有很大差异。首先，二者的互动性都比较强，但是直播可以为播主与观众提供实时互动，而短视频则需要通过评论或私信进行留言，等待播主回复。其次，在传播性上，短视频的传播平台较多，而直播在这一方面不如短视频。再次，在时长方面，直播一般会超过30分钟，而短视频则大多在15秒至1分钟。最后，二者涵盖的内容都十分丰富，包含了许多不同的类型。

1.1.2 短视频的类型

在短视频发展得如火如荼的今天，运营者要创作出高人气的短视频内容，就需要先了解目前深受观众喜爱的短视频内容有哪些，然后有针对性地进行内容策划。现如今，受观众喜爱的短视频类型主要有6种，如表1-1所示。

表 1-1　观众喜爱的 6 大短视频类型

类型	特点	典型案例（抖音账号）
解说吐槽类	不需要真人出镜，视频的画面内容主要是某部电影或电视剧的素材，加上播主的思路与观点，将其编写成脚本并进行配音	谷阿莫、小侠说电影
情景短剧类	通常展现一个完整的故事，故事中以俊男靓女作为主演，而故事脚本一般由创作团队创作，或直接收集粉丝投稿进行润色	情绪唱片、我有个朋友
个人才艺类	记录播主某项出众的技巧。形式可以是直接展示，也可以是教学	鸣小明、阿梨粤
生活、技巧分享类	主要分享生活中的各种日常和小技巧。日常内容包括亲子之间的故事，如有趣的父母观点、与伴侣的搞笑日常，或是萌娃，还有给人带来欢笑的宠物等	Ica伊卡、贫穷料理
街头采访类	记录路人关于各大热点问题的精彩观点	神街访、歪果仁研究协会
创意剪辑类	对视频素材进行剪辑与特效制作，加强视觉效果，或是为视频添加配音与字幕，完成二次创作	植物椿

1.2 短视频的商业价值

短视频能在短短几年内火爆发展，除因为其自身具有超强的感染力外，还因为它具有其他自媒体无法比拟的商业价值。

1. 专业营销策划

短视频虽然只有不到一分钟的时长，但要制作出高质量的短视频，仍需要较强的专业性，于是便催生了更多专业的MCN（Multi-Channel Network，多频道网络）机构。目前短视频行业同类型机构已经超过 7000 家，它们专业探索关于短视频行业的下一个风向，从而孵化迎合市场的高质量视频内容。

2. 超强的可观性

一方面，相较于文字、图像等内容，视频对观众的冲击力更大，观众形成的记忆也更深刻。观众不需要思考，只需要被动接受内容即可。久而久之，人们也就更乐意将短视频（见图 1-1）作为消磨闲暇时间的首选。

图 1-1　画面精美的短视频

另一方面，抖音、快手等短视频平台的火爆，重新定义了视频的长度。原本冗长的视频变得越来越精练，可观看性也越来越强，这刚好满足人们充分利用零碎时间的需求。

3. 更多的互动

由于短视频的新鲜度较高，且对应的短视频软件的功能也逐渐完善，人们可以很方便地对喜欢的视频进行点赞、评论、转发甚至翻拍，这大大加强了营销者与被营销者之间的互动性，也使得短视频更容易被人们接受。正是这种互动性，在不断地推动着短视频的发展。在图 1-2 中，左侧是短视频的评论区。可以看到，每一位用户都可以给短视频留言，短视频创作者也可以在此与留言的用户进行互动。右侧则是短视频的转发页面，用户可以通过此页面，将短视频转发给 App 内的好友，直接转发至日常动态，抑或是分享到其他平台，如微信朋友圈、QQ空间等。

图1-2　短视频的评论区与转发页面

4. 宽广的渠道

短视频可以在许多平台进行传播，除了短视频平台，资讯类平台（如今日头条）、社交平台（如微博、微信、QQ等）甚至购物类平台（如淘宝、天猫等），都有短视频的身影。除了上述网络平台，还有地铁和公交上的电视、商场的大荧幕等，只要是能播放视频的设备，就都可以成为短视频传播的媒介。

正是因为短视频在商业价值方面的潜力如此巨大，才引得众多个人与企业纷纷加入短视频行业。那么，作为运营者，应该如何实现短视频的巨大商业价值，将其与变现连接在一起呢？这就要求运营者对于短视频的变现路径，做到宏观、熟练地把握。

1.3　短视频领域不可触碰的“雷区”

短视频作为个人或团队向大众进行内容传递的一种媒介手段，也承担着文化传播的责任。因此，短视频虽在内容类型方面“百花齐放”，但在内容创作方面并不是百无禁忌的。

1.3.1 法律雷区

运营短视频作为一种盈利手段，受到法律法规的限制。个人或企业进行内容策划、拍摄时，都需要遵循相关的法律法规，千万不能触碰法律的红线。

特别是对于刚进入短视频行业的新手来说，某些行为即使看起来并非“大凶大恶”，但也可能是触犯国家法律法规的。例如，在视频中恶搞人民币、国歌、国旗，或是穿警服、军装拍摄视频等。平台审核通不过事小，因为无知而触碰了法律红线并承担相应的后果事大。

1.3.2 道德雷区

短视频行业的环境是在发展过程中不断被净化的。在其萌芽阶段，也曾出现过部分存在猎奇与“边缘化”行为的短视频。目前，由于各短视频平台的审核机制都在不断完善，这类视频已经无法通过严格的审核。新加入行业的运营者要坚守道德底线，做到不发布涉及他人隐私的视频，不发布含有虚假消息特别是未经验证的虚假病理知识，或治病偏方等内容的视频。

1.3.3 平台雷区

除了不能触碰道德与法律的底线，平台的规则也是不能违反的。短视频运营团队如果违反平台规则，就可能导致视频权重降低或是被封号等严重后果。不同平台的具体规则不尽相同，但是大致上都包括“不能营销、出现硬广和LOGO”“不能盗用他人的短视频或含有水印”等。短视频创作者要坚持原创，输出高质量的视频内容。

1.4 秘技一点通

1. 这三大内容不是“擦边球”，而是不可触碰的“禁区”

短视频并非法外之地，部分创作者可能由于法律意识薄弱，或出于猎奇心态，发布一些“看上去好像不违法”的作品。这样的话，不仅该账号会遭到封号处理，短视频制作人员也需要负相关法律责任。短视频团队坚决不能触碰的内容有哪些呢？

（1）黄、赌、毒与血腥暴力。与黄、赌、毒以及血腥暴力有关的内容是绝对不能发布的。如果视频中出现了此类内容，那么短视频创作团队不仅违反了平台的规定，还违背了国家法律。其中，播主要特别注意，短视频中不能出现危险武器，也不要做出危险动作，或是伤害自己和他人的行为。

（2）封建迷信。图文领域十分火的星座、算命、手相、面相等内容，在短视频平台并不能随意发布。虽然星座与取名这方面的内容在短视频平台有一定播放量，但面相、手相之类的内容，短视频团队就需要谨慎发布了，因为发布这类内容有被判定为封建迷信的风险。

（3）药品、保健品。在短视频平台买东西是大多数人都有的经历，但短视频播主推荐的商品大多是服装、食品、日用品等，不会出现药品与保健品等。例如抖音就明确规定："禁止分享包括但不限于违法违规商品、药品、保健品等。"

2. 免费素材平台——让灵感源源不断

持续不断地输出优质、不重复的垂直领域的内容，是短视频创作团队在确定账号发展的领域后，需要解决的重要问题之一。优质的素材内容一部分来源于短视频团队中，专业人员自身的知识储备，另一部分则可以在互联网中找寻合适的内容并进行加工。较为优质的网络素材平台包括百度经验、搜狐、今日头条、小红书等。百度经验可以为技能、知识类账号提供较多的素材，而小红书可以为美妆类账号提供灵感。百度经验中的素材分类，如图 1-3 所示。

图 1-3　百度经验的素材分类

进入百度经验的首页后可以看到，搜索框下方的菜单栏中有“分类”菜单选项。点击后会显示具体的分类，包括“美食/营养”“职场/理财”“时尚/美容”等。视频创作团队可以在与自身账号领域相匹配的分类中，寻找观众感兴趣的内容素材进行加工。

在确定短视频的主要内容后，剪辑过程中还需要如图片、电影片段这类素材。这时可以进入“80s电影网”下载需要的电影，然后截取需要的片段。对于图片素材，则可以通过千图网、堆糖App进行搜索，或是运用“创客贴”这一平台自行设计图片。

（1）5个可供用户免费下载的短视频网站：Coverr（一个提供免费视频的个人网站）、Videvo（不仅有免费视频，还有声音特效）、Mixkit（所有视频均支持1080P高清下载）、Vidsplay（一个完全免费的视频素材下载网站，视频可以为个人和商业项目免费使用）、OrangeHD（允许视频用于非商业用途，这里的视频多以全高清（1920p×1080p）或高清（1280p×720p）拍摄）；（2）文案免费下载网站：梅花网（视频广告大集合）、数英网（热文头条一网打尽，还有PPT模板和字体模板）、TOPYS（多方面都有涉猎的创意分享平台）；（3）8大免费音乐素材下载网站：YouTube、爱给网、淘声网、looperman、FreeSFX、freePD、Freesound、findsound。

3. 把握短视频的“黄金时长”

短视频虽“短”，但目前对于短视频的时长并没有固定的规范。在无具体规定的情况下，有经验的短视频创作团队并不会拼命追求短视频的“长度”，而是会想尽办法保证视频的完播率，即保证所有刷到视频的观众将这个视频看到最后。

要保证完播率，除了需要在视频开头几秒抓住观众的眼球，同时也建议短视频创作团队将时长控制在短视频的“黄金时长”——30秒内。30秒的时间不会特别长，一般不会让疲惫、注意力不集中的观众丧失观看的耐心。

另外，除非视频内容质量过硬，或是本身为剧情类短视频，可以用跌宕的剧情来把控住观众的好奇心，否则视频的时长就尽量不要超过一分钟。

02 Chapter 短视频的规划与布局

本章要点

★ 了解四大主流短视频平台

★ 掌握选择平台的四要素

★ 掌握短视频矩阵的布局方法

★ 掌握多平台矩阵的布局原则

无论是个人还是创作团队，要做好短视频，首先都得有一个整体的规划与布局。短视频账号的规划与布局也是短视频运营工作的重要内容。如果将运营账号比作在大海中驾驶一艘巨轮，那么提前规划和布局就是在为这艘巨轮制定合适的航线。选择在哪个平台进行运营，运用何种方式进行推广，是否建立矩阵等，都是短视频创作者或创作团队应当着重思考的问题。

为了帮助读者更好地选择适合自身账号发展的平台，本章将介绍目前较受欢迎的四个主流短视频平台的特点、选择短视频平台的四大要素，以及入驻平台后如何布局短视频营销矩阵，包括创建营销账号矩阵与多平台营销自媒体矩阵的方法和技巧。

2.1 不同短视频平台的特点

不同短视频平台的侧重点与生态环境不尽相同，运营者需要提前了解不同短视频平台在市场上的占有率、主要用户群体和生态环境等，并将不同平台与自身情况结合进行分析，谨慎迈出第一步。

短视频平台的发展经历了数个阶段，到近两年才趋于稳定。在我国，首个踏入短视频这片蓝海的，要数 2014 年 5 月上线的“美拍”，它的口号是“10 秒也能拍大片”，将短视频这一概念推向了普罗大众。同年 9 月，微信 6.0 带着新增的短视频功能面世，短视频的影响进一步扩大。次年，主要面向女性群体的小红唇 App 正式推出，UGC 时代的序幕缓缓拉开。

名师点拨

UGC 是什么？

UGC，全称为 User Generated Content，含义为用户自创内容，即以普通大众为创作主体，创作出的带有鲜明个人特色的内容。

目前火遍全国的抖音 App 直到 2016 年 9 月才正式问世，而“发掘真实农村”的快手 App，最早是以“GIF 快手”与大众见面的，但早期一直处于不温不火的状态。

今天，短视频领域形成了以抖音、快手为霸主，其他短视频App各有千秋的局面。这些短视频App十分相似，却又拥有不同的特色。要寻找最适合自身发展的平台，短视频创作团队不仅要从整体上把握当今时代短视频领域的共性，还需要了解不同App的特点。

2.1.1 抖音

抖音近年来在短视频领域可谓独占鳌头，以“记录美好生活”为口号的它，旨在让用户更加纯粹地享受浏览短视频的乐趣。抖音的主要特点如下。

（1）页面十分简洁。用户打开抖音App就能在首页直接浏览抖音推荐的短视频。用户除了在特定位置对短视频进行搜索，无法使用其他方式浏览短视频。同时，抖音也没有明显的“播放”与“暂停”按钮，对于正在播放的短视频，点击屏幕，就能实现暂停，如图2-1所示。

图2-1 抖音App主页的播放与暂停状态

（2）视频间无缝衔接。在抖音App中，视频与视频之间的切换，采取的是无缝衔接的模式，用户要浏览下一条短视频，用手指向上轻轻一划即可。这种与“刷微博”类似的、没有“尽头”的浏览设置，很容易让用户沉迷其中，对抖音“上瘾”。

（3）音乐主题拍摄，这是抖音的一大特色。它不仅让抖音出产的短视频节奏明快，富有感染力，也给当代年轻人提供了另一种展现自我的方式。在音乐方面，抖音为用户提供了丰富的配乐素材库，同时，用户也可以自己上传音频作为短视频的配乐。这样一来，便极大地促进了抖音短视频的多元化发展。

据统计，抖音的大多数用户的年龄在25~30岁，主要用户分布在一、二线城市。短视频创作团队要抓住一、二线城市的年轻人这一主要用户群体，首选渠道就是抖音App。

2.1.2 快手

快手于2012年进行了一次重大的转型，正式踏入“短视频社区”行列。同时，快手也推出了全新的产品定位：着重记录被主流媒体忽视的普通人的生活。快手的页面设计与抖音大相径庭，快手是可供用户选择的“封面展示型”。用户可以通过短视频的封面自行选择视频进行浏览，如图2-2所示。

图2-2　快手App主页

在图2-2中，左图为进入快手App后首页所示的内容。点击观看其中某段短视频后，短视频播放页面如右图所示。

在对待用户方面，快手坚持不对某一特定群体进行运营，也不与名人或知名主播签订合约，而是平等地对待每一位用户。不论是名人还是普通人，在进入快手后获得的平台待遇一模一样。快手的产品定位面向所有人，所有用户都可以用快手来记录生活中有意思的人或事。

什么人群会对快手更加青睐呢？快手用户的男女比例较为均衡，用户年龄层多数在25~35岁，主要用户分布在二、三线城市，其中农村用户居多。

2.1.3 美拍

美拍是一款集直播、视频拍摄和视频后期处理等功能于一身的手机

App，后期处理功能是其专属特色。

美拍App的首页和App中时不时弹出的围观窗口，如图2-3所示。用户可以根据弹出围观窗口判断是否“去围观”，如果对此用户感兴趣，就可以直接点击“去围观”按钮进入该用户的主页。

图 2-3 美拍的首页与弹出的围观窗口

美拍面世之初，受到了短视频用户的狂热追捧，它的上线可以说是开启了短视频拍摄的大流行阶段。后来一众名人入驻美拍，在名人效应的带动下，美拍的用户越来越多，美拍这款软件更是深入了众多用户的心中。

美拍App主打“美拍+短视频+直播+社区平台”的综合性功能，从视频拍摄到分享，形成了一条完整的生态链，在短视频发展早期，受到了许多用户的喜爱。

美拍的用户群体和其他短视频App有较大的不同，其女性用户占据了总用户人数的73.90%，年龄在35岁及以下的人占据用户总人数的86.09%，25~35岁的年轻人占据63.54%。这意味着，25~35岁的年轻女性为美拍的主要用户群体，这也符合美拍和美图公司专注“女性市场”的战略发展定位。

2.1.4 好看视频

“好看视频”是百度旗下的一款App，它并不是一个单纯的短视频App，其内容展现形式还包括直播、小程序、长视频等。同时，好看视频涵盖的内容也十分丰富，除了常见的搞笑、影视、音乐等大众化类别，还设有教育、军事、科技等个性化类别。

值得一提的是，“好看视频”中有许多优质的自制内容，包括自制热点原创内容、自制脱口秀栏目，以及自制名人节目等。

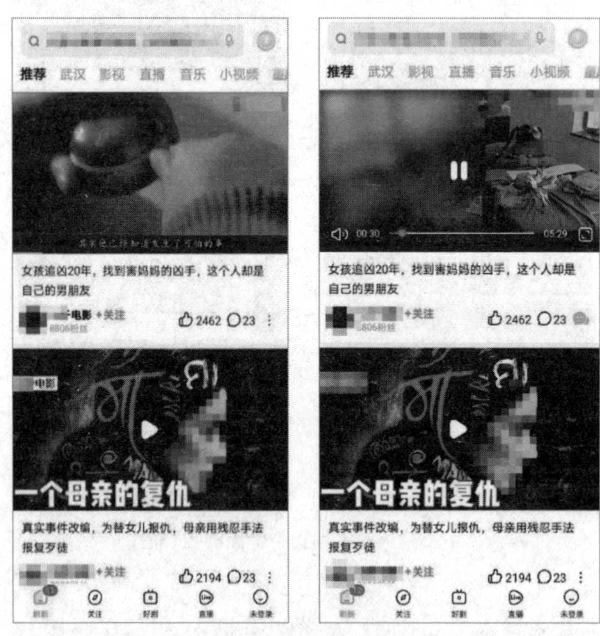

图 2-4 好看视频首页与视频浏览页面

“好看视频”的页面设置非常全面且细致，用户打开App后，在首页即可浏览系统推荐的短视频。页面中被置顶的短视频会自动播放。

在图 2-4 中，左侧为用户进入“好看视频”后即可看到的首页的情况。用户点击正在播放的视频，该视频的画面中心便会显示暂停键，画面下方会显示“静音”按钮、进度条和“横屏查看”按钮。如果用户选择横屏观看视频，那么该视频则会占满横屏页面。在这一模式中，用户可以通过上下划动来切换视频。

截至 2019 年 11 月，“好看视频”全域日活用户已达到 1.1 亿，独立App的人均使用时长为 70 分钟，停留 3 分钟以上的用户占比也超过了66%，暂居行业前列。

2.2 选择短视频平台的四个因素

短视频平台不仅数量繁多，且各具特色，让人眼花缭乱。但挑选一个适合自身发展的短视频平台又是短视频运营工作的重中之重。刚进入行业的新人团队可以从以下四个方面着手，来选择适合的平台。

1. 调性

不同的平台，其属性与特点各不相同，用户也是如此。短视频创作团队在选择平台的时候首先要充分考虑账号未来的发展方向、定位及营销的目的，同时，还要了解各平台的调性与用户特点，找到适合的目标用户群体，最终锁定平台。例如，介绍汽车方面的知识，针对的是男性用户群体的账号，就不适合在美拍平台发布短视频。美拍平台大多是年轻女性，而用户群体与内容调性不相符是短视频运营的大忌。

2. 规则

其实，短视频平台对于与自身调性一致的内容是更加欢迎的，但每个平台都有自己的规则，短视频创作团队要学会灵活调整自己发布的内容。例如，在多渠道分发短视频时，可以视不同平台的规则对视频进行不同的剪辑。如果这次需要在不允许直接出现店铺的LOGO、店名等内容的App上发布视频，就需要提前将视频中含有这些内容的部分剪辑掉。不仅仅是大范围上的规则部分，同样一段视频素材的配乐，也可以根据不同的平台进行更换。

3. 推荐

短视频创作个人或团队，要积极地通过好的渠道获取推荐位，以提升自己栏目的推广效果。在很多平台上，一个好的推荐位至关重要，如在今日头条平台，若没有推荐，就相当于没有阅读量。随着入驻各个平台的创作者逐渐增多，平台的要求也越来越严格，日常运营时要着重获取平台的各类资源。例如，着重于资讯的梨视频App，对一些质量高的视频不仅有流量补贴，更有现金补贴，新媒体团队在运营过程中要考虑如何获取这些资源。

4. 合作

在成本有限的情况下，短视频团队可以通过与部分渠道合作，将自己的栏目授权给这些渠道发行。这样不仅可以节省人力，还可以扩大多个渠道的影响力。另外，要注重多渠道发展，避免在账号因出现意外而被查封后，一切积累都化为乌有。前文提到的四大主流平台，都是适合进行推广的较好选择。

2.3 如何布局短视频营销账号矩阵?

单个账号在短视频平台单打独斗的力量是十分有限的，通常短视频创作团队会建立多个账号，与主账号组成矩阵。不同的账号在各自的平台造势，多方位吸引“粉丝”，同时互相合作，形成传播合力，即实现矩阵营销。

矩阵营销就是建立一个传播链，通过矩阵式账号相互引流，在主账号下形成“粉丝”流量的内部引流，避免“粉丝”流失，提升“粉丝”量，同时是扩大影响力的一种方式与手段。

矩阵号玩法不仅仅适合大V，也适合新手。矩阵营销的优点就是，有更多的流量入口，不同平台或账号之间可以进行资源互换，从而提升总体的“粉丝”数。

要拥有一个有效的账号矩阵，并不是一件容易的事，前期的科学决策与后期的悉心维护缺一不可。建立矩阵的第一步是对矩阵进行系统的设计，即为矩阵中不同的账号进行精准的角色定位，每一个账号承担的角色都是独一无二的，并且每一个账号都需要按照角色定位来规划和发展。例如，矩阵中的主账号，其作用是统领其他所有账号，巩固核心账号的地位。而矩阵中的引流账号，则专门负责为主账号引流，运营者要在该账号的个性签名或视频评论区列出主账号的名称，突出自身与主账号的关系，引导“粉丝”关注主账号。

除了角色定位，短视频创作团队还应当熟悉几种常见的矩阵模式。了解矩阵模式不仅可以为团队搭建矩阵提供思路，还能让新手们对于矩阵中账号所扮演的角色，拥有更深层次的了解。

常见的矩阵模式包括四种，分别是1+*N*矩阵、AB矩阵、蒲公英矩阵及HUB矩阵。这四种矩阵分别适用于不同类型的短视频系列账号，新手应当取其精华，应用到自己的矩阵中。

2.3.1　1+N矩阵

1+N矩阵是指建立一个以产品线为主导的账号矩阵，1 个主账号下再开设N个产品专项账号，以此构成完整的短视频宣传体系。

图 2-5　抖音中重庆旅游的子账号

举例来说，在西安凭借抖音走红后，我国不少旅游城市纷纷效仿，重庆就是其中之一。它采用 1+N矩阵模式，以重庆旅游为主账号，主账号下面又分别创建了“平安重庆”“发现重庆”“重庆美食圈”等子账号（见图 2-5），它们共同组成了宣传重庆美食、美景及各类资讯的短视频宣传体系。

2.3.2　AB 矩阵

AB 矩阵是指以塑造、维护品牌形象为目的，同时打造一个形象账号与一个品牌账号，组建抖音矩阵。

当当在抖音上建立的矩阵就是典型的 AB 矩阵，其形象账号为“当当图书”，品牌账号为“当当网”。前者主推当当图书的信息，后者主推当当网的品牌，包括当当图书的信息。众所周知，当当的主营业务就是图书业务，形象账号与品牌账号同步发力，能将这块业务更有力地推广开。同时二者定位明确，不会出现信息混乱的状况。由此，AB 矩阵的优势可以总结为两个关键点：

- 两个账号同时发力，一主一辅，在做好清晰定位的基础上，避免信息混乱，可以达到显著的宣传效果；
- 两个账号分别运用不同的宣传方式，例如一“硬”一“软”，“硬”是指某一账号以硬广告进行推广，信息全面且详细；“软”是指另一账号通过故事演绎或是热点插入的方式进行软推广，达到一加一大于二的效果。

2.3.3　蒲公英矩阵

蒲公英矩阵是指信息从一个官方账号传播出来后，其他多个账号进行转发，再以其他账号为中心进行新一轮的扩散。这一矩阵模式比较适合旗下子公司或子品牌较多的企业，由母公司建立核心账号并统一管理旗下多个子账号。但值得一提的是，核心账号不能对子账号的运营进行过多的干涉，以免影响其运作。

蒲公英矩阵的子账号既有特性又有共性，其对应的目标群体也是一样的。搭建蒲公英矩阵需要注意：

- 各账号之间定位有明确性、一致性，同时账号的内容一定要具有独特性，如此才能避免因为内容雷同而导致“粉丝”审美疲劳；
- 根据受众来决定要转发的账号，如果某账号需要转发内容，那么一定要选择与其目标“粉丝”重合度较高的内容进行转发，做到覆盖相应目标“粉丝”；
- 转发的内容不能过于垂直，要具有一定的大众性，否则传播范围难以扩大。

蒲公英矩阵的优势在于，首先，可以利用转发功能，通过矩阵的力量扩大信息覆盖面；其次，信息多次触及“粉丝”，可以形成持续的影响力，进一步加强“粉丝”对企业的印象。京东就是依照蒲公英矩阵模式，在抖音平台建立了属于自己的矩阵，京东是主账号，旗下开设了京东客服、京东数科、京东物流、京东手机等账号，如图 2-6 所示。

图 2-6　抖音中京东的蒲公英矩阵

在该矩阵中，由京东担任核心账号并管理子账号，但并不干涉子账号的具体事务。其视频内容除了在进行大范围宣传时需要统一，其余时间由子账号自行决定发布内容。

2.3.4 HUB矩阵

HUB 矩阵是指由一个核心账号领导其他子账号，子账号之间的关系是平等的，信息由核心账号向子账号放射，子账号之间的信息并不交互。此种模式多适用于集团旗下分公司较多，且相互分隔比较明显的情况。

HUB 矩阵与蒲公英矩阵看起来相似，但实际上差别比较大。新手们可以通过比较二者搭建时的注意事项来进行深入理解。

搭建HUB矩阵需要注意以下两点：

- 各个账号之间存在地域差异，因此在运营时要从内容、“粉丝”覆盖面等方面体现差异性；
- 地方账号可以尝试开展本地服务，吸引更多本地“粉丝”，与全国类的账号在内容与功能上形成互补。

以上四类矩阵模式对应不同的实际情况，新媒体团队可以此为参考，或是进行改良、结合，创造出属于自己的矩阵模式，从而获取更多流量资源。

2.4 如何布局多平台营销自媒体矩阵？

多平台矩阵营销，就是在多个平台建立账号、创作内容并发布。判断短视频成功的关键在于流量。因此，许多运营团队除了在本平台进行引流外，还会从短视频平台以外的社交媒体多方位吸引“粉丝”，跨越平台建立自媒体矩阵，加快账号的成长速度。

2.4.1 布局多平台自媒体矩阵需要关注的重点内容

在短视频以外的社交平台，进行短视频引流与推广的工作，一般被称为“站外推广”。在站外推广的基础上，搭建跨平台自媒体矩阵对营销者提出了更高的要求，因为站外推广的场所、目的、规则，与短视频平台有着极大的不同，运营者需要在前期进行充分的准备，厘清思路，时刻调整，才可能达到为账号引流的目的。另外，布局多平台自媒体矩阵时，需要重点关注以下两个方面的内容。

1. 不同平台的定位不同，要相互配合引流

既然是在短视频平台以外，为短视频平台的账号进行引流，也就是说，增加自身账号的流量才是关键，这就决定了站内账号与站外账号在运营重点上的不同。例如，某账号的主平台在抖音，经过多方面考虑决定在微博进行引流，那么，在微博上发布的内容就应当具有一定的引导性，将用户从微博引向抖音，这就决定了运营内容的不同。

在具体的内容发布频率方面，微博也许是低于抖音的；而在与用户的互动方面，微博则高于抖音，所以运营团队在微博评论区投入的精力也许更多一些，这就决定了运营工作侧重点的不同。

搭建多平台自媒体矩阵，最重要的前期准备工作就是进行合理、精准的定位。在以本平台的账号为核心账号的基础上，哪个平台的账号负责吸引特定群体的“粉丝”，哪个平台的账号负责组建群组进行卖货……不同平台的账号要各司其职，才能保证不出现信息混乱的问题，从而有效实现吸引“粉丝”、增强“粉丝”黏性的目的。

2. 决定引流成功的3个关键指标

搭建好多平台自媒体矩阵后，并不一定马上就能获得十分明显的引流效果。这时许多运营团队会感到疑惑：怎样判断引流是否成功了呢？答案是，通过分析站外平台发布的短视频的点击率、完播率、关注率的高低，就能判断引流是否成功。三个指标的具体含义如下。

- 点击率。点击率代表有多少站外用户对本条视频感兴趣。点击率越高，愿意前往站内的用户就越多。
- 完播率。完播率反映视频被完整播放的概率，即点开视频后，将视频看完的用户占打开视频的用户总数量的百分比。完播率越高，看完视频的用户就越多，营销、推广与引流的效果也就越好，反之，则表示该段视频对该平台用户不存在太大吸引力。仅从引流方面来讲，完播率越高，用户被引流到目标平台的可能性就越大。
- 关注率。关注率越高，表明该平台用户对账号的认同率越高，这样的用户通常不会抵触在多个平台关注同一个他们喜欢的账号。因此，他们被吸引到目标平台的可能性也越高。

2.4.2 不同站外平台的引流

虽说短视频App近两年迅速在国民心中占领了一席之地，但其他媒体平台并不因此而销声匿迹，大家熟悉的许多平台依旧保有大量的忠实用户，如微博、微信、QQ、今日头条等。这些平台都具有强大的生命力，以及不同的生态环境，短视频运营团队需要清楚地了解不同平台的特点及目标用户，才能为自身账号搭建合适的多平台矩阵。

1. 微博

微博是短视频站外推广最常用的平台之一。据统计，截至 2020 年 3 月底，微博月活跃用户达 5.5 亿，日活跃用户达 2.41 亿，与 2019 年同期相比分别增长了 8500 万和 3800 万。微博 PC 端与 App 端的用户年龄分布情况如图 2-7 所示。

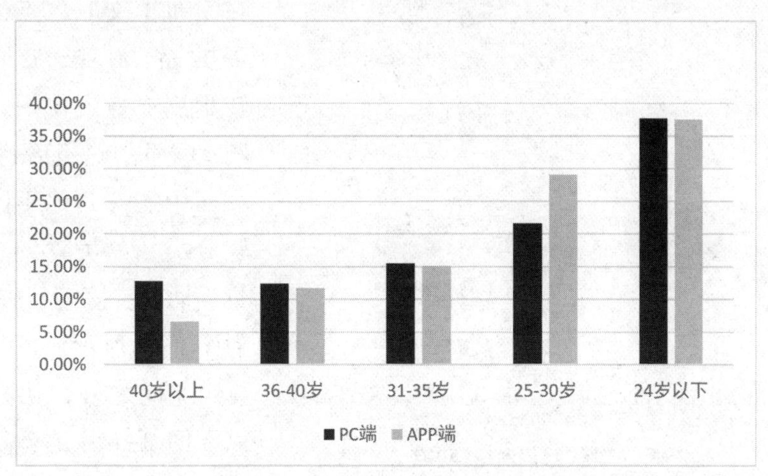

图 2-7　微博 PC 端与 App 端的用户年龄分布情况

通过图 2-7 可以明显看出，微博平台的主要用户群体为年龄在 30 岁以下的用户，这一点与火爆的短视频平台——抖音的用户群体几乎是重合的。基于二者高度相似的用户群体，在微博上为扎根于抖音的短视频账号引流，只要用对方法，应当能收到非常显著的效果。

那么什么是对的方法呢？在微博平台，不论是本平台的博主还是想要在微博引流的播主，都需要学会利用微博的“@”功能与“热门话题”功能，来为短视频进行推广、引流。

首先，“@”功能在微博引流工作中是被运用得非常频繁的。在发布博文时，运营团队可以通过@大V、名人等，将自带流量的关键词纳入自己的博文中，为自身的微博内容吸引流量。如果大V回复了运营团队发布的内容，那么团队就能自然而然地借助回复者的忠实“粉丝”群体，来扩大自身的影响力。

如果微博本身的内容也十分出彩，账号就会受到很多“粉丝”及其他微博用户的关注，发布的短视频就十分容易被推广出去。

图 2-8　微博“热门话题”功能

除了“@”功能，微博的“热门话题”功能也十分适合帮助短视频创作团队制造热点及“蹭热点”。在发布博文时，点击页面下方的“#”按钮，会跳转到用户最近使用过的话题、时下的热门话题页面，页面中还有其他不同的话题分类，如美食、时尚美妆、动漫、搞笑、旅游等，如图 2-8 所示。

除此之外，用户还可以在图 2-8 中右侧页面上方的搜索框中，运用关键词搜寻自己理想的热门话题。点击该话题，即可将其插入即将发送的微博中。如此一来，在其他用户搜索这一话题时，该条微博就会在话题页面中显示。

热门话题可以大大地提高微博的曝光率，短视频创作团队要利用或制造相关热门话题，推广自己的短视频，从而提高阅读量和浏览量，为短视频账号引来更多用户关注。

2. 微信

微信是一款当今社会几乎每个人都有的通信App，基于其庞大的用户群体，运营团队也可以选择通过微信为短视频账号进行推广引流。在微信中进行推广引流，可以通过 3 个不同的渠道来实现，分别是微信群、微信朋友圈以及微信公众号。

微信群是一个比较隐私的联络群组，群成员之间一般是家人、朋友或同事关系，这意味着微信群成员之间的联系是比较紧密的。所以，在微信群进行短视频推广，能迅速得到响应。由于群成员之间的深厚关系，引流推广效果一般也会比较好。

微信朋友圈与其他社交平台最大的不同是，微信朋友圈是一个相对封闭的社交环境，陌生用户无法进入及查看某人的朋友圈，而用户本人还可以设置对某些特定的用户开放或关闭朋友圈。用户在这里刷到的所有动态，都来自与自己有着特定关系的人，因此也会更重视这些人发布的信息。基于此，微信朋友圈相较其他平台的独有优势如图 2-9 所示。

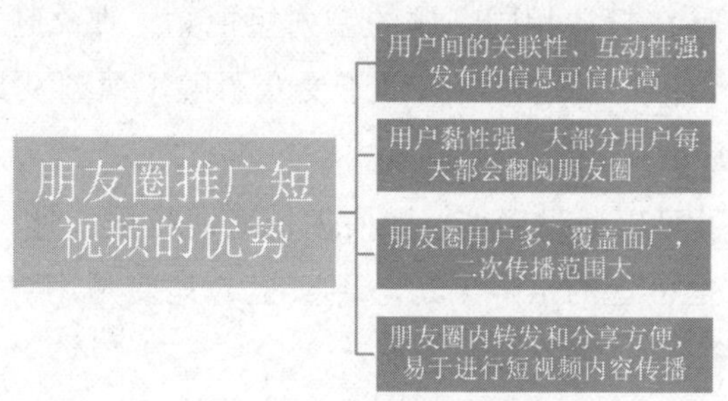

图 2-9　朋友圈推广短视频的优势

朋友圈推广“三妙招”

根据微信朋友圈的特性，短视频创作团队在朋友圈进行短视频推广时应该注意 3 个方面。

首先，要注意刚开始拍摄时画面的美观性。因为推送到朋友圈的视频是不能自主设置封面的，它显示的就是刚开始拍摄时的画面。短视频创作团队可以通过剪辑视频来保证推送视频的“封面”美观度。

其次，做好短视频封面上的文字标题。一般来说，发布在朋友圈的短视频，好友对其的“第一印象”都来源于短视频的封面。

最后，利用好朋友圈的评论功能。朋友圈中的文本字数如果太多，就会被折叠起来，为了完整展示信息，可以将重要信息放在评论里，这样就会让浏览朋友圈的好友看到更多的有效文本信息，也有利于短视频的推广。

微信公众号是个人、企业等主体进行信息发布，并通过长时间运营提升知名度和品牌形象的平台。短视频创作团队如果想寻找一个用户基数足够大的平台进行推广，且期待通过长期的内容积累来打造属于自己的品牌，那么微信公众号就是一个很好的选择。

在微信公众号上，运营团队可以采用多种形式进行短视频推广。其中使用得较多的形式有两种："标题+短视频"的形式，以及"标题+文本+短视频"的形式。二者都十分有利于短视频创作团队对不同形式的推广内容进行传播。如果是在打造相同主题的系列短视频，那么还可以把视频组合在一篇文章中联合推广，这样更有助于受众了解短视频及其推广主题。

3. 其他平台

运营团队除了可以通过微博、微信进行短视频推广外，QQ、今日头条、贴吧、论坛，也是可选的推广渠道。事实上，只要是用户群体大致相同的社交平台，都能跨平台为短视频引流。

QQ空间就是QQ平台中推广短视频的好地方。在进行短视频推广之前，运营团队应当先建立一个昵称与短视频账号相同的QQ号，这样能让用户更直观地认识到，该账号就是播主在另一个渠道开设的账号，如此可以更直接地积攒人气。7种常见的在QQ空间推广短视频的方法如表2-1所示。

表2-1　在QQ空间推广短视频的方式

序号	推广方法	具体优势
1	QQ空间小视频推广	利用"小视频"功能发布短视频，好友可以点击查看
2	QQ认证空间推广	订阅与产品相关的人气认证空间，更新动态时马上评论
3	QQ空间生日栏推广	通过好友生日栏提醒好友，引导好友查看你的动态
4	QQ空间日志推广	在日志中放入短视频账号相关资料，吸引受众关注
5	QQ空间"说说"推广	QQ签名同步更新至"说说"，用一句话引起受众的关注
6	QQ空间相册推广	很多人加QQ后会查看相册，所以相册也是一个引流工具
7	QQ空间分享推广	利用分享功能分享短视频信息，好友点击标题即可查看

除了QQ空间，以今日头条为主的资讯平台，以及用户资源深厚的贴吧和论坛，也都是短视频推广的"福地"。短视频创作团队需要在摸清平台调性后，精选少量平台，开始进行多平台自媒体矩阵搭建的尝试。同时，在运营途中要重视用户的反馈，持续用心打造短视频内容，不舍本逐末，才能让账号更迅速地成长。

2.5 秘技一点通

1. 三大定位技巧，稳固短视频矩阵

许多新手在建立了短视频矩阵后，都无法让矩阵发挥作用。这可能是由于团队忽视了矩阵中的每一个基本单位，本身也都是一个需要经营的短视频账号，导致矩阵中各个账号的定位不明确，矩阵整体不稳固，无法发挥引流作用。

那么，团队应当如何把握矩阵中的每一个账号的定位，以使短视频矩阵发挥更大的作用呢？

（1）垂直定位，一个账号只专注一个领域。一方面，关于垂直定位这一点，每一个短视频账号都需要做到，短视频不是朋友圈，不能随心所欲地发布内容，要做垂直定位，发布主题一致的视频。另一方面，垂直类的账号技术门槛更低，运营起来更轻松。对于团队而言，运营整个抖音矩阵，工作量已经不小，若能更加高效地工作，自然是最好不过的。此外，定位过于混乱，也不利于账号推荐。

（2）布局中不可或缺的定位。在一般情况下，特别是对于企业来说，有三类定位是矩阵内必须存在的，那就是行业号、专家号及企业号。行业号可以帮助企业奠定行业地位，表达权威性；专家号帮助企业奠定专家地位，突出专业性；企业号帮助企业奠定企业地位，打造专属于该企业的独特风格。

（3）定位要有相关性。虽说在矩阵中，每个子账号都要有自己的独特性，但是各个子账号之间还要有一定的相关性。例如，目标“粉丝”群相近、内容有关联等，否则子账号之间很难相互导流。

2. 4种热门且易上手的矩阵搭建模式

矩阵搭建已经不再是一小部分人的“高端玩法”，而是所有运营团队都需要掌握的运营绝技。那么，如何成功搭建一个既能规避风险，又能提高短视频成为爆款的概率的稳固矩阵呢？

（1）以企业、品牌、服务为中心搭建矩阵。对于企业、品牌、MCN 机构来说，短视频平台是一块裂变增粉的沃土。它们纷纷以自身为中心搭建

矩阵，以增强品牌影响力。

例如，以品牌为中心，拓展出产品、服务矩阵的小米手机，该品牌旗下有“小米手机”“小米商城”“小米有品”等十余个账号，抖音“粉丝”总量将近1000万。除此之外，还有以服务为中心，延伸出多个内容板块的丁香园，它旗下的“丁香医生”“丁香妈妈”“丁香食堂”等账号，累计“粉丝”量超过了600万。

（2）以播主、网红为中心搭建矩阵。在抖音平台，以网红、大V为中心搭建矩阵是一种极为常见的模式。每一位网红、每一个领域都有自己的上限，当遭遇“瓶颈”时，许多网红、播主往往会在同一领域，甚至在其他领域重新开辟账号，结合前期的成功经验与已有的“粉丝”基础，快速搭建抖音矩阵。例如，大号带小号模式的“彭十六elf”，该账号“粉丝”突破了3000万，之后其团队分别开拓了“彭十六的日常”“彭十六的小棉袄”等账号，作为新的“粉丝”增长点，如图2-10所示。

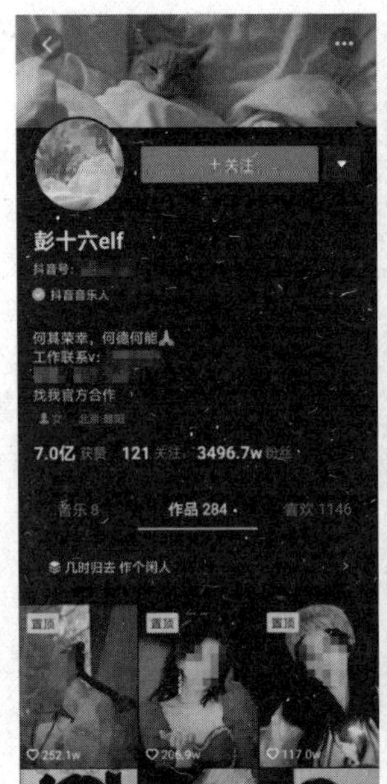

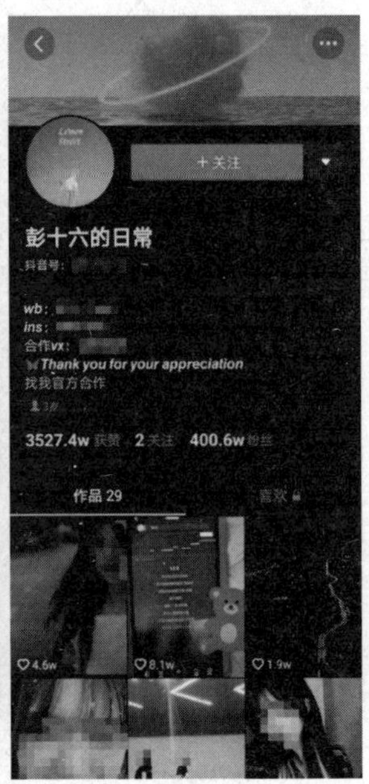

图2-10 彭十六elf的大号与小号

还有一些团队，直接开拓了新领域，如账号“宛如”。大家可能对它不太熟悉，但提到其旗下账号“玩车女神”，相信有车一族的用户一定在抖音上刷到过。

（3）以家庭关系为中心搭建抖音矩阵。家庭关系本身就是一种天然的矩阵，家庭中的成员不仅可以同时在某位“主角成员”的作品中出镜，还可以拍摄者等神秘角色，吸引主账号“粉丝”的关注。

（4）以某种成功模式为中心搭建抖音矩阵。围绕某一成功模式搭建的矩阵，多以垂直领域账号为主。这类矩阵的搭建主要分为两个步骤：第一步，找到一种成功模式；第二步，快速批量复制。

例如，在运营较为成熟、“粉丝”量较多的“PPT之光”之后，出现了“Word之光”“PR剪辑之光”“Excel之光”等系列账号，这些账号借鉴了大号的成功经验，甚至是大号的命名模式，以此来吸引大号的“粉丝”。

3. 矩阵号如何导流——4种方法供你选择

如何让“粉丝”知道这个账号有其他小号呢？短视频创作团队不必为此困扰，将大号的“粉丝”导流到小号的方式不止一种，团队可以灵活运用。

（1）客串合拍视频。客串合拍视频，是将大号的“粉丝”引向小号最直接的办法。合拍视频发布在大号中，当视频热度足够高时，一部分“粉丝”会自动流向小号，对小号进行关注。

（2）在文案及评论区互动或@小号。作品评论区是目前短视频平台最活跃的“粉丝”互动场所，如果大号通过评论区与小号进行互动，或@小号并进行置顶，就会激发活跃“粉丝”的好奇心，进而完成对小号的导流。

在文案中直接@小号比在评论区互动更直接，当用户想一探究竟时，只需要点击小号的昵称就可以直接跳转，大大简化了用户的转化路径。

（3）关注账号中只有矩阵账号。这一方式比上述几种方式都要隐晦，但也是一种集中导流的有效方式。大号的“铁粉”中总会有一部分人点开账号主页的关注列表进行浏览，这样就可以借助“粉丝”的好奇心来实现引流。

（4）在个人简介中标注。个人简介区不仅是展现账号个性的区域，也是带号引流的有效区域。此处不仅可以展示账号在其他平台的昵称，更可以直接为本平台的小号进行引流。

以上 4 种为小号导流的方式，团队既可以单独使用，也可以组合使用。在运营短视频的过程中多多尝试，才能最终实现引流的目的。

03
Chapter
短视频定位与内容策划

本章要点

★ 掌握短视频的定位方法
★ 掌握短视频内容策划的四个要点
★ 掌握短视频脚本的编写技巧
★ 熟悉各类常见短视频的策划方式

短视频的定位与内容策划是短视频策划的重要内容，短视频创作者首先要根据自身的资源、特长、市场需求，以及短视频的运营目的来进行准确定位。对于短视频来说，精准定位是非常重要的，关系到短视频的发展前途和方向。本章将介绍短视频的定位原则、短视频内容策划的四个要点、短视频脚本的编写技巧，以及各类常见短视频的策划方法和技巧。通过对本章的学习，读者朋友可以根据所学知识策划出独具特色的短视频内容。

3.1　短视频的定位原则

运营短视频账号，一个精准的定位是必不可少的。这不仅是因为有了定位才能更好地策划短视频内容，更是因为精准定位是快速推动新账号成长为头部账号的核心。观察那些拥有百万、千万“粉丝”的大号，可以很容易地看出，“社交化+垂直”的账号在高地中独占鳌头，它们往往是在自身擅长的垂直领域，切中了目标用户的实际需求，创造了独一无二的标签，才迅速成长起来的。由此，我们可以总结出短视频定位的三个关键要素：标签定位、观众定位、内容定位。

3.1.1　标签定位——给观众留下什么印象

众所周知，当今的短视频领域已是一片红海，不是谁都能在进驻后轻松收获“粉丝”并实现变现的。只有用心打造差异化的人设，持续产出优质的内容，才能获取一席之地。而打造差异化的人设，就是短视频定位的第一步——标签定位。提起“网红鼻祖”Papi酱，大家的脑海中会浮现什么样的标签呢？可能离不开“搞笑”“毒舌”“戏精”，甚至是“高颜值”“高学历”“才华”等，这些就是Papi酱为自身账号打造的标签定位。

图 3-1　常见的标签定位

在图 3-1 所示的常见标签定位中，最显眼的标签为“真人出镜”。为何要强调这一标签呢？这是因为真人出镜，也就是新手常说的“露脸”，对于短视频平台而言，是十分重要的。如果播主颜值尚可，那么建议播主尽可能地在化妆、做造型后采用真人出镜的方式进行视频拍摄。因为真人出镜不仅能获得平台更多的流量扶持，帮助账号迅速蹿红，同时还能在无形中拉近观众与播主之间的距离，更好地吸收“粉丝”。

如果播主选择真人出镜进行拍摄，那么在与拍摄内容不冲突的情况下，标签定位建议向“搞笑”“吐槽”“毒舌”“戏精”这些热门标签靠拢。如果播主在多方权衡后最终选择不露脸，就需要短视频创作团队更加注重内容的质量，同时，深入观众的内心，打造更加独特的标签定位，抓住缝隙市场，在风格上成为先行者，才能在红海中脱颖而出。

3.1.2 观众定位——给谁看

观众定位是短视频定位十分重要的组成部分，因为短视频的运营成果始终体现在流量数据上，而流量数据的本质就是一个又一个的观众。只有找准了短视频的受众，才能进行有针对性的策划、运营及推广。短视频创作团队在定位用户群体时，可以从以下 3 个方面进行。

1. 产品价值

从产品价值的角度对观众进行定位，其本质是判断观众对团队推出的产品的需求是否足够强烈。这里所说的产品不仅仅是指播主带货的实际产品，短视频内容也是团队推出的软性产品。例如，某账号的观众定位是20~35 岁的年轻男性，那么针对这一群体，账号应当输出这部分观众最需要的“产品”。在内容上可以选择办公软件教学、汽车知识讲解、游戏直播等；在带货时，可以选择汽车周边产品、男士衬衣等。以上这些产品就是与观众“对口”的产品，而不是美妆知识、穿搭分享、女款均码打底衫或是化妆棉。

只有对团队推出的产品有需求的用户，才是有价值的用户。关于这一点，团队不仅可以在前期进行调查，还可以通过检验进行二次判断。

2. 商业价值

商业价值是指观众群体的规模、消费能力、传播能力，短视频创作团队需要对观众群体的这三项指标进行考察后，再根据其消费能力有针对性地选择产品。消费能力是商业化的关键因素，如果账号的用户群体消费能力很低，那么团队就要考虑转换群体。例如，短视频账号很少将观众群体定位为“三、四线城市中，年龄在 50~70 岁的男性”，就是考虑到了这一群体的消费能力不强。

在观众定位合理的基础上，如果短视频内容对观众很有价值，那么观众自然会自发地为账号传播内容，账号用户群体也会像滚雪球一样越来越大。

3. 获取难度

获取难度是指打动用户群体的难易程度和成本，新手短视频创作团队要注意，获得用户的成本一定要低于商业价值。如果获得用户的成本过高，就要考虑更换一个获取途径。其实，获取观众群体的最佳途径就是发布短视频，一段爆款短视频可以很容易地为账号增粉几百甚至几万，这个方法不仅成本低，而且与短视频本身的传播目的重合，可谓一举多得。

3.1.3 内容定位——做什么

内容定位是账号定位中十分关键的一步，它在时间线上决定了账号后期的内容策划方向，也在垂直层面决定了账号面临的对手是谁、观众又是谁。内容定位需要结合两大要素来考虑，如图 3-2 所示。

图 3-2 决定内容定位的两大关键要素

兴趣特长很好理解，这一点是从短视频创作团队本身出发的，一方面要让团队对持续产出的内容保持热情，另一方面要保证内容的质量。而热门可持续则是从市场出发，一方面，保证当下产出的内容是受到市场欢迎的，有一定的受众；另一方面，要确保该内容是可持续经营的，能够长期的保证“粉丝”基础存在。目前，短视频领域受欢迎且存在持续发展空间的内容类型有以下 6 种。

1. 搞笑类

不难发现，不管短视频细化内容如何改变、平台如何变换，搞笑类的短视频一直都占据着十分重要的位置。甚至可以说，大部分短视频都与搞笑类内容有着千丝万缕的联系。这种情况的形成有着它独特的内在原因：随着社会节奏的日益加快，人们承受的压力也越来越大，搞笑类内容能给人带来欢乐，调节人的心情，起到舒缓压力的作用。

2. 教程类

教程类内容的涵盖范围比较广，如美妆教程、穿搭教程、美食制作教程、软件技能教程等，都属于教程类内容。这类内容拥有独到的经验与逐步分解、简单易学的步骤，能让观众在短时间内掌握一个小技巧。据相关数据统计，教程类内容在各个短视频平台的搜索量呈逐年上升趋势。

3. 测评类

测评类内容在短视频平台拥有十分庞大的受众基础，不管是美妆测评、美食测评、电子产品测评还是游戏测评等，都通过展示某款产品的功能、服务等给人的体验，满足观众不花一分钱“提前体验”的需求。据相关数据统计，绝大多数人在购买某款产品特别是大金额产品前，会在网上查看相关的测评信息，测评类视频内容因此而生，也因此而盛。

4. Vlog类

Vlog是Video Blog 或 Video Log的缩写，意思是视频记录、视频博客或视频网络日志。Vlog是记录播主的所见所闻、日常生活等内容的短视频，这类视频展现了播主的生活态度，极具风格，能吸引偏爱这类风格的观众，拉近观众与播主之间的心理距离，满足观众对于不同类型生活的好奇心与向往之情。目前，Vlog类内容的范围正在扩大，喜爱Vlog的“粉丝”也越来越多。

5. 解说类

解说类内容中较为大众所知的要数影视作品解说，但其实游戏解说等解说类内容，也拥有一批忠实的“粉丝”。电影解说可以让人提前了解一部电影或影视剧的主要内容及精彩之处，让大家提前判定此剧是否值得一看。同时，对于个人时间较少的上班族来说，电影解说可以让他们在短时间内迅速“看完”一部电影。

现在电影解说类内容越来越丰富了，它们风格各异，有的拥有独特的搞笑风格，有的见解独到、内涵丰富，有的则将搞笑与深刻进行了有机融合。只要电影与电视剧的市场持续红火，电影解说类内容就能经久不衰。

6. 游戏类

游戏类内容捕获了大量的男性“粉丝”，目前游戏直播、游戏测评、游戏音乐等，都是吸引游戏群体的“利器”。近年来，越来越多的爆款游戏出世，玩游戏的群体之大，消费能力之高，大家有目共睹。如果短视频创作团队是相关领域的资深玩家，那么可以选择在游戏类内容中深耕。

3.2　策划短视频内容的 4 个要点

内容策划就是将前期的选题和零碎的创意点子，转化为具体的实施方案，为短视频拍摄和短视频后期制作提供蓝图。优质的短视频内容策划方案，能够使最终呈现在观众眼前的视频更加完整和具有特色，从而让自身的视频从众多的同类短视频中脱颖而出，并获得观众认可和喜爱。策划一个优质的短视频内容，通常需要从以下 4 个要点出发。

3.2.1　明确视频要实现的目的

有的放矢才能事半功倍，短视频的内容策划也是一样。短视频创作团队需要明确策划的目的是什么，即账号要通过什么样的路径实现变现。例如，有的账号直接以“种草号”的形式出现，慢慢增大带货的数量；有的账号以内容为主，在短视频内容吸引到足够多的“粉丝”后再进行变现；有的账号以打造个人IP为核心，逐渐提升知名度，实现后期转化。

不同目的的短视频账号，前期内容的策划方向是不同的。短视频创作团队需要明确自身账号发布短视频的初级目的（到底是带货、宣传个人品牌、二者结合还是其他类型）才能策划出精准、优质的内容。

3.2.2　明确视频的主题

在明确了短视频要实现的目的后，接下来就需要为单个短视频制定一个选题方向，进而确定一个最终主题。这个主题要能吸引用户产生观看兴趣，并能创作出抓住观众痛点、感染观众情绪的内容。

需要注意的是，短视频内容领域要保持垂直，主题与主题之间的差别不能过大，需要在固定同一选题方向后，不断深耕，创作出符合受众群体需要与审美的优质内容。

3.2.3 编写内容大纲（故事梗概）

编写短视频的内容大纲，相当于为短视频搭建一个基本的框架。在视频的主题确定后，就要开始编写内容大纲了。

其实，编写内容大纲相当于将故事的梗概描绘出来，也就是将短视频讲述的核心内容，以文字的形式记录下来，而这个核心内容通常包含角色、场景、事件三大基本要素。例如，一位年轻的女性到化妆品专柜买粉底液。这就是一个包含了三大要素的故事核心，其中，角色是年轻女性，场景是化妆品专柜，事件是购买粉底液。

但是，上述故事给人感觉平平无奇，如果将其拍摄成短视频，明显缺少吸引观众的亮点。因此，对于短视频的内容大纲，编写者需要在有限的文字内设定类似反转、冲突等比较有亮点的情节，增强故事性，引起观众的共鸣，从而突出主题。

还以上述案例为基础，可以试着将它进行优化。例如，可以扩写为：一位年轻女性来到化妆品专柜购买粉底液，柜姐见这位女性穿着比较朴素，认为对方没有足够的消费能力购买产品，所以服务态度十分恶劣。最后这位年轻女性亮出身份，表示自己是品牌总部派来的内部监察人员，并给了柜姐一个很低的评分。

通过为这个故事添加情节，内容就显得更加饱满了，有了情绪上的起承转合，也拥有了能够吸引观众的亮点。

3.2.4 填充内容细节

都说细节决定成败，短视频也是如此。对于两个故事大纲相同的短视频，它们之间真正的区别是细节是否生动。

在已经具备了完整的大纲后，接下来需要对大纲进行内容细节上的丰富和完善。这些细节主要是指人设、台词、动作乃至具体的镜头表现等，具体含义如下。

- 人设是指在设定好大致故事情节后，确立人物更加具体的形象。在文本上，人设的具体体现是，角色的性格关键词、角色出场的穿着打扮等。

- 台词很容易理解，在大纲中，所有角色出场后都需要用语言对剧情进行推进，使故事从开端到高潮再到结尾。同时，台词除了有推进剧情的作用外，也彰显着不同角色的具体性格。

- 动作是非常容易被忽略的一点，但它却是十分重要的内容细节之一。小到角色在某句台词说完后翻了一个白眼，大到角色之间的动作交互，都是填充内容不可缺少的细节部分。

细节可以增强人物的表现感，使人物形象更加丰满，同时也可以更好地调动观众的情绪。而在人设、台词、动作都确定后，考虑使用哪种镜头来呈现它们，也是至关重要的一步，短视频创作者应当在脑海中构想出具体的画面。

还以前文中的案例为例：年轻女性到化妆品专柜买粉底液。在短视频的开头，是先拍摄年轻女性在商场中行走，以她的视角带入，还是拍摄柜姐在柜台百无聊赖的样子，从地点的角度切入，都涉及具体的镜头表达问题。

当具体的镜头落实到文本中，就形成了短视频脚本。建议新手创作者多动笔，将具体的策划方案以文字的形式呈现出来，在做到有迹可循的同时，也便于进行优化，提高策划能力。

3.3　短视频脚本的编写技巧

脚本是短视频的文字化表达，是短视频呈现的故事的最初体现，是演员理解故事的入口，更是导演与摄影师沟通的桥梁。编写、策划优质的短视频脚本是短视频创作者的基本功之一。短视频的脚本不一定需要文字优美，但一定要重点突出、场景要素齐全，便于摄影师理解。有时短视频的最终效果如何，就是由脚本的质量决定的。

3.3.1 短视频脚本的类型

短视频脚本分为三种类型，分别是拍摄提纲、文学脚本、分镜头脚本。它们都起着描摹故事骨架的作用，但不同的脚本类型，在不同的拍摄场景下具有不同的优点。拍摄提纲在拍摄中起着提纲挈领的作用，十分适合采访型短视频；文学脚本则更方便镜头展示特定场景的情绪；分镜头脚本要素齐全，对短视频拍摄工作中的每一个镜头都进行了具体的描绘，十分清晰。下面我们对三种不同的脚本类型进行具体阐释。

1. 拍摄提纲

拍摄提纲是短视频内容的基本框架，用于提示各个拍摄要点。在拍摄新闻纪录片或是采访类视频时，拍摄走向是创作者无法预知的，所以，导演或摄影师会先抓住拍摄要点制定拍摄提纲，方便在拍摄现场灵活处理。拍摄提纲的组成要素如下。

- 作品选题：明确选题、主题立意和创作方向，从而明确作品的创作目标；
- 作品视角：明确选题角度和切入点；
- 作品体裁：体裁不同，创作要求、创作手法、表现技巧和选材标准也不一样；
- 作品风格：明确作品风格、画面呈现方式和节奏；
- 作品内容：拍摄内容能体现作品主题、视角和场景的衔接转换，让创作人员明白作品的拍摄要点。

拍摄提纲相当于给出一个大的拍摄范围，并确定几个关键要点，只要后期拍摄过程中不出现大方向的偏差即可。建议初入短视频领域的创作者，特别是文学功底比较薄弱的创作者，先从拍摄提纲入手，再逐步完成文学脚本和分镜头脚本。

2. 文学脚本

文学脚本要求给出所有可控的拍摄思路。例如，在进行小说等文学作品的影视化创作时，通过文学脚本，更方便用镜头语言展示内容。许多短视频的创作者都会通过文学脚本来展示短视频的调性，同时用分镜头来把控节奏。下面是一个简化的文学脚本范例，供大家参考。

（1）（画面淡入）远景俯拍某医院门口的场景。最外围记者与围观群众围了一圈，争先恐后地按下快门，闪光灯此起彼伏。医院的数名保安与看起来像是专业保镖的壮汉们一起挡住了激动的记者，并在自己身后留出一块“珍稀”的空地。一名年轻男子推着另一名穿着病号服、坐在轮椅上的男子缓缓地出现在医院门口。

（2）（中景）一个怀中抱着一大捧花束的年轻女孩，面色苍白又楚楚可怜，正试图说服保镖，让自己靠近那两名刚出现的男子。

（3）（中景）站立的男子看着眼前的场景皱起了眉头，坐轮椅的男子好像认出了女孩，微笑着拍了拍身后男子握在轮椅把手上的手，说：“没关系，让她过来吧。”

（4）（全景）年轻女孩捧着花慢慢走到轮椅面前，拘谨地向两名男子各鞠一躬，连说两句“对不起”，声音微微发抖。

（5）（近景）轮椅上的男子微笑着试图接过捧花，说：“我知道那都是意外，姑娘，没事的。”

（6）（特写）女孩的眼中泛起泪水，“对不起，我是来……”

（7）（特写）女孩弯下腰，把巨大的捧花往坐轮椅的男子怀中送去，花束后露出一把闪着寒光的西瓜刀。

（8）画面黑。

3. 分镜头脚本

分镜头脚本与拍摄提纲、文学脚本不同，它不仅是前期拍摄的脚本，也是后期制作的依据，还可以作为视频长度和经费预算的参考。

分镜头脚本对拍摄的内容要求十分细致，脚本中需要以分镜为单位，明确每一个镜头的时长、景别、画面内容、演员动作、演员台词、配音、道具等。细致当然有细致的好处，在编写脚本阶段就已然将每个细节考虑清楚的分镜脚本，不仅能让拍摄变得更加高效，还能帮助剪辑者明确后期制作的具体内容。将前文的文学脚本范例改写为分镜头脚本，如表 3-1 所示。

表 3-1 短视频分镜头脚本

镜号	时长（秒）	景别	技法	画面内容	字幕	道具	配乐	其他
1	2	远景	俯拍	医院门口环境拍摄，轮椅男与站立男出场	/	轮椅	/	实景拍摄
2	2	中景	切入、切出	捧花女孩楚楚可怜，试图说服保安	/	捧花	/	实景拍摄
3	3	全景	切入、切出	站立男皱眉，轮椅男微笑，拍了拍站立男的手，说台词	轮椅男：没关系，让她过来吧	轮椅	/	实景拍摄
4	3	全景	切入、切出	捧花女局促地走近、鞠躬，说台词	捧花女：对不起，对不起	捧花、轮椅	/	实景拍摄
5	2	近景	切入、切出	轮椅男试图接捧花，说台词	轮椅男：我知道那都是意外，姑娘，没事的	捧花、轮椅	/	实景拍摄
6	2	特写	切入、切出	捧花女哭，说台词	捧花女：对不起，我是来……	/	/	实景拍摄
7	2	特写	切入、切出	捧花女弯腰，将捧花递给轮椅男，花束后露出西瓜刀	/	捧花、西瓜刀	/	实景拍摄
8	1	/	切入、切出	画面黑	/	/	/	后期制作

从表 3-1 所示的分镜头脚本可以看出分镜头脚本对细节把控的全面性。分镜头脚本条理清晰，便于理解，它非常适合短视频的拍摄。

3.3.2 编写短视频脚本的要点和“万能公式”

短视频脚本里的镜头设计大多是给摄影师看的，脚本中主要体现出对话、场景演示、布景细节和拍摄思路即可。在编写脚本时需要注意以下几个要点。

- 受众。受众才是短视频创作的出发点和要考虑的核心要素。站在用户角度来思考，才能创作出用户喜欢的作品。
- 情绪。比起传统长视频，短视频不只是文字和光影的堆砌，还需要更密集的情绪表达。
- 细化。拍摄短视频就是用镜头来讲述故事，镜头的移动和切换、特效的使用、背景音乐的选择、字幕的嵌入，都需要一再细化，确保整个情景流畅，抓住受众的情绪。

另外，新手在编写短视频的脚本时，可以套用图 3–3 所示的“万能公式”。

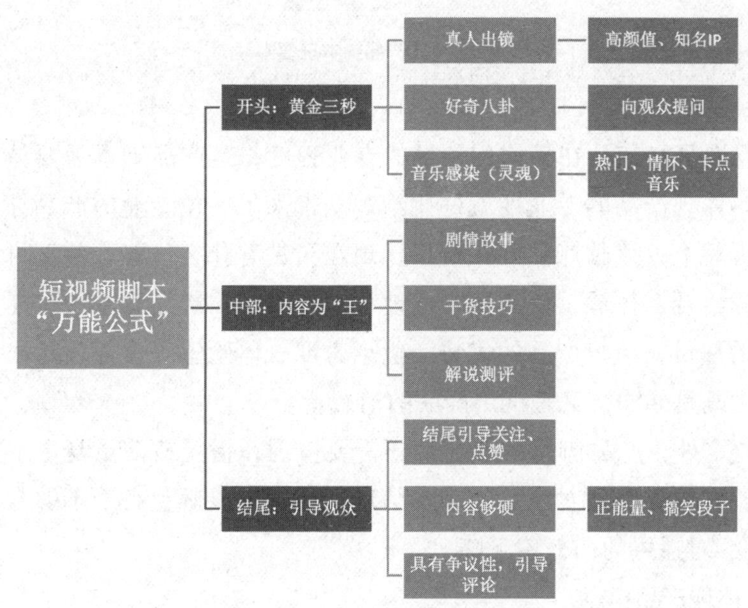

图 3–3　短视频脚本“万能公式”

“万能公式”是从众多爆款短视频中总结出的。短视频创作者在编写脚本时可以参考，或在编写完脚本后，对照“万能公式”进行二次修改。

3.3.3　从产品维度策划脚本

短视频脚本的编写有千万种方式，但对于以变现为目的的短视频创作团队而言，离不开三个常见的策划维度：产品、“粉丝”、营销。

从产品维度策划脚本可以理解为，短视频创作团队通过脚本的形式，将产品的卖点转化为短视频内容展现给“粉丝”。那么，如何从产品维度策划脚本呢？如图 3-4 所示，一个优秀的产品脚本，至少应该具备以下 3 个要素。

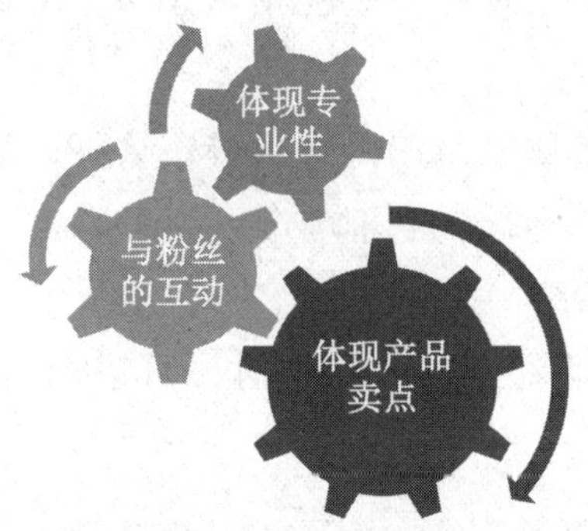

图 3-4　产品脚本三要素

1. 体现专业性

专业性是指产品在其使用领域的专业程度，是产品脚本需要体现的首要内容。体现产品的专业性就好比给观众带来了一位专业的产品导购，导购会告诉观众，该款产品好在哪里，现在买具有什么优势，甚至可以直接拿出小样给观众体验，使其更全面地了解产品。在产品脚本中，播主或短视频中的演员，会将产品的优势、优惠力度、体验感等全部表达出来。此时，播主既是导购，又是试用产品的消费者。

除此之外，产品脚本的专业性还需要体现在播主或演员身上。在介绍产品时，介绍者必须对产品的基本信息了如指掌，避免由于不够专业而导致“粉丝”对播主的信任感下降。

2. 体现产品卖点

要编写好产品脚本，一定要通过脚本中的细节将产品卖点提炼并展现出来，给予“粉丝”充分的选择这款产品的理由。在提炼卖点时，创作者既可用传统方法展示产品卖点，如经久耐用、性价比高、适宜人群广等，也可以从自己与产品的关系出发，建立信任背书，得到“粉丝”的认可。

抽奖送产品，让“粉丝”为你背书

在策划产品脚本时，充分体现产品的核心竞争力是创作者的本职工作。可是，对于理性的观众而言，短视频只是播主的"一言堂"，他们会对产品优势的真实性存疑。这时播主可以在评论区组织"3 位最高赞留言送产品"的活动，并在送出产品后，请获奖者在评论区分享使用感受，以此增强短视频的说服力。

3.3.4　从"粉丝"维度策划脚本

"粉丝"是短视频流量的来源，聪明的播主或短视频创作团队会策划以"粉丝"为核心的短视频，以不断获取"粉丝"的好感，同时增加"粉丝"基数。

要策划从"粉丝"角度出发的脚本，首先需要弄清楚"粉丝"想要的是什么。当创作者站在"粉丝"的角度思考为什么"我"会关注一个账号，以及"我"希望从该账号的视频中得到什么时，就会发现"粉丝"想要的无非三点：让"我"开心、让"我"看到身边不常见的、对"我"有用或给"我"带来利益。通过"粉丝"的这三点核心诉求，可以总结出从"粉丝"维度策划脚本的两个关键点。

1. 风格轻松或高级

"粉丝"利用业余时间浏览短视频，或多或少会抱有改善心情的目的。若创作者在短视频中加入轻松、幽默的元素，可以让观众展颜一笑，那么观众对账号的好感度自然会提升。

有的创作者的造诣会更深一些，聪明的他们了解，"粉丝"大多被生活的鸡零狗碎所围绕，在日常的工作及生活中，"粉丝"总需要处理很多鸡毛蒜皮的事情与无效的人际关系，而短视频就是他们升华精神的"桃花源"。这时播主们给观众看云南的雪山、大漠的落日、温馨有质感的生活 Vlog、海子的诗，让观众看到另一个世界，让他们暂时抛开"眼前的苟且"，眺望"诗与远方"，观众自然欣喜，且愿意继续关注当前账号。

2. 解决"粉丝"痛点

关注美妆类账号的"粉丝"，大多希望学习更多美妆技巧，提升自己的化妆技术；关注生活技巧类账号的“粉丝”，大多希望学到一些方法让家里更整洁；关注办公软件教学账号的“粉丝”，肯定希望提高办公效率，让工作更轻松。这些“粉丝”的希望，就是他们的痛点所在。创作者应当有意识地针对不同领域的“粉丝”，策划能解决他们问题的短视频，如图 3-5 所示。

（1）　（2）

图 3-5　解决粉丝痛点的短视频

图 3-5（1）所示的美妆视频教“粉丝”如何用全包眼线“换一张脸”。“粉丝”在观看视频后，能用该技巧化出一款完全不同的妆容。而图 3-5（2）的测评视频，则将 22 款常温纯牛奶进行了横向对比，告诉“粉丝”哪款牛奶的钙含量高，哪款牛奶的性价比更高，为“粉丝”后期选购牛奶提供了更多依据。

3.3.5　从营销策略维度策划脚本

从引流变现的角度来看，为了吸引更多“粉丝”关注、转化，提升销售额，势必需要在短视频中加入特定的营销活动，例如，赠送大额优惠券、免费抽产品等。创作者在策划营销脚本时，既要考虑到吸引力，又要考虑到成本。本小节将借助 5W2H 法则（见图 3-6），来说明营销策略脚本应如何编写。

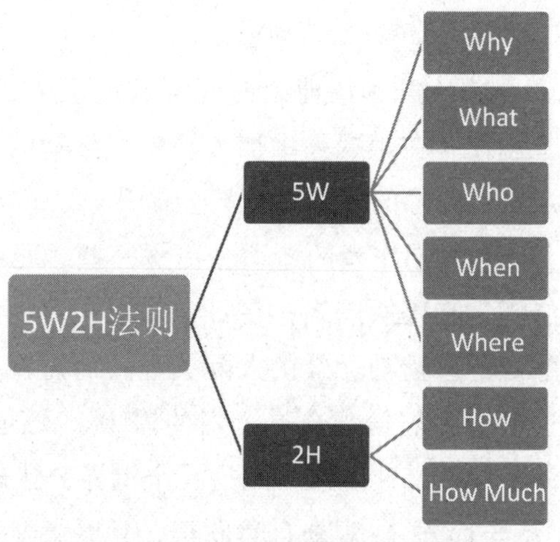

图 3-6　5W2H 法则的主要内容

- Why：可以理解为“为什么做”。只有在充分了解为什么策划活动后，才能明确下一步的行动。大多数短视频创作团队都是为了变现才进行短视频策划的，这就明确了短视频脚本的终极目的是变现。

● What：可以理解为“要做什么事”。从宏观上看，团队做的事是策划短视频脚本以吸引“粉丝”、销售产品、实现变现。但在具体实践中，需要从微观角度考虑，例如，团队这次是要销售A产品，具体形式是策划剧情类短视频。

● Who：可以理解为“谁去做”，包括谁负责做、谁和谁配合。在营销脚本策划、编写阶段，决策者需要选用团队中最具人气的演员并要求编写者创作出适合这些演员的短视频，运营人员要放出足够吸引观众的优惠券等。凡是与此次活动相关的人员，都要明确相关责任。

● When：可以理解为“什么时间”。主要是指何时上传该视频能够第一时间获得更大的流量，或是借助某个热点尽快上传。

● Where：可以理解为“什么地点”，此处理解为平台。团队需要考量营销短视频上传至账号入驻的哪个平台能获得更大的播放量及销售额。

● How：可以理解为“如何做”，用什么方法达到目的。例如，运用剧情类短视频进行营销，那么脚本要如何策划才能收到更大的效果。

● How Much：可以理解为“花费多少钱”，包括需要花多少成本与商家谈这次活动，拍摄、营销过程中还需要哪些花费，等等。

在提炼5W2H法则的要点的同时，营销脚本的提纲已经完全出来了。剩下的工作就是根据要点填充细节，并且对产品方面的内容进行进一步的完善。短视频创作团队在编写脚本时，可以从不同的角度来策划，争取做到既抓“粉丝”痛点，又满足营销要求。

3.4 轻松策划各类常见短视频

短视频的策划除了可以从产品、“粉丝”、营销三个维度来进行外，更常见的是按照类型的不同来进行。通过类别策划短视频的方式更加普遍，也更加实用，可以根据不同类型短视频的特点进行有针对性的策划。

3.4.1 策划技能技巧展示类短视频

技能技巧展示类短视频，是短视频实用功能的重要体现之一。这类短视频吸粉速度快，通常一段实用技能短视频火爆后，就能迎来“粉丝”的大爆发。

策划这类视频需要从观众的角度出发。

首先，技能技巧展示类短视频最吸引用户的地方是“实用”。因此在制作时根本的出发点就是“展示的技能一定要实用”，要能够切实地帮助用户解决实际生活中的棘手问题，从而让用户有解决问题的体验快感。

其次，出于解决实际问题的目的，在表达上，这类短视频不能让用户觉得难懂，而是应当让大多数甚至所有用户观看后都能马上学会这个小技能。所以技能技巧展示类短视频需要将技巧或步骤拆分得很细，并用通俗易懂的语言进行表达，如图3-7所示。

除此之外，技能技巧展示类短视频的讲解方式最好是生动有趣的，让用户在解决实际问题的同时获得乐趣，从而让用户乐于接受通过观看短视频来解决实际困难这一模式，后续用户会对账号产生更多的信任感。

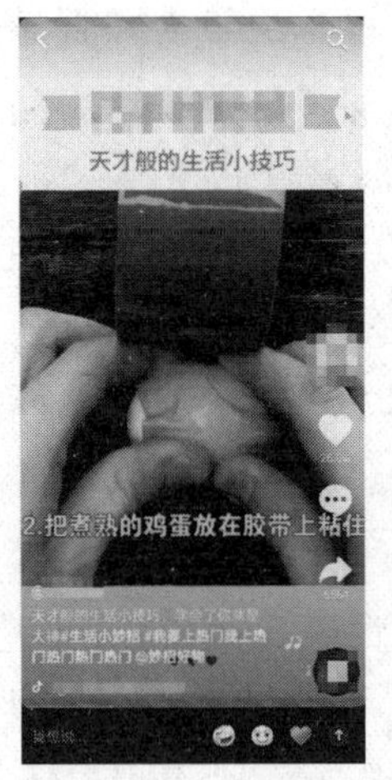

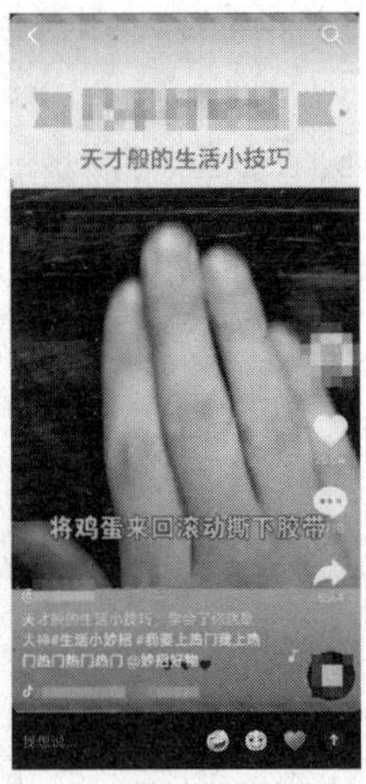

图3-7　通俗易懂的技能技巧展示类短视频

3.4.2　策划评论类短视频

目前在评论类短视频这一领域，最火爆的是与电影、电视剧相关的短视频。在内容与影视剧相关的短视频中，存在更加细致的分类，包括但不限于恶搞吐槽、系列盘点等。这类短视频需要考虑以下几个要点。

（1）风格要独树一帜。从电影解说类短视频的鼻祖——谷阿莫身上，很容易看到个人风格强烈的重要性。谷阿莫那标志性的配音，以及文案中时常出现的令人忍俊不禁的“拿舌头狂甩”“科科”等话语（见图3-8），都成为他鲜明个人风格的重要标志。

图3-8　谷阿莫的标志性话语

（2）方案要精彩。“瞎看什么”是电影评论类账号中文案十分出彩的一个，不管短视频风格是幽默、深沉，还是俏皮、抒情，该账号对文案都拿捏得十分到位，还留下了让“粉丝”记忆深刻的标志性台词：“爷爷、爷爷，奶油面包好好吃啊。”

文案是区分各电影评论类账号的重要标志，这类短视频的主要形式自面世以来并没有特别大的改变，一直是画面与文案结合。而短视频的画面来自影视剧素材，除非有十分深厚的剪辑功底，否则只能以文案出彩。除此之外，创作者对电影的解读也只能体现在文案中。要运营好电影评论类短视频，创作团队一定要在文案上好好下功夫。

3.4.3　策划知识教学类短视频

知识教学类短视频是短视频领域的蓝海，虽然大多数人都看到了知识教学类短视频的巨大潜力，但一直没能出现现象级的播主，来提升知识教学类短视频在领域内的地位。出于教学的目的，以及形式上的限制，策划这类型短视频要注意以下几点。

（1）知识点要“对症下药”。知识教学类短视频的受众比较特殊，他们需要学习的知识点也许并不来自义务教育的知识范畴，也并非行业专业知识。短视频创作团队需要根据自身账号专注的知识定位，选取该领域中不艰深又足够实用的知识点，否则容易让观众因为知识点过难、不实用或是过浅，而丧失持续学习的兴趣。

（2）视频时长要适宜。目前短视频的时长有的已经超过十分钟，但用十分钟的时间、竖屏讲述一个知识点，很难保证观众抱有足够的耐心看完。所以，在策划知识教学类短视频时，一定要把握好每个视频的时长，不能过短，否则无法容纳足够的知识量；也不能过长，否则会导致观众丧失耐心。短视频创作团队可以将一个较长的知识点分为上、下两集或是分为上、中、下三集来阐述，但一个知识点建议不要超过三集。

3.4.4　策划幽默搞笑类短视频

幽默搞笑类短视频是短视频中十分吃香的一类，这类短视频的受众较广，门槛也低。这类短视频的形式常见的有两种，一种是个人吐槽，另一种则是情景剧。个人吐槽形式的幽默搞笑类短视频，制作起来成本较低，比较适合刚入门的短视频播主。而情景剧形式的幽默搞笑类短视频由于需要持续输出剧情连贯的内容，对团队的专业性要求会更高一点。

策划幽默搞笑类短视频的目的是博观众一笑，同时，打造账号IP，加深观众的印象，使他们养成持续观看的习惯。基于此，幽默搞笑类短视频的策划，除了要编写生动、自然的搞笑剧情外，还需要注意以下两点。

（1）立住人设。不管是个人吐槽的形式还是情景剧的形式，幽默搞笑类短视频都需要为播主或演员打造一个风格鲜明的人设，并在每一段短视频中尽情展现。以抖音号“毛光光”为例，该账号塑造的第一个经典角色就是柜姐吴桂芳。吴桂芳是一个爱贪小便宜、有些势利眼，但内心具有正义感的中年妇女。关于吴桂芳的性格，“毛光光”的每一集短视频中都有体现，例如，对于看上去“只试不买”的顾客她冷言冷语，但对忠实顾客、贵妇姐姐又关心备至，如图3-9所示。

图3-9　吴桂芳给贵妇姐姐送礼物

（2）加入热点。幽默搞笑类是一种极好的加入热门话语或融入热点事件的短视频类型。对于个人吐槽类账号而言，团队可以在策划短视频时，根据热点进行脚本创作，让播主直接发表关于某一热点事件的看法。而对于情景剧形式的短视频，则应当在推动剧情的同时，加入某一热点事件，或借演员之口说出最近热门的话语。这样的策划能让观众感受到团队的用心，也更容易得到观众的点赞。

3.4.5　策划剧情类短视频

剧情类短视频就好像一场短时长的电影，观众可以在不到一分钟的时间内看尽人生百态。在策划这类短视频时，需要注意以下两点。

（1）塑造丰满的人物形象。短视频的时间有限，要讲述一个足够打动人的故事，就需要在短时间内将人物形象立住。怎样立住人物形象呢？这需要从背景环境、演员造型、行为动作等多个角度入手。

例如，一段以独居女性为主角的短视频，在背景环境方面，可以将演员的“家”布置得简单利落一些，或是特写杯子、枕头、碗筷等都是一人份。而在演员的造型方面，独居女性在家一般并不会穿得过分隆重，因此可以抛开裙子，选择舒适的上衣与长裤。妆容尽量清淡，头发建议扎起来。在行为动作方面，演员可以大大咧咧一点，如果塑造的是一个工作型的女性，则可以让演员盘腿坐在沙发上，抱着笔记本电脑加班等。

也许讲述起来，树立一个丰满的人物形象需要花费笔墨雕琢许多细节，但其实在短视频中，上述所有的镜头加起来可以不超过 10 秒。但这样的人物铺陈，在让故事更加生动的同时，也让观众更加感同身受。

（2）充分利用画外音与字幕。添加画外音是推进剧情的重要手法之一。在有限的时长中，靠演员对白来推进剧情发展是比较困难的，所以，在策划剧情类短视频时，建议通过画外音来交代故事环境、故事背景等，只在关键时刻运用演员对白来增强剧情的真实性。特别需要注意的是，在以画外音进行讲述时，一定要配上清晰的字幕。

3.4.6　策划产品展示类短视频

产品展示类短视频是播主或商家出于销售产品的目的所拍摄的。这类短视频主要展示产品的外观、使用方式、性能等，同时也可能会利用价格优惠来吸引观众购买。产品展示类短视频的策划者，可以参考以下两点进行策划。

（1）融入合适的情境。将产品融入适合的情境，是一种十分高明的展现手法。例如，将淘米器放在淘米的过程中进行展示，将多功能衣架放在晾衣服的情境中进行展示。如此设计，才能让观众更有代入感，观众能轻松地联想到自己使用这款产品的情形，如图 3-10 所示。

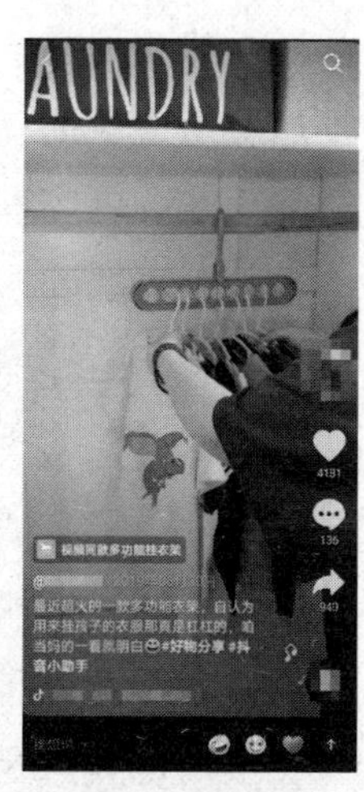

图 3-10　融入情境的产品展示类短视频

（2）与其他产品进行对比。在短视频平台销售的产品往往具有一定的优势，不管这一优势是价格还是功能，抑或是兼而有之。对于在功能方面具有优势的产品，可以设计与同类产品对比的展示环节，以凸显这款产品的优势。而对于在价格上具有优势的产品，也可以进行这类对比，着重凸显产品的高质量，让观众知道：便宜也有好货。

3.4.7 策划品牌推广类短视频

在短视频“大行其道”的今天，许多品牌也想登上这列“传播快车”，扩大自身的影响力。于是，品牌推广类短视频应运而生。

这类短视频的直接目的，是以短视频的形式推广自身品牌，宣传企业文化，加深用户对品牌的了解。基于此，品牌推广类短视频的策划工作需要满足以下两点要求。

（1）风格调性与品牌文化相符。品牌的风格是一以贯之的，不同品牌的风格也不尽相同。在进行品牌推广类短视频策划时，策划者应当充分照顾到该品牌的风格，策划与之相近的短视频。如果策划者为一个走高端路线的品牌策划了一段十分接地气的推广短视频，那么不仅容易导致品牌方的不满，严重时甚至可能导致品牌客户的流失。

（2）针对品牌用户群体进行策划。每一个品牌都有其独特的受众，在策划品牌推广类短视频时，策划者应当先了解清楚品牌的受众是哪一群体，以及该群体的具体标签。在了解清楚品牌受众的定位后，策划者需要充分考虑受众对短视频的偏好。例如，某品牌的受众多为年轻女性，那么她们就会对风格时尚、酷炫，带有高颜值演员的短视频更感兴趣，在策划品牌推广类短视频时就需要往该群体的喜好上靠。如此，品牌推广类短视频的影响面才会更广，影响力才会更深。

3.5 秘技一点通

1．不同年龄段的观众爱看什么内容

要让短视频捕获更多观众的心，就一定要了解账号受众最爱的内容是什么。笔者总结了不同年龄段的观众点赞最多的视频类型，短视频创作团队在策划视频内容时可以进行参考。

- “80 后”：新闻、国家、儿童教育；
- “90 后”：技能、新闻、温情、达人；
- “95 后”：创意、搞笑；
- “00 后”：校园、温情、动漫、演员和歌手。

短视频创作团队在了解上述结果之后，应当对这一结果进行灵活运用。例如，某账号主要面向年轻观众，那么其短视频就可以往温情与演员和歌手相结合的方向上策划。除此之外，短视频创作团队还可以定期对自身受众进行调研，掌握他们的喜好变化，以此创作出更多符合观众审美的短视频。

2. 差异化思路——让你“弯道超车”上热门

在文学写作中，有一种手法叫作“反弹琵琶”。同样的，在短视频策划中，反弹琵琶的手法也可以让你出奇制胜。这一手法的核心就是差异化思路。

例如，在某款适用于敏感肌的护肤产品火遍全网时，推广这款产品的播主已经将第一批流量收割完毕，测评播主则瞬时收割了第二批。这时，难道没赶上推广与测评的播主就只能无动于衷了吗？当然不是。这时，播主可以利用差异化思路，在短视频中首先说明该产品火爆全网的事实，在承认产品各类优势后，说出产品不为人知的“小缺点”，例如，在使用时可能会由于操作不当而导致过敏，提醒大家一定要注意。

除此之外，播主还可以对比该产品与其他品牌同类产品的性价比，得出“推荐学生党使用”或“有能力的姐妹们可以试着入手”等结论。最后附送观众几个敏感肌护肤小技巧，短视频的结构就十分完整了，在内容上也与其他短视频区别开来。采用这种差异化思路策划出的短视频，非常容易成为热门视频。

3. 坚持领域垂直的好处是你想象不到的

如今，大大小小的短视频创作团队，都知道在短视频内容方面要坚持领域垂直。但是关于为什么要坚持领域垂直，却没人能一五一十地说明原因。其实，坚持内容垂直能获得非常重要的两个益处。

（1）获得标签化推送。许多从零开始运营账号的团队都知道，在养号时就开始浏览同领域的短视频，之后持续发布同一领域的细分内容，其目的就是让短视频平台为账号贴上明确的标签，便于后期发布短视频时，平台能通过标签将短视频推送给喜爱这一内容的用户浏览，为视频获取更多的点赞与评论，也为账号带来更多的关注，而不是将短视频推送给对这类内容不感兴趣的用户。

(2)获得更多的裁判流量。裁判流量是指视频发布时获得的第一波流量。由于这部分流量的多少直接影响到视频能否顺利进入下一个流量池，因此被称为裁判流量。

如果一个账号不坚持内容垂直，裁判流量会出现什么状况呢？例如，一个账号将A内容与B内容交替发布，那么，在初次推荐时，系统会将账号发布的关于A内容的视频推送给相关用户，而用户中喜欢B内容的人并不喜欢该视频，就会导致完播率、点赞率都很低，数据很差，视频无法火起来，也无法达到进入下一个流量池的门槛。同理，发布B类内容时，也会因为无法获得喜爱A内容用户的点赞，导致数据不理想。长此以往，这一账号便无法持续积攒人气，很难获得十分理想的发展。这就是短视频账号一定要在垂直领域发展的原因。

04

Chapter

短视频拍摄与编辑工具

本章要点

★ 了解短视频拍摄工具

★ 熟悉短视频剪辑制作工具

其实，短视频的创作是一个复杂的过程，它包括策划、拍摄、编辑与运营等。要做好短视频，就必须熟练掌握短视频的相关创作工具，如拍摄工具和短视频编辑工具。短视频的创作工具有很多，本章不仅会介绍短视频的常用拍摄工具（手机、照相机、麦克风、布光设备，以及三脚架、自拍杆、稳定器、滑轨等辅助拍摄工具），还会简单介绍短视频的制作工具（如Premiere、爱剪辑、会声会影等）。读者朋友对短视频的创作工具有了一个全面的了解，才能高效地产出优质短视频内容。

4.1 短视频拍摄工具

要打造一段优质的短视频，诸多条件缺一不可，而拍摄短视频的设备又是这些条件中的重中之重。

4.1.1 4类常见的拍摄工具

要完成一段完整的短视频，拍摄工具是必不可少的。下面介绍 4 种常用的拍摄工具，新手可以按照自身需求和喜爱进行选择。

1. 手机：个人玩家最方便

手机是常见的拍摄设备中最轻便、最易携带的一款。目前市场上大部分新款智能手机的像素都很高，仅仅使用手机自带的相机功能，就可以拍出一段合格的短视频。

手机的优势十分明显，但它的缺点也是显而易见的。利用手机拍摄短视频的优缺点如下。

- 优点：轻便，美颜、滤镜功能强，续航能力强。
- 缺点：镜头能力弱，成像芯片差，对光线与稳定性要求较高。

“镜头能力弱”是指目前手机镜头的分辨率普遍在 1000 万像素以上，但因为手机采用的是数码变焦技术，要放大远处的物体，全靠摄影师移动机身。如果在手机屏中直接放大远处的物体，就会导致清晰度降低，故成像效果会较差。但尽管手机有这样那样的缺点，它依然是短视频新手拍摄者的“好伙伴”。

2. DV、摄像机：高质视频的保证

DV与摄像机也是常见的视频拍摄设备，年纪小一点的读者可能没有听说过DV这类设备，下面我们就来分别介绍一下DV与摄像机这两种设备。

（1）DV。DV的设计初衷就是拍摄短视频。它体积较小，重量较轻，镜头附近有专门固定手部与机身的设计，对拍摄者不会造成过大的负担，非常适合家庭旅游或小型活动拍摄使用。同时，DV拍摄的画面虽然清晰度比较高，但DV不具备防抖功能。另外，DV还能外接如麦克风、外接镜头、补光灯等设备。外接了麦克风、遮光罩的DV如图 4-1 所示。

（2）摄像机。摄像机是专业级的视频拍摄工具，常用于电影、电视剧的拍摄，或新闻采访等大型活动的拍摄。它体型巨大，不易携带，拍摄者很难长时间手持或肩扛，但在专业性上是无可比拟的。

业务级摄像机具有独立的光圈、快门及白平衡等设置，拍摄出的画质清晰度很高，且电池储电量大，可以长时间使用，自身散热能力也较强。但是价格相应地也比一般的设备高出许多。常见的摄像机如图 4-2 所示。

图 4-1 外接了辅助设备的DV

图 4-2 摄像机

3. 麦克风：高质音频少不了

一段视频的视觉效果受多方面影响，而听觉效果的提升相对比较容易，在拍摄时可以借助麦克风来实现。麦克风是决定声音质量的专业工具，常见的麦克风如图 4-3 所示。

图 4-3 麦克风

拍摄短视频时利用麦克风对声音进行录制，短视频的音质往往是比较理想的。同时，麦克风具有很强的适配性，可以与任意一种拍摄设备相结合，而且它

具备有线与无线两种连接方式，在使用时不受拍摄设备的限制。但如果播主需要进行歌唱类视频的录制，对音质要求更高，就需要选用更加专业的麦克风，以保证成品效果。

不同场景的短视频的拍摄，应选用不同类型的麦克风。如果无听觉方面的特殊要求，那么播主可根据自身情况进行选购。

4. 布光设备：补光灯、反光板、遮光罩

光是决定短视频画面质感的重要因素，在短视频拍摄中，为播主创造一个拥有合适的光线的拍摄环境，是每个拍摄者的必修课。

对于在室内拍摄的短视频，光的亮度与方向十分重要。而在室外，光线太强也不适宜进行拍摄，所以拍摄者需要借助辅助设备对光做“加法”或是“减法”。目前可以对光做加减法的辅助设备主要有三种，分别是补光灯、反光布、遮光板。

（1）补光灯。补光灯可以称作自拍型播主的“补光神器”，它可以被固定在拍摄设备上方，为拍摄主体打光，在移动拍摄设备时，也无须担心光源方向与强度发生变化。补光灯有多种类型，运用范围较为广泛的是环形补光灯，如图 4-4 所示。

运用补光灯可以将播主拍摄得清晰又自然，为上镜效果加分。与普通光源相比，补光灯不刺眼，而且光源不仅仅是一个点，它还能营造出更加自然的效果。

除此之外，补光灯还能在人眼中形成“眼神光”，让播主上镜更加有神。若对补光灯的颜色不满意，或是将补光灯作为“辅助光”时，其与室内光有一定的“色差”，那么可以通过调节补光灯的色温，从而搭配出满意的效果。

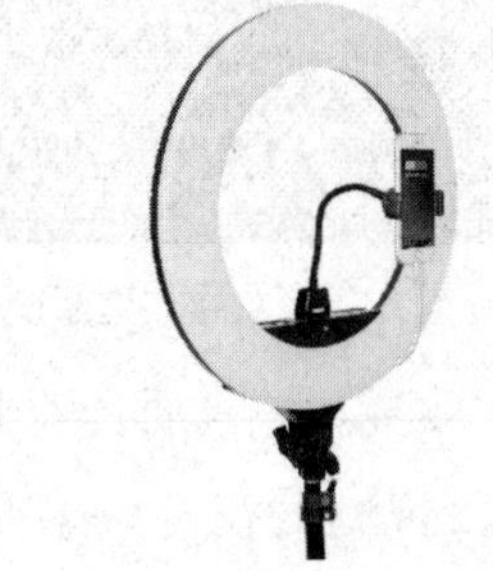

图 4-4　环形补光灯

（2）反光板。反光板多用于照片拍摄中，它用来反射光线，为拍摄主体增加欠光部位的曝光量，使拍摄主体显得更加立体，也避免画面出现光亮分布不均的状况。常见的反光板如图 4-5 所示。

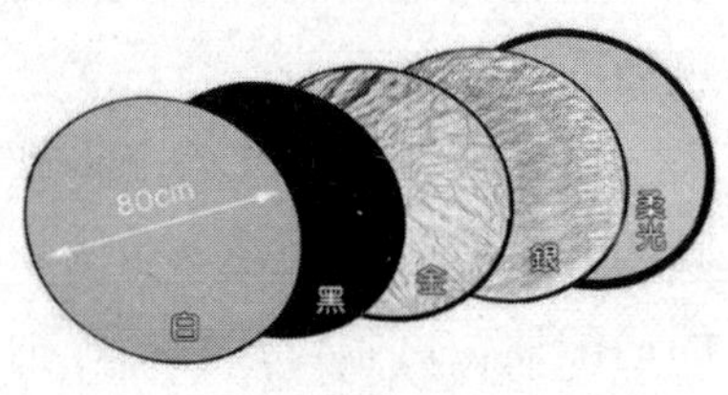

图 4-5　反光板

反光板有白色、黑色、金色、银色，

以及柔光，共五种类型。白色反光板一般用于对阴影部位的细节进行补光，增加阴影部分的细节；黑色反光板也称为“减光布”，一般放置在拍摄主体的顶部，用于减少顶光；金色反光板常用于日光拍摄下的补光，因为产生的色调较暖，也常作为主光使用；银色反光板是比较常用的反光板，能使拍摄主体的眼神看起来更有神，阴天使用补光效果十分不错；柔光布则适用于太阳下或灯光直射下柔和光线，降低反差。

（3）遮光罩。遮光罩的主要目的是防止有害光线射入镜头，造成不良拍摄效果。常用的遮光罩如图 4-6 所示。遮光罩外接在相机镜头上，阻挡有害光线从侧面摄入。这类遮光罩一般是圆形较多，长的遮光罩能很好地避免周围光源的干扰，一般是搭配远射镜头使用。短的圆形遮光罩通常会用在广角镜头上。

图 4-6　遮光罩

4.1.2　4 类常见的辅助工具

在拍摄短视频的过程中，为了提高拍摄效果和工作效率，需要用到一些辅助工具。例如，防止画面抖动和提高画面清晰度的三脚架、自拍杆和稳定器，增强视频动感的滑轨，拍摄具有鸟瞰镜头的无人机。

1. 三脚架与自拍杆：自拍者必备

三脚架与自拍杆是自拍者的好帮手。存在这样的情况：播主因为各种各样的原因只能自行拍摄短视频，这时要怎样保持拍摄设备处于最佳位置，且保持不动呢？抑或是播主需要拍摄范围较广的场景，但是无法将所有拍摄主体都纳入镜头。这时三脚架与自拍杆就派上了用场。当进行定点拍摄时，可以选用三脚架固定拍摄设备；进行动态拍摄时，可以用自拍杆来拉远拍摄距离，使画面可容纳的范围更大，为拍摄创造更多可能性。

图 4-7　三脚架

（1）三脚架。三脚架（见图 4-7）是一款用途广泛的辅助拍摄工具，无论是使用智能手机、单反相机拍摄视频，还是使用摄像机拍摄视频，都可以用它对设备进行固定。它的三只脚管与地面接触后，形成了一个稳定的结构，再加上它自带的伸缩调节功能，可以将拍摄设备固定在任何理想的拍摄位置。

选择三脚架时要考虑两个关键的性能：稳定性与轻便性。由于制作三脚架的材质多种多样，包括高强塑料、合金材料、钢铁材料、碳纤维等，由较为轻便的材料制成的三脚架会更加便于携带，适合需要辗转于不同地点进行拍摄的播主使用。在风力较大或是放置的底面不稳定的情况下，可以制作沙袋或是其他重物捆绑在三脚架上加以固定，从而维持其稳定性。而通常在固定场景拍摄短视频的播主，可以选用重量较大的三脚架。

（2）自拍杆。除三脚架外，自拍杆（见图 4-8）也是短视频拍摄过程中常见的道具，它相当于延长了拍摄者手臂的长度，将可拍摄的面积增大了不少，能帮助播主通过自拍杆自带的遥控器完成多角度拍摄的动作。

图 4-8　自拍杆

在手持自拍杆进行拍摄时，由于自拍杆长度较长，拍摄者只能手持一端进行拍摄，所以画面稳定性无法保证。而新一代的自拍杆除了能手持拍摄外，还增加了“三脚架”的功能，可以在一定程度上“解放”拍摄者的双手，但由于材质与长度的问题，仍然存在一定局限性，无法完全替代三脚架。

2. 稳定器：让镜头不再颤抖

当拍摄者需要拍摄一位玩滑板的少女时，如果手持手机或相机追着少女进行不同角度的拍摄，可想而知，拍摄出的画面会非常模糊，这样的画面是不适宜过多地出现在短视频中的，否则容易引起观众的反感。为了解决拍摄这类场景时的设备稳定性问题，稳定器应运而生。

为了适配不同的拍摄设备，市面上常见的稳定器有两种：手机稳定器和相机稳定器，如图 4-9 所示。

图 4-9　手机稳定器与相机稳定器

稳定器的防抖原理其实是通过在多方向上安装移动轴，由电脑计算出运动中的晃动方向与距离，再进行反向运动来抵消抖动。

3. 滑轨：平滑移动镜头

使用单一静态镜头进行拍摄，时间长了难免无趣，观众也会审美疲劳。要呈现活泼又流畅的动态镜头，可以借助滑轨（见图 4-10）将拍摄设备进行平推或是前后移动。

滑轨向前推进时，将放大人物，仿佛是推开了人物内心世界的门，引领观众对人物进行更深层次的挖掘。设备通过滑轨向后拉动时，画面容纳的主体越来越多，呈现给观众的信息就越来越多。而在设备借助滑轨围着拍摄主体进行环绕运动时，画面会显得十分动感，在拍摄舞蹈或其他运动时，这种镜头会显得十分专业。

目前市场上摄像轨道主要有两种类型：手动滑轨和电动滑轨。手动摄像滑轨操作十分简单，只需要轻轻推动就可以完成拍摄；电动摄像滑轨主要是通过手机连接蓝牙 App 来控制相机移动的轨道。

4. 无人机：小成本的鸟瞰镜头利器

无人机（见图 4-11）是视频拍摄设备中比较高端、罕见的一种，目前常见的短视频 App 中，使用无人机拍摄的短视频并不多见。

图4-10 滑轨

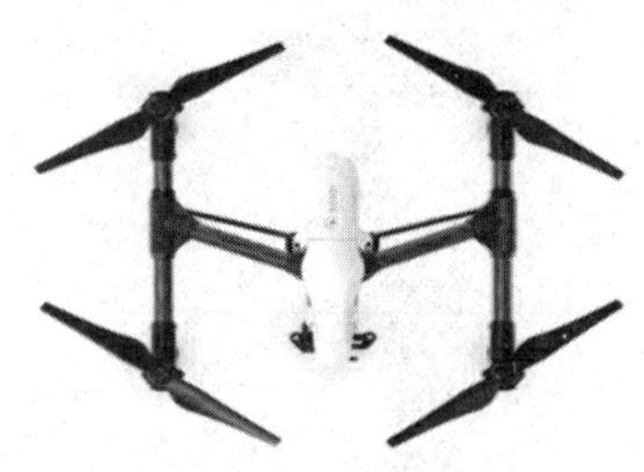

图4-11 无人机

无人机比较适合拍摄极为壮丽的自然风光，给观众视觉上的震撼，或是拍摄剧情类视频中的大远景，用于交代故事背景。但在使用无人机拍摄时，拍摄者要注意，不要在禁止飞行的城市上空放飞无人机，特别是不要靠近居民住宅楼，否则容易出现侵犯他人隐私的情况。

4.2 短视频编辑制作工具

在完成短视频素材的拍摄后，接下来的工作就是对素材进行后期处理。后期处理是一项技术含量很高的工作，不仅对专业编辑软件的操作技能有一定的要求，对硬件有也一定要求。常用的电脑版视频编辑软件有Premiere、爱剪辑和会声会影等。另外，随着手机功能的日渐强大，市面上出现了一些功能强大的视频编辑App，可以满足用户直接在手机上对视频素材进行编辑加工的要求。

4.2.1 视频剪辑工作对电脑性能的要求

电脑是视频剪辑者常用的硬件设备之一，许多专业的剪辑软件都只有电脑版本，剪辑者利用电脑可以更加细致、全面地对短视频素材进行处理。

利用电脑长期进行视频剪辑，对电脑的性能有一定的要求。性能较低的电脑不仅剪辑起来速度慢，还容易产生视频丢失等问题，浪费剪辑者的时间与心血。要购置一台能长期进行视频剪辑的电脑，剪辑者需要注意这几个配件的性能。

第一，显卡。视频剪辑对显卡的要求很高，最好选择中端显卡。以视频剪辑软件Adobe Premiere为例，它在进行一些特定操作时，如压缩视频尺寸、转化格式，会调动显卡的资源（Mercury Playback Engine，也称为水银加速，可自行设置），这样可以数倍地提升视频处理速度，大大节约工作时间。建议最好选择专业显卡，尽量不要选择游戏显卡。

第二，内存。要带动较为专业、占用内存较大的视频剪辑软件，且让电脑在剪辑高清视频的时候不出现卡顿，较大的内存是非常必要的。所以，在购买内存条时，建议选用 16G 以上的款式。

第三，处理器。处理器决定了剪辑视频时电脑的处理速度与合成速度。因此，一个好的处理器也是视频剪辑工作者必备的。建议剪辑者选择 4 核以上的处理器，6 核 12 线程最佳。如果资金充足，可以购买更高配置的配件，这样使用起来效果更佳。

4.2.2　电脑端视频编辑软件

常用的电脑端视频编辑软件包括 Premiere、爱剪辑、会声会影等，如图 4-12 所示。

图 4-12　电脑端视频编辑软件

除了上述 3 款视频编辑软件，还有其他的视频编辑软件，用户可以根据自己的需要选择。

1. Premiere

Adobe Premiere，简称 Pr，它是由 Adobe 公司开发、推出的一款常用的视频编辑软件。目前的常用版本有 CS4、CS5、CS6、CC 2014、CC 2015、CC 2017、CC 2018、CC 2019 及 CC 2020。

Adobe Premiere 的编辑画面质量比较好，同时具有较好的兼容性，可以与 Adobe 公司推出的其他软件相互协作。目前这款软件被广泛应用于广告制作和电视节目制作中，也是视频编辑爱好者和专业人士必不可少的视频编辑工具。Premiere 具有强大的编辑功能，它提供了采集、剪辑、调色、美化音频、字幕添加、输出、DVD 刻录的一整套流程，并且和其他 Adobe 软件高效集成，可以满足视频剪辑者创建高质量作品的要求。Adobe

Premiere Pro CC 2018 的启动页面如图 4-13 所示。

图 4-13　Adobe Premiere的启动页面

2. 爱剪辑

爱剪辑是一款功能强大且操作简单的国内首款全能免费视频剪辑软件，具有影院级好莱坞特效、专业风格滤镜效果等特色。

作为一款颠覆性的视频剪辑软件，爱剪辑创新的人性化界面不仅能够令用户快速上手，无须花费大量的时间学习，而且爱剪辑超乎寻常的启动速度、运行速度也使视频剪辑过程更加快速，用户操作起来得心应手。爱剪辑的工作界面如图 4-14 所示。

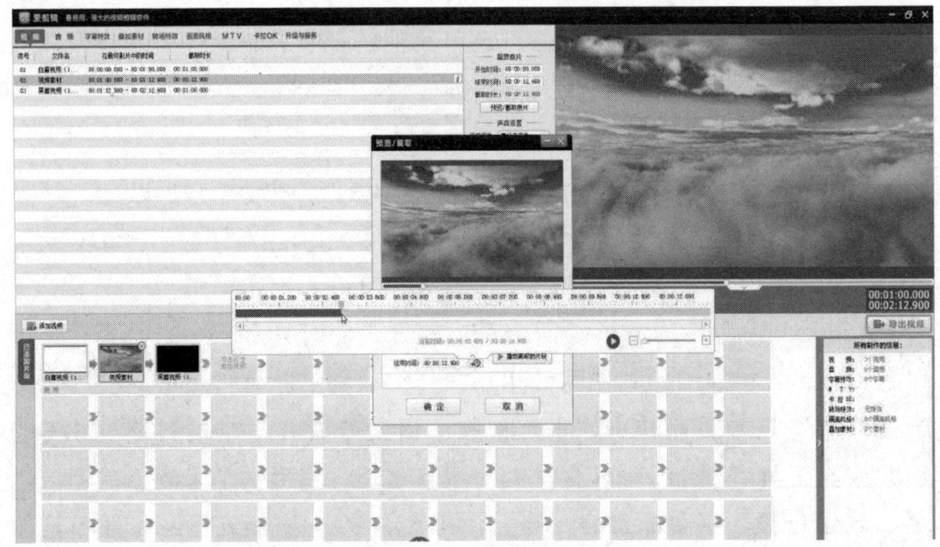

图 4-14　爱剪辑的工作界面

3. 会声会影

会声会影是一款集编辑、屏幕录制、交互式Web视频制作等于一体的软件。使用会声会影能够创建家庭影像、拍摄定格动画、录制屏幕等，用户可以充分发挥自己的想象力。

会声会影的灵活性和易用性成就了与众不同的视频编辑体验，备受视频编辑用户的青睐。会声会影让用户享受丰富的视频编辑功能的同时，可以帮助用户轻松地创建出自己想要的影片。图 4-15 所示为会声会影的工作界面。

图 4-15　会声会影的工作界面

4.2.3 手机端视频处理App

在“全民短视频”的今天，适用于手机端的视频处理App如雨后春笋般出现在大众面前。手机端视频处理App具有页面简洁、易操作等优势，能满足基础的视频剪辑要求。

常用的手机视频处理App有抖音、剪映、美拍、快影、巧影、小影、美册、飞闪、爱字幕等，它们都具备如分段剪辑、为视频添加配乐等基本的视频处理功能，同时又各具特色。本书将在后续章节中讲解抖音与剪映App的使用方法与技巧。

4.3 秘技一点通

1. 根据拍摄需要选择合适的镜头

镜头分为适配相机型与适配手机型两种，这里主要讲述手机外接镜头的相关内容。常用的手机外接镜头一般有四种：广角镜头、鱼眼镜头、微距镜头、长焦镜头。

(1)广角镜头。广角镜头的作用简单来说就是，当拍摄设备处于固定位置时，通过外接镜头，将更多的拍摄主体纳入画面中。目前部分智能手机已经自带广角拍摄功能。同一拍摄位置下，原镜头与广角镜头拍摄的效果对比如图 4-16 所示。

图 4-16 原镜头（左图）与广角镜头（右图）拍摄的效果对比

从图 4-16 中可以看出，广角镜头能囊括更多的拍摄内容，因此被普遍用于拍摄景物。许多播主也将其运用在旅行类短视频的拍摄中，使画面显得更加宏大，视觉效果更佳。

(2)鱼眼镜头。鱼眼镜头将前镜片处理成了直径很短且呈抛物状向镜头前部凸出的形状，与鱼的眼睛颇为相似，因此而得名。鱼眼镜头是广角镜头的一种“极致”，它能使镜头达到最大的摄影视角。

由于视角的差异，鱼眼镜头下的画面与人眼看到的画面具有很大的区别，这也导致鱼眼镜头拍摄出的画面格外具有艺术感，如图 4-17 所示。

图 4-17　鱼眼镜头拍摄效果

拍摄者可以利用鱼眼镜头拍摄人物、宠物的“大头照”，带有地平线的自然风景照片，或是特色建筑内部的夸张畸变照片，都能营造出戏剧性的别样美感。但在拍摄视频之前，要认真思考视频内容是否适合鱼眼镜头这样的画面表现形式。

使用鱼眼镜头时要以仰角拍摄

鱼眼镜头因为其夸张的美感，收获了众多摄影爱好者的喜欢。在利用鱼眼镜头拍摄照片、视频时，最好蹲下，以仰角进行拍摄。这是因为鱼眼镜头的视角超过了 180 度，站着拍摄会将拍摄者的脚也一同拍进去。

（3）微距镜头。微距镜头专门用来记录微观世界的美妙变化。微距镜头的特点在于，其焦距设计得比一般镜头要长很多，可以将微小的物体（如昆虫、花蕊）的模样原原本本地记录下来。图 4-18 所示为手机搭配微距镜头拍摄的蝴蝶。

图 4-18　微距镜头拍摄的蝴蝶

（4）长焦镜头。长焦镜头就像是一个望远镜，由于镜头视角小，可以把远处的景物拉近，因此视野范围相对狭窄，并且缩短了景深。

目前长焦镜头还没能在视频拍摄中普及，在拍摄远距离的物体时，拍摄者往往优先考虑单反相机，这是因为长焦镜头的镜筒较长，重量大，而且价格相对也比较高，更重要的是其景深比较小，在实际使用中较难对准焦点，这一点成了其无法拍摄动态物体的硬伤。

2. 调节气氛的道具：毛绒玩具、抱枕、展示台与台灯

在拍摄短视频的时候，播主可以借助一些常见的辅助道具，来营造特定的氛围。常见的辅助道具包括毛绒玩具、抱枕等，它们可以调节气氛、丰富背景等，让画面更加充实，比较适合在家里或在办公室等室内环境中进行讲述的短视频。但是不同类型甚至不同颜色的道具会对视频产生不同的影响，因此需要合理使用。例如，抖音号“紫菜蛋花兔”有相当一部分视频是手持手机在家拍摄的，背景就是一系列不同的公仔或抱枕等道具，如图 4-19 所示。

展示台也是一款十分重要的辅助拍摄道具，如吃播类、开箱类及种草类等短视频都需要一个展示台，用于放置道具或材料等。展示台的“准入门槛”很低，一张普通的桌子，再加上一盏小台灯作为补充道具或是充当补光灯，一个简易的拍摄场景就搭建好了。例如，抖音号“翔翔大作战”的播主就是使用一张白色的桌子来充当展示台的，再利用台灯或其他灯来进行补光，如图 4-20 所示。

图 4-19　利用毛绒玩具打造背景的短视频

图 4-20　展示台

利用隔音设备创造零噪音的拍摄环境

在实际的拍摄过程中，可能会遇到拍摄环境噪音过大的问题。这时除了需要使用比较专业的收音设备外，隔音设备也是非常重要的。常见的隔音设备有隔音玻璃、隔音板、隔音棉及隔音门帘等。在日常生活中，KTV包房的墙壁，以及高速公路两旁的玻璃板都使用了隔音材料。有条件的团队可以利用隔音材料来装修摄影棚等。

3. 使用爱剪辑软件快速剪辑视频

爱剪辑是一款非常好用的视频剪辑软件，下面将介绍视频素材的删除、复制或移动等基础操作。删除素材的具体操作如下。

打开软件并导入视频后，在爱剪辑主界面中❶单击页面左下角的添加视频面板中的视频素材，素材右上角会出现“×”按钮。❷单击“×”按钮，视频素材会被直接删除，如图 4-21 所示。

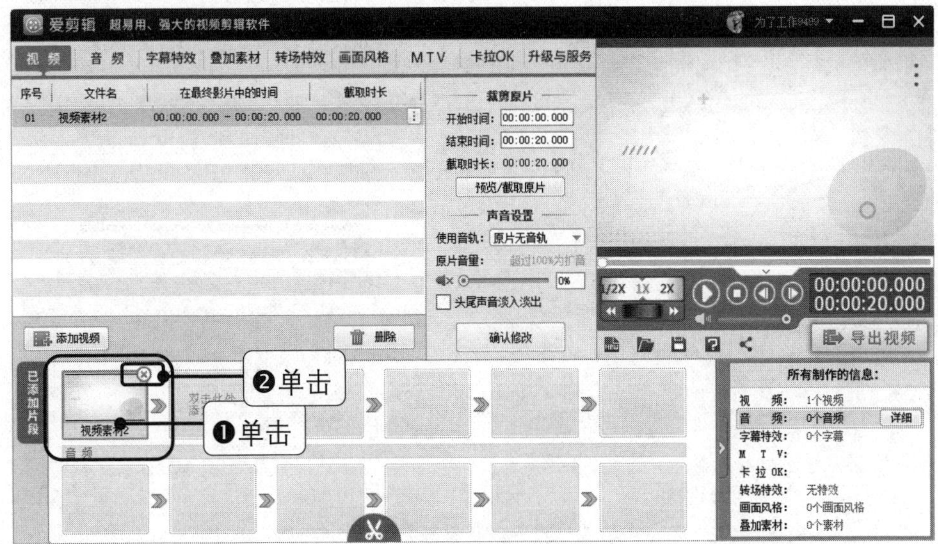

图 4-21　删除视频素材

删除视频素材后的页面如图 4-22 所示。

图 4-22 删除成功的页面

有时我们要将同一份素材剪辑出两种效果，之后再进行效果对比，留下一个更优秀的版本。这时可以复制一份素材，具体操作如下。

导入视频后，在爱剪辑主界面中❶选中页面左下方添加面板中要复制的视频素材，单击鼠标右键，在弹出的快捷菜单中❷选择“复制多一份”命令，如图 4-23 所示。

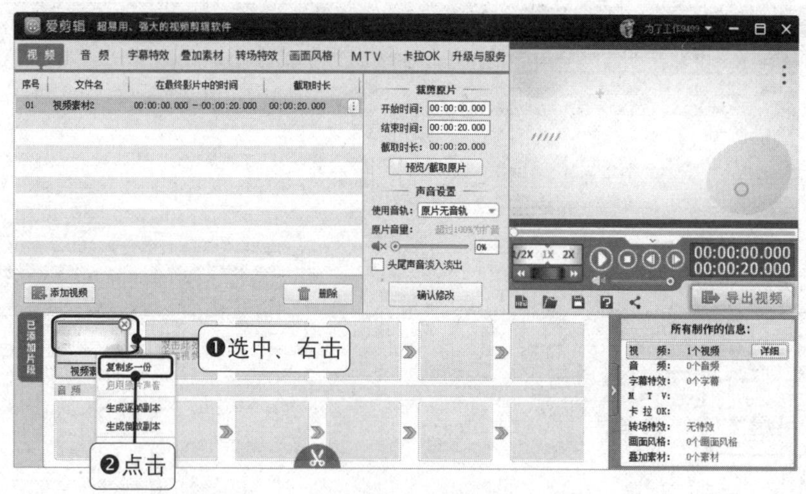

图 4-23 复制素材

复制视频后的页面如图 4-24 所示。

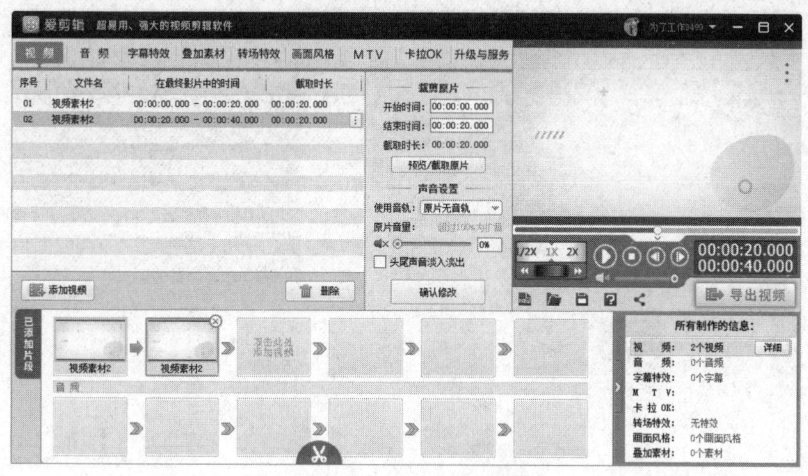

图 4-24　复制成功的页面

除了素材的删除、复制外，有时需要移动素材的位置。例如，将两段素材的位置进行前后调换，或是调换几段素材的顺序，具体操作如下。

第 1 步：将两段视频素材添加到爱剪辑中。

第 2 步：选中“黑幕视频”，并向后方拖动，如图 4-25 所示。

图 4-25　移动视频素材

第 3 步：看到后面的视频素材自动移动到前面时释放鼠标左键，即可将选中的视频素材移动到相应的位置，如图 4-26 所示。

图 4-26 移动素材位置后的效果

05 Chapter 短视频的拍摄技法

本章要点

★ 了解短视频的各项规范

★ 熟悉基本的拍摄技术

★ 掌握光源的使用方法

★ 掌握常用的构图手法

为什么你拍摄的短视频画面呆板，表现手法单一，场景切换生硬，主体不够突出呢？这就说明你的拍摄技术太差了。众所周知，短视频是以视频为载体来表现内容的。优秀的短视频作品往往具备两个特点：一是主题创意新奇，二是画面优质且表现手法时尚，二者如同皮与骨，互为支撑，缺一不可。本章将介绍短视频的常用拍摄技法（镜头语言的表达、运镜、转场、走位）、常用的布光技法（包括光源、光位、光质及室内外布光技巧），以及常用的构图技法，读者朋友可以全面地了解并掌握短视频的拍摄技法，提升视频的表现力，从而拍摄出让观众惊艳的有视觉冲击力的优秀短视频作品。

5.1 短视频常用的拍摄技法

短视频虽然区别于制作周期长、拍摄设备专业的电影及电视剧，但也是通过画面与声音来呈现内容的。因此，熟练掌握运用镜头语言来引导观众的思维，以及运镜、转场及演员走位调度等技能是非常重要的。

5.1.1 镜头语言：引导观众的思维

在视频中，镜头之间的衔接往往具有一定的关联性。一般来说，这种衔接是根据剧情的发展和内容逻辑实现的，完全遵循剧本，并不能随心所欲。所以，镜头之间的衔接也是一种语言，这种语言是导演通过视频画面在引导观众的思维。

1. 景别

景别主要是指摄影机与拍摄主体间，因为距离的不同，造成画面上形象大小不同。景别可以细分为远景、全景、中景、近景、特写，如图 5-1 所示。

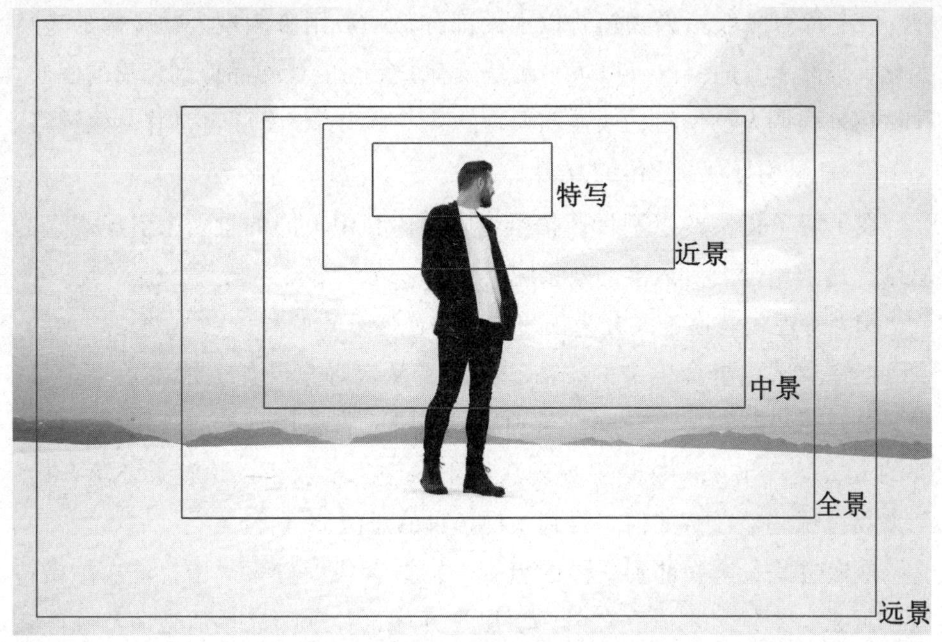

图 5-1　景别的分类

在图 5-1 中可以清楚地看出以人为参照物时五种景别的区别。

（1）远景通常用来交代大环境或抒发情感，呈现景多人少的画面，多采用航拍。常用于拍摄自然风光、城市面貌、建筑等题材，或是用于影片片头，让观众在开场时便对故事发生的环境与背景有所了解。

（2）全景是指人物全身恰好都在画面里的景别。全景主要用来进一步表现人与环境的关系，也被称为交代镜头。在实际拍摄过程中，有经验的摄影师会注意给人物头顶和脚底适当地留白，而不会出现“顶天立地”的画面。

（3）中景是指人的膝盖以上的部位。因为这个景别能够最清晰地交代故事情节，因此它也是电影摄影的基础。在拍摄时要注意，不要正好切在演员的膝盖上，否则观众会觉得突兀。

（4）近景即胸部第三颗纽扣以上的部分，用来突出人物或物体的具体特征。近景是电视剧画面的基础，因为电视机较小，这个景别能很好地介绍人物的出场及演员的表情。以近景拍人时很考验演员的演技，这时演员稍微跳戏，观众可能就会发现。

(5)特写一般指人物锁骨以上的部分，一般用来表现人物脸部的表情变化，头部上方的留白可以很小或是没有。特写能让作品得到超清的画质，往往用来强调人物情绪，或强调人物的某一个局部，如手部动作、眼神等。

2. 三种引导观众思维的方式

在了解了镜头的景别后，拍摄者应如何利用不同的景别来引导观众的思维，达到用画面讲故事的效果呢？

(1)递进式。递进式分为正递进式和逆递进式两种。

正递进式：组合镜头的拍法，拍摄者从大远景开始，依次拍摄全景、中景、近景、特写、大特写。景别层层递进，将要展现的故事用越来越详细的方式呈现出来。这是引导观众用正顺序了解故事，从背景环境开始，到人物有哪些、性格如何，再到人物各自的想法，等等。

逆递进式：从局部到整体的组接，拍摄者从大特写开始，依次拍摄特写、近景、中景、全景、远景，层层拉开序幕，逐渐表达清楚演员到底在干什么。这样的叙述方式更容易勾起观众的好奇心，从某个吸引人的细节开始，观众一不小心就从头看到尾了。

(2)总分总式。在视频开头先用远景、全景交代故事环境，然后通过中景、近景交代故事的发展，最后回到全景与远景来交代在故事结束后，环境的改变，或留下无演员的空镜头让观众思考。故事非常紧凑，很短的时间内就能讲清楚一件事，抖音、快手平台的许多情景短剧就是利用这一方式拍摄的。

(3)跳跃式。跳跃式并没有固定的景别搭配方式，是拍摄中最常用的方式：完全根据内容的逻辑让观众时刻保持视觉新鲜感。跳跃式可以全景直接接近景，特写直接接中景，以故事的推进与人物的视角来阐述故事。

5.1.2 运镜：用镜头的移动来表现不同的视角

在拍摄视频的过程中，镜头并不是一直静止的，它的运动被称为运镜。运镜就像是以镜头代替拍摄者在说话，它能赋予视频画面更多的活力，限制观众的视角，提供更多的悬念与趣味。常用的运镜方式有七种，即推镜头、拉镜头、跟镜头、摇镜头、移镜头、升降镜头及悬空镜头。

1. 推镜头

推镜头是一种非常常见的运镜方式，是指在拍摄主体位置不变的情况下，镜头从全景或其他较远的景位，逐渐向拍摄主体推进，直到推成近景或特写的镜头运镜方式。这类运镜方式在实际拍摄中主要用于描写细节、突出主体或制造悬念等。例如，抖音号“色彩天蝎”在一段短视频中，就用推镜头的方式，将画面从女演员的中景推进至了脸部特写，很好地突出了人物，如图 5-2 所示。

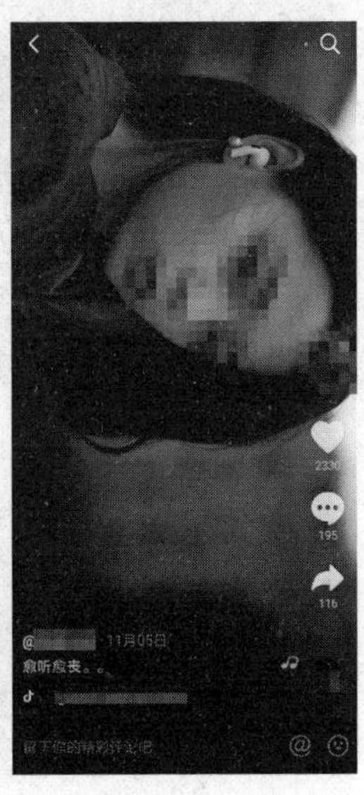

图 5-2　推镜头拍摄的画面

2. 拉镜头

拉镜头是指拍摄主体不动，构图由小景别向大景别过渡，即镜头从特写或近景开始，逐渐变化到全景或远景，拍摄手法与推镜头完全相反。在视觉上，拉镜头拍摄的画面会容纳越来越多的信息，同时可以营造一种远离主体的效果，给观众一种场景更为宏大的感觉。例如，抖音账号“itsRae”在拍摄川西 Vlog 的过程中就运用了拉镜头的方式展示拍摄地的自然风光，如图 5-3 所示。

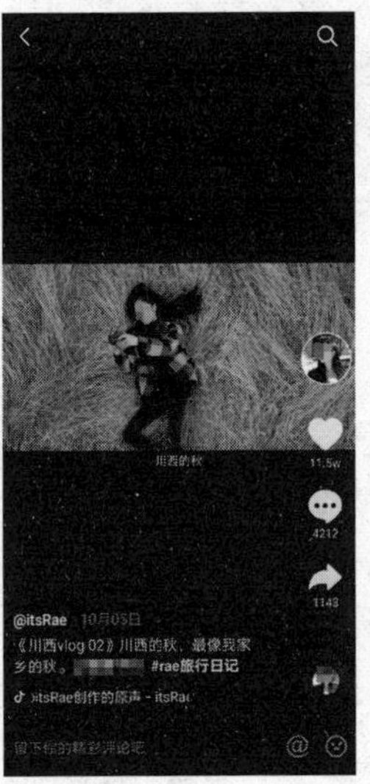

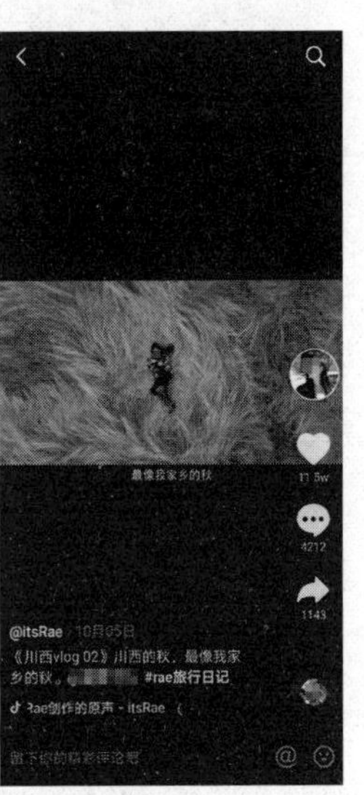

图 5-3　拉镜头拍摄的画面

3. 跟镜头

跟镜头与跟拍比较类似，是指拍摄主体为运动状态时，镜头跟随其运动方式一起移动的拍摄方式。在跟镜头画面中，拍摄主体在画面中始终处于一个相对稳定的状态，而背景则是不断变化的。

跟镜头在实际运用中，能全方位地展现拍摄主体的动作、表情及运动方向，常用于纪实性节目及新闻的拍摄。跟拍是镜头跟随主体一起移动，其运动主体不变，而背景会变化。

4. 摇镜头

摇镜头是指摄像机的位置不动，通过摄像机本身的光学镜头水平或垂直移动来拍摄的方法。脚本中时常提到的“全景摇”就是指用摇镜头的手法拍摄全景。摇镜头常用于介绍故事环境，或侧面突出人物行动的意义和目的。它与其他拍摄方式的区别在于，摇镜头拍摄时，镜头就相当于人的头部在看四周的风景，但是头的位置不变。一个完整的摇镜头包括起幅、摇动、落幅三个部分。

5. 移镜头

移镜头是指将摄影机架在活动的物体上随之运动拍摄的方式。镜头沿水平面向各个方向移动拍摄，便于展现拍摄主体的不同角度，拍摄的画面始终处于运动状态。这种拍摄方式对于大场面、多景物、多层次等复杂场景，能表现出气势恢宏的效果。同时也能使画面更加生动、更加真实，现场感更强。例如，抖音号“八月、初七”在利用短视频展现宁波市鄞州区的自然风光时，就用了移镜头的方式，展现了地面风光的广袤，给人以震撼，如图 5-4 所示。

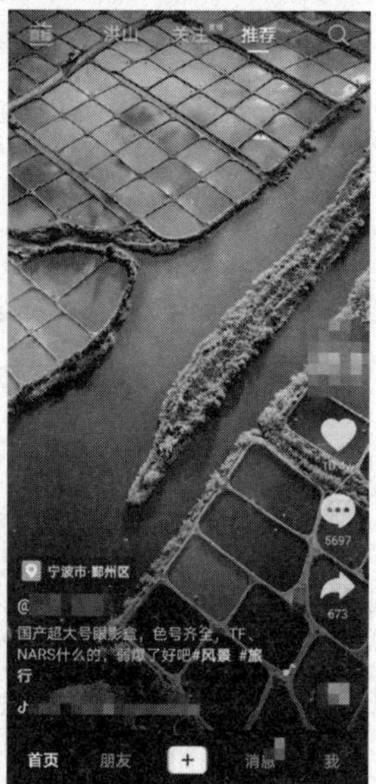

图 5-4　移镜头拍摄的画面

跟镜头与移镜头的区别

以跟镜头方式拍摄时，摄像机的运动速度与被摄对象的运动速度是一致的；移镜头方式的摄像机的运动与被摄对象的运动速度不同。跟镜头的画面景别不变；移镜头的画面景别根据拍摄距离的变化而变化。跟镜头的拍摄对象在画面构图上基本不变；移镜头的拍摄对象在画面构图中的位置时刻发生变化。

6. 升降镜头

升降镜头分为升镜头和降镜头两种不同的手法。升镜头是指镜头做上升运动，甚至会形成俯拍视角，这时画面中是十分广阔的地面空间，效果十分恢宏。而降镜头是指镜头做下降运动，多用于拍摄较为宏大的场面，以营造气势。

7. 悬空镜头

悬空镜头是指摄影机在物体上空移动拍摄，如果用这种镜头拍摄，一般会产生史诗般恢宏的画面效果。抖音账号“鬼迹”在拍摄关于重庆某公路的短视频时，就采用了悬空镜头，衬托出了公路中车辆与路人的渺小，如图 5-5 所示。

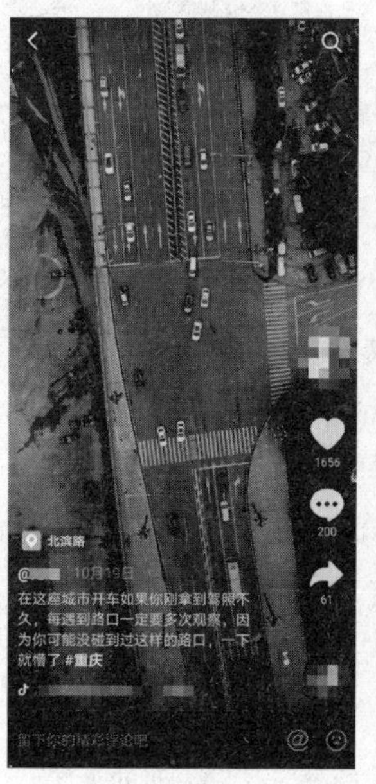

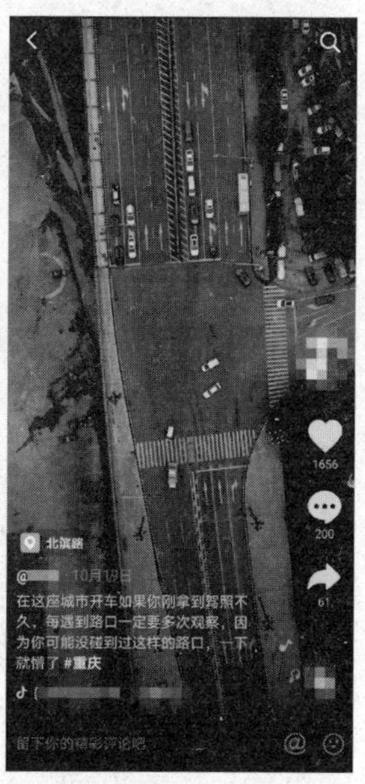

图 5-5　采用悬空镜头时的画面

5.1.3　转场：两个场景之间的切换效果

一个几十秒长的短视频，可能由十几个甚至几十个分镜头组成。而镜头与镜头之间，把控观众感官的场景、段落的切换，就称为“转场”。转场分为两种类型，分别是无技巧转场和技巧转场。

资源下载码：37215

1. 无技巧转场

无技巧转场是指用镜头自然过渡的方式来连接上下两段内容，不运用任何特效，强调视觉的连续性。拍摄团队运用无技巧转场时，要注意寻找合理的转换因素。依照转换因素的不同来划分，无技巧转场可以分为空镜头转场、声音转场、特写转场三转场方式。

(1)空镜头转场。空镜头是指以没有人物出现的镜头来转场，这种镜头一般作为剧情之间的衔接及渲染气氛的画面出现，是非常经典的转场镜头。

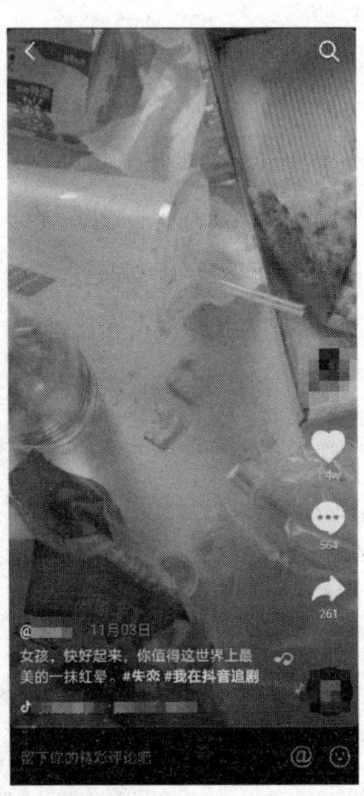

图 5-6 空镜头转场

图 5-6 所示的短视频讲述的是一个女孩因失恋而短暂消沉之后又重新振作的故事。左图由杂乱的餐桌与睡在沙发上的女孩两部分构成，暗示了女孩消极的生活状态。右图为左图的空镜头转场，进一步表明了女生最近的饮食、卫生问题没能得到妥善处理，渲染了沉闷、悲伤的氛围，描绘了女孩停滞不前的生活状态，是十分成功的空镜头转场。

(2)声音转场。声音转场是利用声音的和谐性自然过渡到下一个画面。常用音乐、解说词、对白等，结合画面转场，在向观众总结上半部分的同时，过渡到下半部分，十分自然。

(3)特写转场。特写转场是运用得比较多的一种转场方式，在各个类型的视频中，特写转场都不会显得突兀。无论上一个镜头结束时是何种景别，下一个镜头都从特写开始，对拍摄主体进行强调和放大，这就是特写转场的手法。如图 5-7 所示的短视频，前一个镜头是一群青年男女在拍合照，后一个镜头是特写一群人中的男女主人公，突出人物关系，呼应了故事中二人相互暗恋的情节，意味无穷，令人回味。

（4）主观镜头转场。主观镜头转场是指依照人物的视觉进行镜头的转场，即上一个镜头是主人公在做某事，下一个镜头就切换到了主人公的视角所见。这样的镜头能给观众很强的代入感。如图 5-8 所示的短视频，上一秒如字幕所说女演员“看到天上有一朵奇怪的云”，于是举起手机拍摄，下一秒的镜头就切换到了女演员手机屏幕的特写，手机正处于拍摄模式，即将按下拍摄键。这种典型的主观镜头转场，既具有视觉冲击力，又合乎剧情逻辑。

图 5-7　特写转场

图 5-8　主观镜头转场

（5）两极镜头转场。两极镜头转场的特点在于利用前后镜头在景别、动静变化等方面造成的巨大反差来完成转场。一般而言，前一个镜头的景别会与后一个镜头的景别形成“两个极端”，如前一个是特写，后一个是全景或远景，或前一个是全景或远景，后一个是特写。

（6）遮挡镜头转场。遮挡镜头转场是指在上一个镜头结束时，镜头挪近某物体以遮挡摄像机的镜头，下一个画面该物体又从摄像机镜头前移开，以实现场景的转换。这种方式在给观众带来视觉冲击的同时，也使画面变得更为紧凑。

2. 技巧转场

运用一些特效手法进行转场，称为技巧转场。技巧转场常用于情节之间的转换，给观众带来明确的段落感。常见的技巧转场有 3 种，分别为淡入淡出转场、叠化转场、划像转场。

(1)淡入淡出转场。淡入淡出转场是指在画面结束与开始时，为画面加上明暗变化，即上一个镜头的画面由明转暗，直至黑场，下一个镜头的画面由暗转明，逐渐显现至正常的亮度。这种转场方式通常被运用在节目或场景的开头、结尾处，或时间和地点的变化之处。

(2)叠化转场。叠化转场是指前一个镜头结束画面与后一个镜头开始的画面相叠加的转场形式，在转场中，画面会显出前后两个镜头的轮廓，只是前一个镜头的画面逐渐暗淡隐去，后一个镜头的画面则慢慢显现并清晰，如图 5-9 所示。

图 5-9 叠化转场

叠化转场常被运用在影视化处理中，因为叠化与慢镜头的结合，可以延缓时间的流逝。

(3)划像转场。划像转场的切出与切入镜头之间没有过多的视觉联系，常用于突出时间、地点的跳转。划像又分为划出与划入，划出是指前一个画面从某一方向退出荧屏，划入是指下一个画面从某一方向进入荧屏。

5.1.4 走位：演员在拍摄时的移动路线

走位是指拍摄视频的过程中，演员的位置变化。走位的含义听起来十分简单，但在专业视频的拍摄中，如电影拍摄中，演员的走位是十分讲究的，需要导演结合具体的情节及场景，进行宏观的把控与调度。在短视频拍摄中，不必做到像电影那般专业，但仍然需要符合基本的走位原则。

在进行短视频拍摄时，灯光、摄像机的位置变化一般并不大，它们虽然会随着演员的移动进行相对运动，但依然只有一块不太大的地方属于

“有效区域”，即摄影机能拍摄到演员的区域。如果演员在走位时不小心移动到了有效区域的外面，就会十分影响拍摄的效果。

所以，为了节约时间及成本，在实际拍摄前，导演需要组织演员们进行多次彩排，找准机位，确保在实际拍摄中，尽可能地降低演员眼神对错位置，或是演员走出了有效区域的次数。

5.2 短视频常用的布光技法

“摄影是光的艺术”，熟练运用光不仅是摄影师的基本功，也是体现摄影师水准的重要标准。不论是照片还是视频，光都起着决定性的作用。如果没有光，那么即便拥有了完美的构图与布局也于事无补。要拍摄出优质的短视频作品，一定要掌握不同光源在不同情况下的使用方法。

5.2.1 光源：类型不同，效果各异

要做到熟练运用光可不是件容易的事，首先，新手团队需要了解光源的不同类型。在摄影中，照明光源有两大种类：自然光与人造光。

1. 自然光

自然光顾名思义，就是指日光、月光、星光，以日光为主。其中，日光包括晴天时太阳的直射光与天空光，阴天、下雨天、下雪天时天空的漫散射光。一天之中，太阳光的直射角度会随着时间的推移而产生变化，这使得太阳光可以分为不同的照明阶段，在不同的照明阶段进行拍摄，会出现不同的拍摄效果，可以表达不同的情绪。

例如，在早晚太阳光直射的时间段，太阳光与地面呈 0~15 度的夹角，景物大面积的垂直面被照亮并留下一段很长的投影，太阳光在穿过大气层后，光线变得分外柔和，与天空光的比例约为 2∶1，在晨雾与暮霭出现的情况下，空气会产生强烈的透视效果。这时拍摄近景照片，景调会十分柔和。若拍摄场景照片，则能得到层次丰富、空间透视感极强的成片。

2. 人造光

人造光是指人工制造的发光体发出的光线，如聚光灯、漫散射灯、强光灯、溢光灯、石英碘钨灯等。家庭环境中的白炽灯等也属于人造光的

范畴。

人造光是摄影常用的光源，它的运用范畴十分广泛，能最大程度上按照摄影师的设想呈现出理想效果。短视频创作团队很难在特定的拍摄时间内遇到合适的自然光，所以，对于基本的人造光源，拍摄人员需要不断熟悉，最终做到灵活运用。

5.2.2 光位：7 种方向，7 种效果

光位是指光源相对于被摄体的位置，即光线的照射方向。同一拍摄主体，在不同的光位下能产生不同的明暗效果。摄影中的光位千变万化，但归纳起来主要有 7 种，即顺光、前侧光、侧光、后侧光、逆光、顶光及脚光。其中 5 种光位在垂直方向上的示意如图 5-10 所示。

1. 顺光

顺光又名“正面光”，是指光线来自被摄体的正面，根据照射角度的不同又为分平射光、顺光和高位顺光。顺光（见图 5-11）照射的被摄体令人感觉明亮，但立体感较差，缺乏明暗变化，利用正面光拍摄时，曝光宽容度较大。

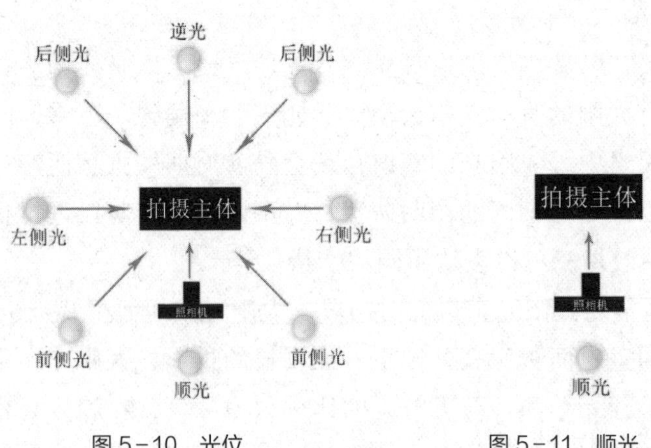

图 5-10 光位　　图 5-11 顺光

顺光的特点是拍摄主体受光均匀，曝光容易控制。同时，拍摄主体的色彩饱和度高、色彩鲜艳，但缺少明暗反差和阴影衬托，立体感较差，缺乏生气。所以，顺光在灯光人像中常用作辅助光，适用于风光摄影、追求详细记录的侦查取证等。

2. 前侧光

前侧光是指从拍摄主体正面 45 度方位照射过来的光。前侧光是最常用的光位之一，在它的照射下，拍摄主体富有生气和立体感。在人像拍摄中，前侧光常用作主光。

3. 正侧光

正侧光又称为 90 度侧光，正侧光下的拍摄主体呈“阴阳效果”。正侧光是人像摄影中富有戏剧性效果的光位，它能突出明、暗的强烈对比，如图 5-12 所示。

4. 后侧光

后侧光又称侧逆光，是指光线来自被摄体的侧后方的光位，能使被摄体的一侧产生轮廓线条，使主体与背景分离，从而加强画面的立体感、空间感。

前侧光、正侧光与后测光在垂直方向上的示意如图 5-13 所示。

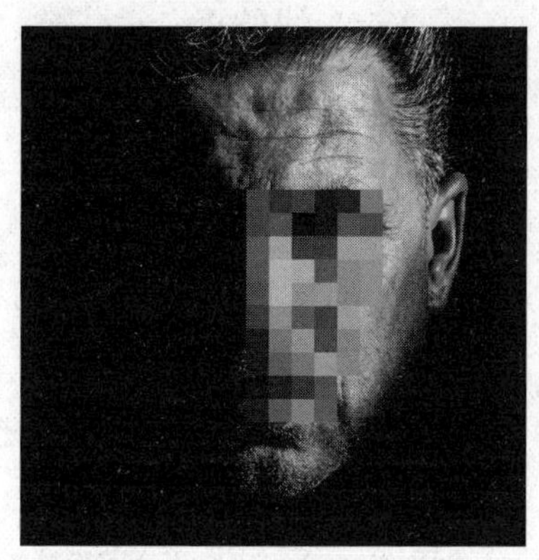

图 5-12　正侧光照片

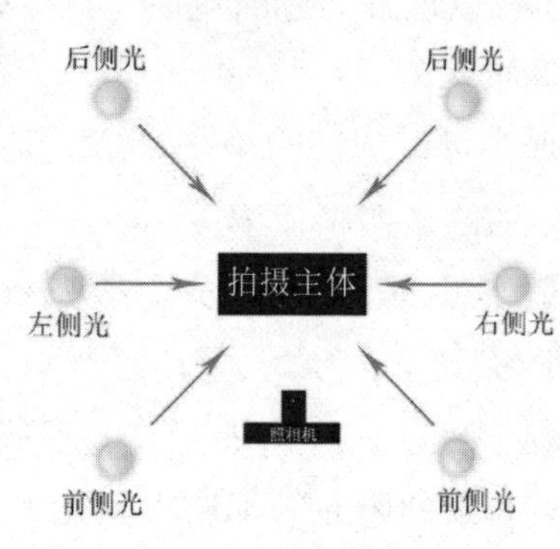

图 5-13　侧光

5. 逆光

逆光又称背光，是指拍摄时光线来自被摄体的正后方的光位，如图 5-14 所示。

图 5-14　逆光

逆光的特点在于，它能使被摄体产生生动的轮廓光线，使画面产生立体感、层次感，增强画面的质感、氛围、意境和艺术感，同时还能使画面具有视觉冲击力。很多时候，逆光的拍摄需要配合反光板或闪光灯来辅助照明，以避免主体曝光不足。逆光多被摄影师用来勾勒被摄体的轮廓形状、拍摄剪影等。逆光构图时很重要的一点是，要使画面产生深色背景，否则轮廓线就不醒目。

6. 顶光

顶光是指光线来自被摄体的正上方，如正中午的阳光。它的特点是，会在人物的眼睛、鼻子及下颌部位形成浓重的阴影，不利于人物的表现，通常忌拍人像。

7. 脚光

脚光又称底光，是指光线来自被摄体的下方的光位，常用于丑化人物。而在自然光中，没有脚光的光位，原因在于脚光很难营造出美感，也正因如此，脚光最大的用途是拍摄恐怖片。

5.2.3 光质：聚散软硬，灵活运用

光质可以理解为光的性质，具体来说，就是指光线的聚、散、软、硬，具体含义如下。

- 聚，可以理解为聚光。聚光是指光来自一个明显的方向，这时拍摄主体产生的阴影明晰而浓重。
- 散，可以理解为散光。散光是指光线来自若干方向，产生的阴影柔和而不明晰。
- 硬，可以理解为硬光。一般指的是直射光，例如，闪光灯的光线、晴朗天气直射的阳光等都属于硬光。
- 软，可以理解为软光，也叫散射光或柔光。软光的光线相对柔和，明暗层次过渡柔和，反差小，如多云天气的光线、闪光灯前加上柔光罩后发出的光线、补光灯前加上柔光箱后发出的光线等，都属于软光。

在具体运用中，硬光能使拍摄主体产生强烈的明暗对比，有助于质感的表现，立体感强，适合表现黑白光影效果等；软光善于揭示物体的外形和色彩，但不善于表现物体质感和细节，适合拍摄人像。为了营造不同的氛围，表达不同的情绪，拍摄者应当对光质灵活运用。

5.2.4　室内人物视频的布光技巧

很多短视频都是由播主一人出镜在室内进行拍摄的，如美妆视频、开箱视频，甚至包括部分剧情类视频等。这类短视频的拍摄成本比较低，即使没有专业的设备，也不影响成片效果。

在室内拍摄，布光是非常重要的。简单来说就是要布置合适的光线，让演员在出镜时看起来清晰、养眼、令人舒服。室内拍摄时的基本布光要求是，光线强度适中，不过分阴暗，也不过分明亮，并且要让观众看清楚演员的脸与动作。

室内布光的方法是，将补光灯或柔光灯作为主光，布置在镜头后方，照亮画面中的所有演员。如果单一主光无法照亮所有演员，或是在演员的身上留下了比较重的阴影，就需要另一盏灯或反光板充当辅助光，照亮主光留下的阴影。这样，在主光与辅助光的配合下，室内布光就基本完成了。

如果拍摄者由于各种因素，仍然觉得画面光线不够丰富，或是缺少明亮环境的衬托，则可以再追加一盏灯作为背景光，照亮室内背景，让画面更具层次。有背景光与无背景光的区别如图 5-15 所示。

图 5-15　有无背景光的区别

5.2.5　室外视频的布光技巧

其实室外布光的原理与室内布光是完全相同的，只是室外光线比室内复杂许多。一方面，太阳成了一个不可忽视的光源；另一方面，由于阳光的漫反射，画面的整体亮度与清晰度都会高于室内。

不管演员是直面阳光还是背对阳光，拍摄者都可以直接将阳光作为拍摄的主光。在已有主光的情况下，只需要追加一盏灯或反光板作为辅助光，来照亮演员身上的阴影部位。这时演员基本上已呈“360 度无死角”的状态。

在晴朗的天气进行拍摄，演员背后的地方往往会被漫反射光照亮，并不需要追加背景光进行照亮。这种情况下，通常拍摄者会将室外背景进行模糊处理，以突出演员，让观众的注意力集中在演员身上，如图 5-16 所示。

图 5-16　模糊背景的室外短视频

5.3　短视频常用的 5 种构图技法

构图是将画面中的元素进行组合的一种手法。拍摄者能熟练地将原本杂乱的被摄物划分为主体与客体，或是前景与背景，将被摄物以三角轴或是斜线来排列，将光与影变成有情感的组合，这些都是构图的手法。

好的构图能赋予平凡的被摄物无穷的魅力，相反，不好的构图则会将一个本身很有魅力的主角变得俗不可耐，并降为闲角。一段优质的短视频离不开精美的画面内容，而设计合理的构图可以最直观地展现短视频的制作水准。运用好的构图方式，能够将拍摄主体按照审美规律布局在画面中，从而使作品更具感染力。

5.3.1　对角线构图法

对角线构图是指拍摄主体沿着画面的对角线进行排列，这种构图旨在表达画面的动感、不稳定性或是生命力。与常规的横平竖直的构图相比，对角线构图的画面更加舒展、饱满，观者的视觉体验也更加强烈。对角线构图的画面与常规画面的对比，如图 5-17 所示。

图 5-17　对角线构图与常规构图的对比

从图 5-17 中可以看出，同样是自然风光，上图在运用对角线构图的手法后，风景显得更动感了，也更加容易将观众的目光吸引到真正的画面主体上，主次十分分明，画面非常有层次。而下图虽然也十分美丽，但与上图相比，就缺少了许多趣味。

5.3.2　对称构图法

对称构图法是指按照对称轴或对称中心，令画面中的景物呈轴对称或是中心对称的状态。对称构图法常用于拍摄建筑、公路、隧道等，效果十分出彩。另外，如果在拍摄时没能做到完全对称，也可以通过后期进行校正或剪裁。轴对称的画面如图 5-18 所示。

图 5-18　对称构图

5.3.3　放射/汇聚构图法

放射/汇聚构图法是指以拍摄主体为核心，景物呈向四周扩散的形式，又或是拍摄时将被摄物呈向四周扩散的方式摆放的一种构图方法，如图 5-19 所示。它可使人的注意力集中到被摄主体上，同时又有使画面开阔、舒展、扩散的作用。这种构图法常用于需要突出主体而场面又复杂的场景，也用于使人物或景物在较复杂的情况下产生特殊的效果等情况。

放射/汇聚构图除了在日常拍摄中用于拍摄一些趣味性的物体外，在电商领域的产品拍摄中的运用也十分广泛，如图 5-20 所示。

图 5-19　放射/汇聚构图

图 5-20　用放射/汇聚的构图拍摄产品

图 5-20 中的商品摆放方式，为典型的放射/汇聚构图法。糖果属于比较小的商品，通过运用放射式构图法进行摆放，不仅将观众的目光汇聚到糖果的主体上，同时，运用多个产品的重复使得画面更加饱满，而不同角度的汇聚方式，使得商品的主图更有趣味。

5.3.4 九宫格构图法

九宫格构图是目前最为常见、最基本的构图方法之一。如果把一张图片的上、下、左、右四个边都分成三等份，然后用直线把这些对应的点连起来，画面中就形成了一个“井”字形的图框，画面也被分成了相等的九个方格，这就是我国古人所称的“九宫格”，如图 5-21 所示。

在图 5-21 中，九宫格的四个交叉点就是九宫格构图法的核心所在。新手拍摄者在拍摄时，可以把拍摄主体放在这四个点附近，这样拍出的照片会主题鲜明，具有层次感。不只是横版画面，在竖版画面中，九宫格构图也同样适用，如图 5-22 所示。

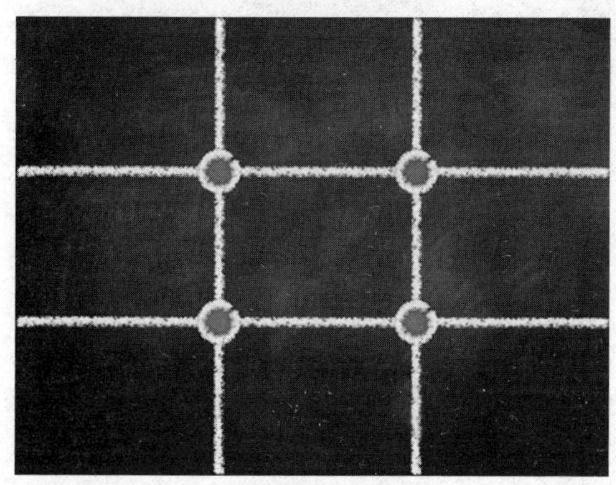

图 5-21　九宫格

图 5-22　九宫格构图

在图 5-22 所示的画面中，由于运用了九宫格构图法，甜品被放置在九宫格四个中心点位置，画面主次分明，两杯甜品得到了很好的凸显，画面的中心也被整体向上移动了，显得十分协调。

5.3.5 黄金分割构图法

黄金分割构图法的基本理论来自黄金比例——1∶1.618，这个比例在生活中随处可见，例如，建筑、绘画、投资、服装设计等领域都有这一比例。而在摄影中引入黄金比例则可以让照片给人的感觉更自然、舒适，更能吸引观赏者。著名的《蒙娜丽莎》也运用了黄金分割构图法，如图 5-23 所示。

摄影构图当中有很多种表达方式都能活用黄金分割比例，不管是在拍摄建筑物还是人像时，运用黄金分割构图法，都能获得非常不错的效果，如图 5-24 所示。

图 5-23 《蒙娜丽莎》中的黄金分割构图法

图 5-24 黄金分割构图法

黄金分割构图法能十分自然地将观众的目光引向拍摄主体，构建出的画面也十分和谐——以主体为核心，景物向四周扩散，画面中的主体与背景可以毫不突兀地融合在一起。

5.4 秘技一点通

1. 决定短视频质量的关键——连贯性

什么是短视频的连贯性？众所周知，在写作时，作者为了保证文章的连贯性，需要时常考虑某个段落、某句话放在这个地方合不合适，会不会导致情节跳跃等。同理，视频的连贯性是指某段素材或某帧画面要放在合适的地方，且要符合视频主题，符合现实中人眼观察到的景象变化逻辑。

保证了视频的连贯性，视频的逻辑就不会出错，观众观看时才能感觉视频内容更加流畅。那么，短视频创作团队应如何保证视频的连贯性呢？

可以从拍摄前、拍摄中以及后期剪辑三个阶段入手。

(1)拍摄前。在拍摄短视频之前，短视频创作团队需要明确视频的主题，并撰写成型的分镜头脚本。视频主题决定了视频剧情的走向和素材的大体内容，而分镜头脚本则是进行视频拍摄的主要依据，要尽可能的详细。做到这两点，才能一次性拍摄出符合要求的视频素材。

(2)拍摄中。在拍摄过程中，短视频创作团队最好按照脚本要求进行拍摄。在实际拍摄时，并不要求团队严格按照分镜在脚本中的顺序进行拍摄，而是可以依据拍摄环境和条件，适当调整拍摄的顺序，但切记：一定要记得给视频做好编号，以免后期处理时混乱。

另外，每个分镜可以多拍几条以备用，保证后期剪辑时有充足且符合要求的素材。最后，如果该视频需要现场收音，那么在拍摄过程中，相关人员一定要准备好话筒，或者确保摄像机的收音装置是打开的。

(3)后期剪辑。在后期剪辑的过程中，短视频创作团队为了保证视频的连贯性，需要做到以下几点。

- 分段剪辑。视频素材要按照脚本的分镜顺序进行排列，确保视频的整体连贯性。
- 如果视频被导入剪辑软件后出现失真的情况，那么可及时更换剪辑软件，或者事先将视频在格式工厂进行格式转换。
- 按照人眼的习惯对镜头时间进行分配。在一般情况下，每个画面最多占用 3~5 秒，这是因为在非特殊情况下，人类的视线从一个场景转移至另一个场景，每个场景的停留也是 3~5 秒。
- 不要多帧或少帧。镜头剪辑要干净利落，一个画面在视频中多一帧或少一帧的感觉截然不同，剪辑者需要准确把握。
- 背景音乐应符合视频的基调。这是视频剪辑的基本要求，剪辑者需要注重对音乐感觉的培养，适当地积累不同风格的配乐，在剪辑时进行准确的搭配。

2. 3种创意布光，让你拍出大师水准

一般的布光技巧，只能使拍摄主体在画面中呈现更清晰的状态，却无法突出视频的格调，形成独特的风格。下面介绍 3 种常用的创意布光技法，短视频创作团队在拍摄具有鲜明风格的短视频时，可以借鉴其中的技巧。

(1)文艺型。为了突出拍摄主体的风格，许多拍摄者在拍摄商品照或是人物照时，都爱用一些绿色植物或干花等营造清新、文艺的氛围。但常见的做法往往是用绿色植物充当前景，参与构图。其实，拍摄者还可以尝试用绿植的影子进行创意布光。具体做法如下：

①找一些干花、干树枝，如果叶子枯黄，拍摄效果不好也没关系，可以直接拿来制造树影；

②只使用一盏光源，对这个光源没有过多要求，一盏台灯也可以。重点是枝叶影子的轮廓要尽量清晰。

用这种方式拍出来的照片，如果拍摄主体是产品，那么配合适当的背景，便能增强产品的格调。如果拍摄主体是人，则能增强人物的故事感，如图 5-25 所示。

图 5-25　文艺型布光效果

（2）晶莹剔透型。逆光的布光方法，在短视频中相对比较少见，这是因为逆光布光容易造成偏色和观者对材质的误判。但如果拍摄的产品本身就是透明的，那么拍摄者不妨尝试一下让光从背后打过来，这种方式能表现出晶莹剔透的美感，具体做法如下：

①使用两盏灯作为光源，较大的光源放在产品的正后方充当主光，较小的光源就放在产品的侧面，形成反光的效果；

②在产品下方选用倒影板以拍摄倒影，主灯与产品之间则放置一块半透明的PP瓦楞纸来柔化光线，如果没有瓦楞纸，那么用比较薄的纸巾代替也可以；

③若充当主光的光源本身就是LED灯，也可视拍摄效果去掉瓦楞纸。

图 5-26　晶莹剔透型布光效果

用上述方法拍摄出来的产品照片，质感十足。这一布光技巧被广泛应用于产品短视频的拍摄中，如图 5-26 所示。

（3）冷暖对比型。冷暖对比型的布光原理，是将两种不同色调的光，打在同一拍摄主体上，形成强烈的对比与视觉冲击。该技巧并不适合日常风格的短视频，更适合情境创意摄影。在生活中，类似的颜色常见于酒吧或是创意展厅等场所，拍摄的具体做法如下：

①将两个光源放置在拍摄主体的左右两侧，并各自包上不同颜色的透明纸；

②为了确保拍摄效果，拍摄者还可以利用黑色背景布，或将黑纸板放在墙面与灯光之间，确保背景不"吃"光，只有拍摄主体被光照射。

使用这种方式拍摄出的产品会更具有立体感，拍摄的人物则容易给观众一种神秘感。

在摄影领域，布光技巧是一门大学问，不同的布光方式能带来不同的表达效果。缺乏经验的拍摄者可以在家中尝试不同的布光方式，逐步提升审美水平，拍摄出更优质的短视频。

3. "高级感"短视频的四大拍摄技巧

只要熟练掌握一些拍摄技巧，就可以拍摄出具有高级感的短视频。

（1）巧用构图。一段视频的构图，往往凝聚着拍摄者的匠心与高深技巧，也是对拍摄者艺术水平的反映。在不同的场景中熟练运用高级感的构图，对缺乏拍摄经验的新手而言一定是困难的，这里提供三个颇具艺术感的构图技巧，拍摄者可以依据拍摄现场的不同进行灵活运用。

①以墙角等为背景进行拍摄。面对房间的对角线进行拍摄，会增加空间的深度。短视频创作团队需要表现空间纵深感时，或是需要拍摄具有高级感的产品短视频时，可以在带有墙壁的角落的背景前进行拍摄，会有意想不到的收获。

②把外景融入进来。如果拍摄场景中有窗户，则可以增加室内的照明直到能看见室外，甚至可以用绿屏拍摄来虚拟一个室外场景。窗户外的景色进入画面时，这些不起眼的外景能起到强烈的环境暗示作用，同时还能增加画面的深度。

③拒绝空旷的外景。在室外进行拍摄时，可以尝试在外景背景中加入一些景物，如小房子或是一座风车，从而增加画面的元素。这些景物可以被虚化，但一定要存在，要为原本空旷的外景增加层次感。

（2）创造景深。当镜头对准拍摄主体调节焦距时，主体的前方或后方会有一段清晰的距离，这段距离便称为景深。景深有时会成为决定一个镜头是否具有高级感的关键因素。光圈、镜头及焦平面到拍摄物的距离是影响景深的重要因素。要营造景深，拍摄者可以从以下三个方面入手：

①给相机配备一个大的传感器；

②调出大光圈，光圈越大，景深就越浅；

③调出长焦距，镜头焦距越长，景深越浅。

（3）让配音成为亮点。好的短视频，连声音的处理都精益求精。例如，在电影配音中，会出现一支香烟燃烧的声音，一滴雨水滴进水洼的声音等，但这种声音在日常生活中是无法直接听到的。短视频创作团队可以学习这一方式，利用高性能的录音设备，将一切混音在真实的基础上加以戏剧化。这时，这一秒不到的声音，就可以成为短视频的亮点，高级感油然而生。

（4）玩转色彩。色彩能决定观众的情绪：冷色调让人感觉压抑、苦闷，甚至恐怖；暖色调适合表现神秘的气氛；饱和与对比强烈的色彩让人心情愉悦；黑白给人满满的怀旧感……剪辑者需要玩转色彩，来表达短视频的特定情绪。

06 Chapter

四大短视频主题拍摄详解

本章要点

★ 了解 4 种类型短视频的拍摄原则

★ 掌握不同类型短视频的拍摄要点

对于一段优秀的短视频作品，有两个条件是不可或缺的：一是要清晰地展现拍摄的主体，二是要明确体现视频要表达的主题。清晰地展现拍摄的主体，需要好好把握视频的中心思想，而明确体现主题，则需要在把握中心思想的基础上，掌握不同主题短视频的表达技巧。为了让读者朋友在短时间内了解并掌握不同短视频主题的拍摄方法与技巧，本章将用案例的形式讲解四大类（产品营销类、美食类、生活记录类、知识技能类）短视频的拍摄原则、方法和要点。

6.1 产品营销类短视频的拍摄

短视频的营销本身就不局限于视频本身，聪明的短视频运营者会将多种元素融入短视频，衍生出以短视频为媒介的新型输出方式。而目前结合各大短视频平台的生态环境，最常见的便是将适合的产品融入短视频。这类通过视频来展现产品优势以达到卖货目的的，统称为“产品营销类短视频”。

6.1.1 产品营销类短视频的拍摄原则

产品营销类视频，从盈利的角度来看，可以理解为产品营销的一种表现形式。其终极目的是激发观众对产品的兴趣，促使观众点击小黄车中的链接，下单购买产品，从而让运营者盈利。要用产品打动观众的心，可以从制造需求与链接情感两方面入手。基于此，产品营销类短视频的拍摄需要遵循 3 大原则。

1. 清晰地展示产品的外观

不管是对何种产品进行营销，都需要将产品全方位地展示给观众，产品营销类短视频更是如此。与传统的产品营销方式不同，短视频可以更直观、更全面地展示产品的各个方面，而产品营销类短视频对于产品的展示，首先应当从展示产品的外观入手。

运营者选择的通过短视频来推广的产品，往往具有一定的颜值优势。为了优化营销效果，更应当通过短视频将这一优势进行放大，让观众在浏览短视频的第一眼，就从颜值上对产品产生好感。毕竟当今是“视觉为王”

的时代，对于性能、价格相同的两款竞品，颜值更高的那一款往往会获得更多消费者的青睐。

2. 展示产品的功能优势

对于一款产品，其核心竞争力一定在于其功能优势，因为产品的本质是帮助消费者解决问题。例如，吸尘器的本质是帮助人们更好地解决卫生问题，电视机则是丰富人的视野的一种媒介，其本质是为人们提供更丰富的文化享受。它们都因为各自的功能优势在市场中获得了很长的销售寿命，如果在某一时期，它们的功能被另一款产品所替代，那么他们的销售活力就会面临下降的风险。

产品营销类短视频的“主角产品”，在功能方面与同类产品相比，应存在一定的优势。例如，在短视频平台十分红火的一款产品——油汤分离勺（见图 6-1），其功能优势在于将普通汤勺的功能与滤油工具的功能合二为一。一般情况下，如果人们需要将汤中的油分离出来，就会用普通汤勺在汤中不停地“撇”，这样既费时费力，效率又不高，汤中

图 6-1　展示产品的功能优势

的油脂很难被处理干净。除此之外，人们还会利用隔油碗或陶瓷隔油杯等工具来分离汤中的油，但依然存在工序烦琐、工具易碎等问题。图 6-1 所示的这款油汤分离勺，可以在盛汤的过程中，一步到位地分离油与汤，无须额外的步骤，人们就能得到一碗无油的滋补靓汤。

花一款产品的钱，得到两大产品的功能，精明的消费者都会算这笔账，更别说那些本身就被油汤分离问题困扰的观众，他们通过观看产品营销短视频对产品功能的直观展示，切身体会到了这款产品的功能优势，视频内容直击他们的痛点，这时，观众已经被产品征服，自然会马上点击小黄车

中链接查看价格，斟酌下单。

3. 为产品赋予情感内涵

短视频对于情感氛围的营造是无与伦比的，很多时候，观众之所以会下单购买产品，不仅仅是因为产品能解决他们的问题，更是因为产品中蕴含的情感。为产品赋予情感内涵是一种十分高明的营销手段，商家在售卖某款产品的同时，也在售卖这款产品标榜的情感。以香水为例，其本质是提升人们在嗅觉方面的享受，但在今天，香水已经与“精致”“格调”“品位”等标签绑定在了一起。而消费者在购买香水时，其满足感不仅仅来自香水本身，还来自为自己的生活增添了一份精致，提高了生活的格调。这种情感内涵的加成，就是产品溢价的主要来源之一。

什么是溢价？

溢价原本为证券市场用语，意为交易价格超过了证券票面的价格。在此引申为产品的售价超出其本身的价值。

6.1.2 农产品产地采摘与装箱类短视频的拍摄要点

在产品营销类短视频中，主角产品的种类多种多样，范围也是非常广泛的，农产品则是其中十分特别的一类。在日常生活中，人们习惯在超市或集市亲手挑选农产品，以确保其足够新鲜，且质量也足够高。对于短视频平台售卖的农产品，消费者最大的担心是“货不对板”，即收到的货品与商家事先承诺的外观、型号、质量等不相符。

为了打消消费者在这方面的顾虑，商家决定通过短视频的形式，将采摘、装箱的过程直接体现出来，产地采摘与装箱短视频由此而生。

产地采摘与装箱类短视频的主角大多是易于运输、保存的农产品，以水果为主。这类短视频的主要作用是体现商品的真实、新鲜，其拍摄要点如下。

1. 尽量“一镜到底”

产地采摘与装箱类短视频的内容多为原产地农产品的生长情况，以及实际的采摘、装箱过程。在拍摄过程中，不需要花样百出地运镜，更不需要炫酷地切换镜头。为了体现“真实”二字，视频应当更朴实地体现从产品生长在树上或田间，到工人采摘，再到装箱密封的全过程，拍摄的画面清晰、流畅即可。

过多的镜头切换与剪辑痕迹，虽然可以让短视频显得更加精美，却容易让观众产生“上个镜头采摘的是甲水果，密封发给我的就是乙水果”的怀疑。所以，拍摄产地采摘与装箱类短视频时，“一镜到底”是更好的方式。

2. 对农产品进行“加工”

在不违背真实性原则的情况下，拍摄前可以对商品进行一些小小的“加工”。例如，长在田间或是结在树上的果实，由于直接暴露在空气中，表面会附着一些尘土等，看起来灰扑扑的，这时直接拍摄的画面效果并不足以吸引浏览视频的观众。但如果提前把果实擦拭干净，并撒上一些水珠（见图 6-2），不仅能显露出果实本身的色彩，水珠也能提升果实的新鲜感，水果看上去就会更诱人，对产品销量会有积极的促进作用。

图 6-2　“加工”后的苹果

在图 6-2 所示的短视频画面中，红红的苹果上沾满晶莹剔透的露珠，雨后泥土的清香与苹果的香气扑面而来，让人垂涎欲滴。这样小小的“加工”，没有违背真实的原则，并不是给产品调色或调整其本质，属于合理范围内的加工。

6.1.3　工业品制作过程类短视频的拍摄要点

除了农产品，在短视频平台营销的产品更多的是工业品。部分工业品商家，十分聪明地将手工制作工业品的过程，用短视频记录下来，让观众在了解某款产品的制作步骤的同时，百分百地感受产品是纯手工制的高质量工业品。这类短视频叫作工业品制作过程短视频，其拍摄要点如下。

1. 适当地加快短视频的节奏

工业品的制作过程是烦琐的，在拍摄工业品制作过程短视频时，由于短视频时长的限制，要完整地展示制作工业品的全过程，在后期加工的过程中就不得不以将视频速度加快的方式来压缩视频时长。例如，一段手工制作沙发凳的短视频，全程都在利用倍速来压缩时长，如图 6-3 所示。

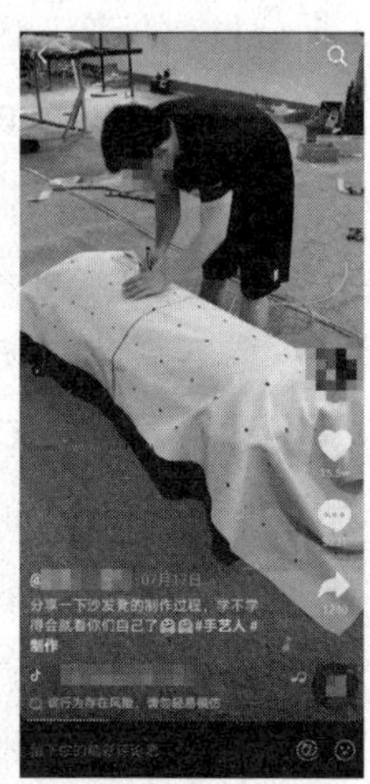

图 6-3　倍速播放的制作沙发凳的短视频画面

在图 6-3 所示的短视频中，制作沙发凳的全过程包括 11 个的环节。但创作者却将实际需要花费至少几个小时的过程，压缩在了不到一分钟的短视频中。不仅保证了其完整性，也最大限度地让观众保留观看的耐心。

2. 巧用字幕

不同的商家在输出工业品制作内容时，其侧重点是不同的。图 6-3 中的商家注重商品制作的全过程，突出手艺人的匠心，这是一种“写实”的表达方法。而另一部分商家则更加“写意”，仅仅截取工业品制作的几个镜头，更多的是表达与工业品所匹配的隽永含义，如图 6-4 所示的这段制作银壶的短视频。

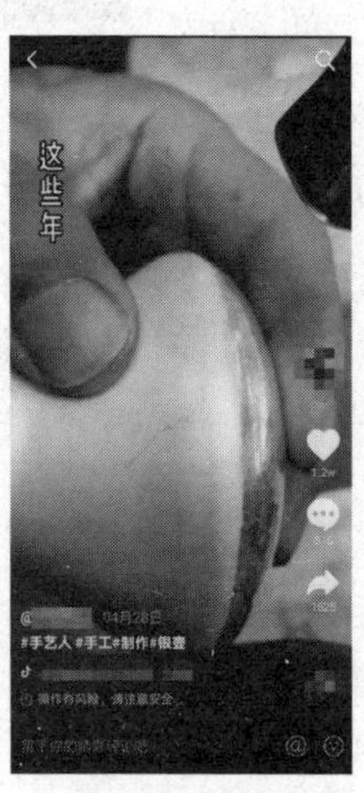

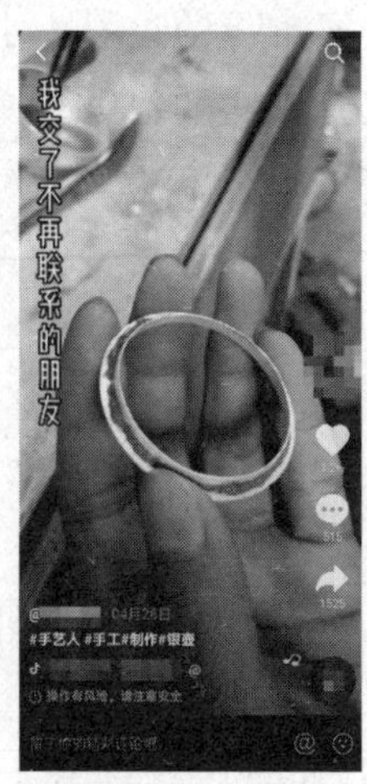

图 6-4　巧用字幕

图 6-4 所示的短视频中只展现了制作银壶的 3~4 个环节，但字幕

却在讲述一个人生哲理，最终落在“惜我者，我惜之；嫌我者，我弃之”，双线并行，配合最后一个画面——从银壶中倒出一碗浓郁的茶汤，为视频赋予了不一样的情感，升华了视频的主旨，也提升了视频的格调。

在工业品制作过程短视频中，字幕除了可以阐述制作商品的步骤外，还有许多妙用，就看聪明的商家如何把握短视频的定位了。

6.1.4　产品开箱类短视频的拍摄要点

并非所有工业品都可以直接展示制作过程，对于那些不适合展示制作过程的工业品，可以采用开箱、展示、评测三种形式将产品“种草”给观众。

产品开箱类短视频，是目前比较常见的一种产品营销视频，与产品测评类短视频、产品展示类短视频有相同之处，即三者都会对产品的外观、性能等进行解说，但产品开箱类视频更着重于开箱的过程，这类短视频的拍摄要点如下。

1. 融入特色道具

要在开箱过程中给观众留下深刻的印象，创意十足的播主会策划许多有趣的标志性开箱动作。

在图 6-5(1)所示的短视频中，播主嘴上说着“小心翼翼地打开”，实际上则是用工具十分粗暴地戳开了快递箱，造成了极大的反差，这也成为这位播主的标志性开箱动作。而图 6-5(2)所示的短视频中，播主在开箱前反复敲锣，紧紧抓住了观众的眼球，让观众对该播主的开箱过程留下了深刻的印象。

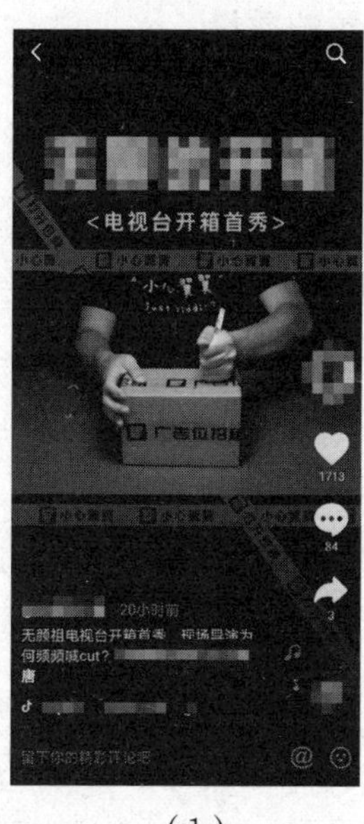

(1)

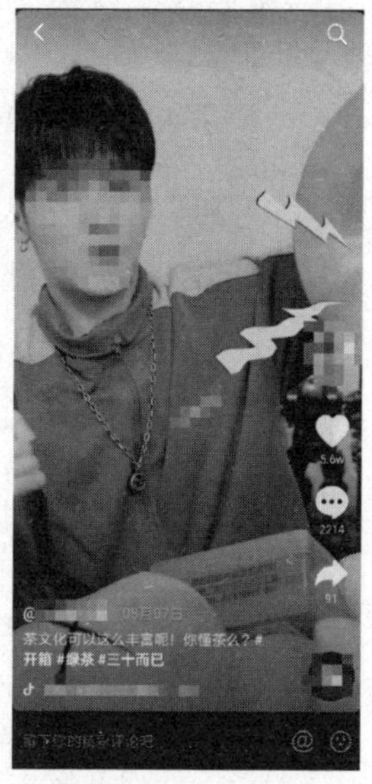

(2)

图 6-5　融入特色道具

名师点拨

多动脑筋，用好自己的标志性道具

在目前的产品开箱类短视频中，虽然大V云集，但令人印象深刻的标志性道具并不多见。运营产品开箱类账号的新晋播主，在拍摄短视频前，可以开动脑筋，选定一款属于自己的标志性道具，或是设计一个标志性的开箱动作。这样能够帮助播主在产品开箱这片红海中，更快地获得属于自己的一席之地。

2. 多角度光源

运营产品开箱类短视频账号不久的新晋播主，并不会在一开始就选择以真人出镜，而是将镜头对准商品，采用俯拍台面的方式，固定机位进行拍摄。真人出镜拍摄与对准商品拍摄，这两种方式并无优劣之分，但在光线运用上，都需要注意：如果只运用单一顶光，那么播主与商品上都会出现大块的阴影，影响画面效果。所以建议产品开箱类短视频的播主，尽量使用多种不同角度的光源相结合的方法进行拍摄，使拍摄主体的每一个面都能被照亮，以提升视频的质量。

6.1.5 产品展示类短视频的拍摄要点

产品展示类短视频的核心是淋漓尽致地展现产品的优势，以达到销售产品的目的。如果处理不好，过于直白地对产品进行展示，则很容易给用户“目的太明显，营销性过强”的感觉，引起用户的反感。而“直抒胸臆”的拍摄方式，又不能打动渴望多元化的用户。商品展示类短视频的拍摄要点如下。

1. 营造合适的场景

将产品融入合适的使用场景，是拍摄产品展示类短视频的常用方式之一。这一方式其实非常考验新媒体团队的创造力，要打动观众，就需要为产品寻找最适合它的场景，同时达到击中用户痛点的目的。例如，短视频平台热卖的“懒人拖把”，它的卖点在于轻松去污与不用手洗拖布两个方面。商家为了突出卖点，将这款拖把放在了日常家庭打扫的环境中进行展示，让许多被繁重家务活儿所困扰的观众，能通过短视频直观地感受到产品的使用体验，如图 6-6 所示。

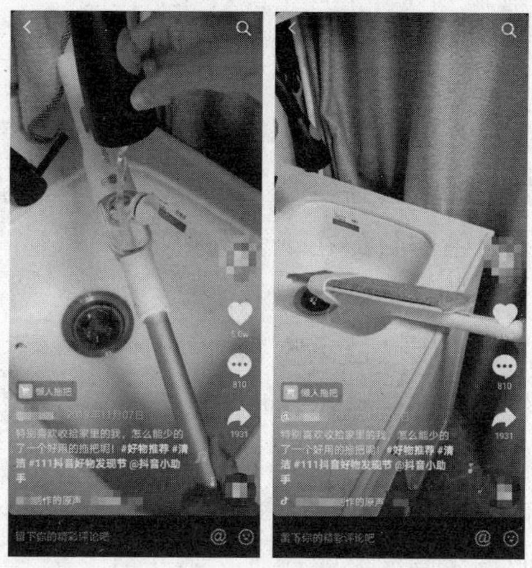

图 6-6　融入场景的拖把展示

2. 构思小故事

除了适合的场景，新媒体团队还可以通过构思小故事，让短视频更富有情节性、趣味性。短视频自身极强的叙事性让它天然适合成为故事的载体，而通过一个小故事、小情节来引入产品，这样的展示形式更新颖，也更容易博得观众的好感。

某短视频账号在展示一款背景墙时，就构思了一个小故事，如图 6-7 所示。两位客人来到板材店选购装修材料，店主顺势向客人推荐产品，并介绍了产品的卖点与优势。这样的巧思能让观众产生代入感，并能更好地接收产品信息。如果新媒体团队能在故事设计中再加入一些亮点，让故事本身更吸引人，那么该视频中产品的销量便会水涨船高。

图 6-7　加入剧情的产品展示

6.1.6　产品使用评测类短视频的拍摄要点

产品使用评测类短视频是当下十分火爆的一类，拍摄这类短视频的难度不高，但要抓住观众的心却并非易事。这类短视频一般由播主带领大家观赏产品的外观，感受产品的品质等，并且播主会分享自身的使用感受。而如何让播主令人信服，让观众对播主产生信任感，是拍摄这类短视频要解决的关键问题。产品使用评测类短视频的拍摄要点如下。

1. 真人出镜

产品使用评测类短视频最好可以做到播主真人出镜，真人出镜的目的在于营造独特的个人风格，同时增强视频内容的可信度。抖音号“老爸测评”就是测评领域可信度打造得比较好的例子，如图6-8所示。该账号的定位是“真实”和“不收商家费用”的测评，播主打造的“老爸”形象也显得十分可靠。

图6-8 真人出镜

2. 运用合适的镜头

产品使用评测类短视频需要体现客观性与全面性，因此，短视频需要配合播主讲解的话语，对产品进行多方面的展示。而多方面展示又体现在镜头语言上，这就意味着新媒体团队需要将全景镜头与特写镜头相结合，一方面展示产品的全貌，另一方面放大产品的细节，让观众通过视频对产品拥有更深入的了解。全景镜头与特写镜头在产品使用评测类短视频中的应用，如图6-9所示。

（1）

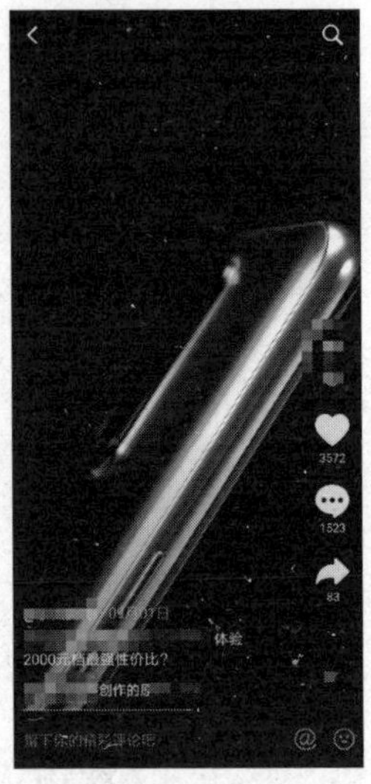

（2）

图6-9 多方面展示产品

图6-9（1）为短视频中展示产品全貌的全景镜头，而图6-9（2）为短视频中展示产品侧面细节的特写镜头。多种镜头的结合可以体现产品使用评测类短视频的客观与严谨，

这样可以将产品的方方面面展示给观众，让观众感受到播主的细心与专业，增强观众对播主的好感度。

6.2　美食类短视频的拍摄

美食是人类永恒的主题。古语云："民以食为天"，就体现了美食对于人类的重要性。特别是在物质生活丰富的今天，人们对于食物的要求越来越高。短视频在这方面也及时跟上了时代的脚步，各类美食主题的短视频层出不穷，主要包括探店、评测、制作三大类型。但不管是哪种类型的美食类短视频，都需要遵循美食类短视频的统一拍摄原则。

6.2.1　美食类短视频的拍摄原则

美食类短视频是观众乐于浏览的短视频类型之一，那些令人垂涎欲滴的美食，毫无疑问，就是这类短视频的不二主角。美食类短视频要收获高流量，就需要淋漓尽致地突出美食的魅力。这需要新媒体团队遵循以下两条拍摄原则。

1. 寻找合适的光线与角度

美食不仅仅是美味的，其外观也一定是诱人的。新媒体团队需要为美食寻找适合的光线及角度进行拍摄。例如，对于色彩饱和的冰激凌，可以选择在日光下进行拍摄，角度可以按照不同的视频需求进行选择；而热气腾腾的红油火锅，则最好在暖光下，从台面的 45 度角方向进行拍摄，否则水蒸气容易沾到镜头上，影响拍摄效果，如图 6-10 所示。

图 6-10　合适的光线与角度

另外，在进行探店类短视频的拍摄时，新媒体团队最好自带补光灯。这是因为不同类型的美食店铺，为了营造氛围，会应用不同亮度、色调的灯光。例如，日式料理店的灯光通常会设计得比较暗，给客人营造一种静谧的氛围。而这样的灯光显然是不利于新媒体团队进行视频拍摄的，所以自带补光灯为播主或是美食进行补光就显得十分必要。

2. 注意保持画面的简洁

在拍摄甜点或是火锅等美食时，台面上一般会放置较多的碗碟。新媒体团队在开始拍摄前，需要对台面上的碗碟进行整理，并进行技巧性的摆放，以保证视频画面的简洁、有序，从而营造构图上的美感。

同时，新媒体团队还要注意：不要使用透明胶垫或是一次性塑料桌布这类物品对画面进行布置，因为这些物品非常容易反光，使用不当会严重影响视频的观感。

6.2.2 美食探店类短视频拍摄要点

美食探店类短视频，是指记录播主亲身探寻当地人气美食的过程与体验的短视频。这类短视频的播主大多会真人出镜，提前对人气美食进行品鉴，并将自己的体验和感受及时进行分享，为“粉丝”给出“是否值得一去”的建议。这类视频的拍摄要点如下。

1. 提前展示周边环境

在进入店铺或是夜市等目的地前，新媒体团队最好提前拍摄一下目的地周围的环境，例如，店铺的招牌、店外的环境，以及附近的标志性建筑物等。一方面是让观众从店铺的外观了解其风格，另一方面是方便观众自行前往时，更精准地找到目的地的位置。展示店铺外环境与招牌的美食探店类短视频如图 6-11 所示。

图 6-11　展示店外环境与招牌

2. **抓住拍摄时机**

在拍摄美食探店类短视频时，新媒体团队最好选在用餐高峰时段，对在店外排队及店内用餐的人群进行一定的记录。虽然这样会增加拍摄的时间成本，但也会带来两大好处：一是可以向观众展示这家店十分火爆，二是可以提醒观众，在实际到店时需要预留出排队时间，如此便可以优化观众的体验感，提升观众对播主及账号的忠诚度。在人流高峰时期拍摄的探店短视频如图 6-12 所示。

如果探店的目的地在用餐高峰时段并不存在排队的情况，那么播主可以向观众展示店铺当下真实的客流量，并结合后期对店内美食的体验，在话术上进行总结。例如，“无人知晓的宝藏店铺”“冷门美食”等。

图 6-12　人流高峰期拍摄的效果

6.2.3　美食评测类短视频的拍摄要点

美食评测类短视频，与美食探店类短视频乍一看十分相似，细究起来却有许多不同。探店类短视频包括对一个人气美食地点方方面面的体验，这其中不仅包括对美食味道的品鉴，还包括对店铺装修风格的体验，对服务品质的体验，对上菜速度的体验等。而美食评测类短视频，则更精专于对某款美食味道的品尝。美食评测类短视频的拍摄要点如下。

1. **多方位的点评与展示**

既然精专于品鉴美食，那么播主就需要对美食的外形、气味、口感等发表自己的见解，并向观众进行清晰的展示，让观众产生好像自己正在食用这款美食的沉浸感。对美食进行及时点评与展示的短视频画面如图 6-13 所示。

拍摄美食评测类短视频的关键在于播主点评美食的过程，播主除了要对美食进行点评与展示，还要及时分享自己的感受。例如，吃到甜食感觉心情愉悦，吃到辣椒感觉嘴部发麻、无法思考等等，如图 6-14 所示。

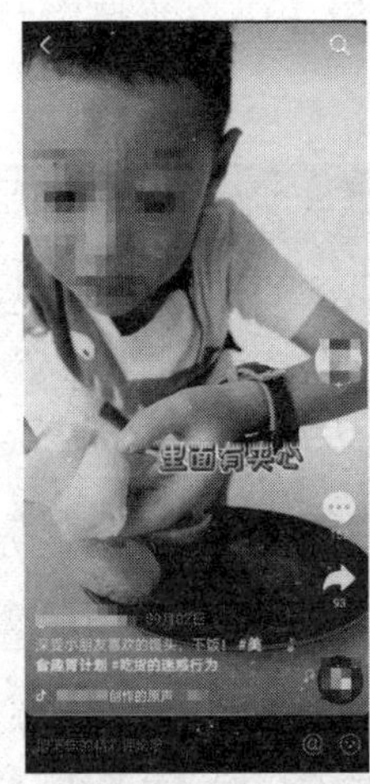

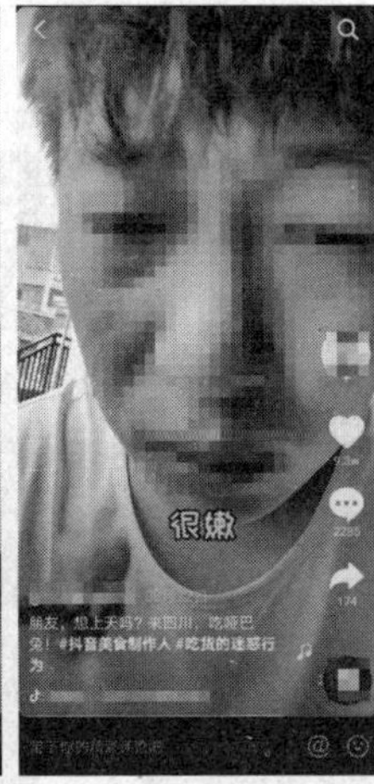

图 6-13　点评美食

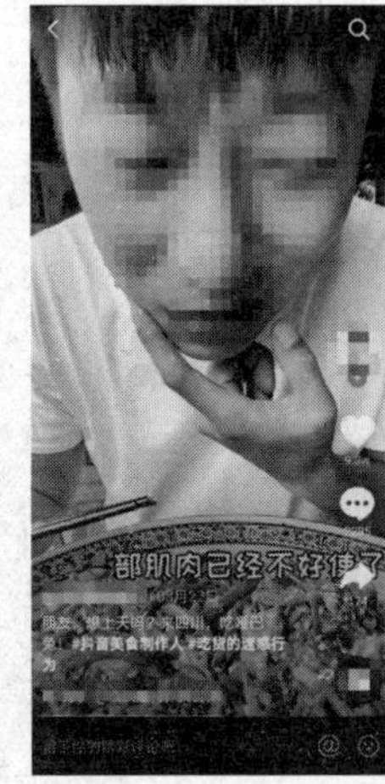

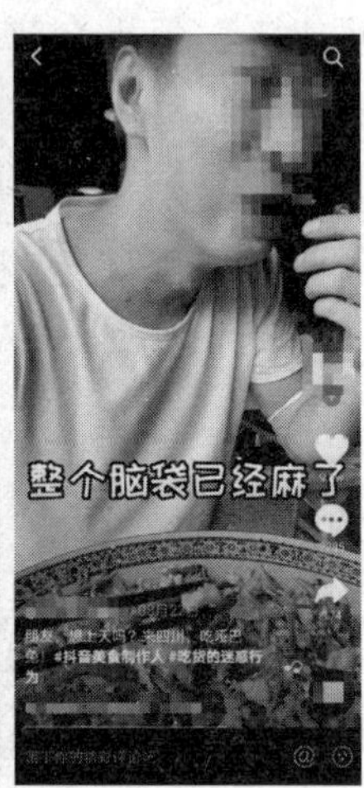

图 6-14　及时分享感受

2. 多款美食进行对比

单评测一款美食，播主只能通过语言与面部表情等，将对美食的体验传达给观众。这时如果语言形容得不到位，则容易让观众产生乏味感，这段短视频的数据也会受到影响。而聪明的播主会将不同的美食进行对比评测，这种方式不仅可以增强短视频的趣味性，也可以给观众带去更直观的感受。例如，某位播主将鬼椒面与小米辣进行对比评测，看哪个更辣。这样新颖的方式，一方面，观众会觉得将美食与小米辣进行对比，十分新鲜；另一方面，因为小米辣是观众生活中常见的食材，大家都熟知它的辣度，与小米辣进行对比的美食鬼椒面到底辣到什么程度，观众能通过生活经验很直接地体会到。因此，该条短视频也收获了超过 46.9 万的点赞，如图 6-15 所示。

图 6-15　美食对比评测

6.2.4　美食制作类短视频的拍摄要点

美食制作类短视频是美食类短视频中，对播主要求最高的一类。要怎样进行美食制作，怎样进行视频拍摄，才能让观众最大限度地体会到治愈感与满足感呢？重点在于要让观众的眼睛“吃”到美食。要做到这一点，拍摄美食制作类短视频就需要满足以下两个要点。

1．展示美食的变化过程

制作美食的本身是一个非常治愈的过程。食材与调味料巧妙结合后，通过炒锅或是烤箱的加工，会产生魔法般的变化，不仅食材的模样变得成熟，空气中也会弥漫诱人的香气，这就是制作美食之所以治愈人心灵的原因。而拍摄美食制作类短视频的关键之一，就在于展示美食变化的过程，如图 6-16 所示。

（1）

（2）

图 6-16　展示美食变化的过程

从图 6-16（1）中可以看到奶油漫过虾肉，虾肉逐渐变得金黄，那Q弹的口感仿佛带着柠檬的酸味，绽放在观众的味蕾上。而从图 6-16（2）中可以看到，蛋挞随着烘烤时间的推移，中间的部位慢慢凸起，在这个过程中，好像蛋挞的浓香已经飘浮在空中。这样美妙的过程，无疑能让观众们紧绷的神经，在一整天的繁忙工作后慢慢放松下来。

2．运用高颜值道具

要打造能让观众用眼睛“吃”到美食的短视频，除了要展示美食的变化过程外，还有一点十分重要，就是要运用高颜值的道具。

美食制作类短视频之所以如此受欢迎，就是因为它在治愈人的同时，展示了一种精致的生活态度，而观众在观赏美食制作的同时，也在憧憬这样精致、美妙的生活。所以，美食制作类短视频必须“精致到骨子里”，做到台面整洁、摆放有序、构图合理、道具精致，如图 6-17 所示。

（1）

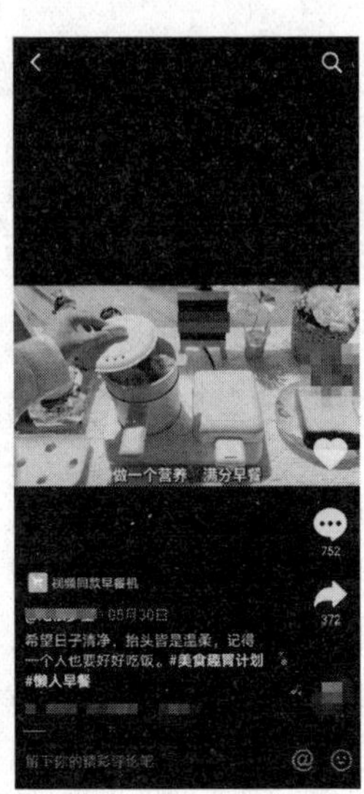

（2）

图 6-17　摆放精致的美食短视频

在图 6-17（1）中，不管是食物还是道具都十分讲究，画面也运用了典型的对角线构图。而在图 6-17（2）中，播主使用的道具不论是碗碟还是早餐机，颜值都十分在线，色彩也十分鲜艳，精致感扑面而来，观众看着自然心情愉悦。

6.3　生活记录类短视频的拍摄

以生活记录为主题的短视频，是短视频发展成熟时期兴起的一类视频。它以展现短视频用户的日常生活为主，常见的类型包括旅游类、萌宠萌宝类及街拍类。

6.3.1　生活记录类短视频的拍摄原则

在当今时代，每个人都是生活的主角，都可以自己的视角记录生活。这是热门短视频平台提出的一句口号，而生活记录类短视频正是呼应了这句口号。拍摄生活记录类短视频，需要遵循以下两个原则。

1. 保持真实

生活记录类短视频之所以能获得万千观众的喜爱，原因之一在于其真实性。所有因为拍摄生活记录类短视频而走红的播主，其视频内容无一不是“来源于生活，又高于生活”。生活记录类短视频的拍摄要领，是从简单

平凡的生活中提取能让大众有共鸣的主题，并进行录制，之后剪辑发布，其记录形式反而是最不重要的。新媒体团队不需要花大力气打造播主的人设，也不需要进行各类包装，因为生活记录类视频，记录的本身就是平凡却又有代表性的人物的生活。

抖音播主“羽仔”是一名“北漂”的女生，其视频内容记录的是她在北京工作、生活的种种细节，如“月薪一万的生活”“公司管饭是什么体验”等，如图 6-18 所示。

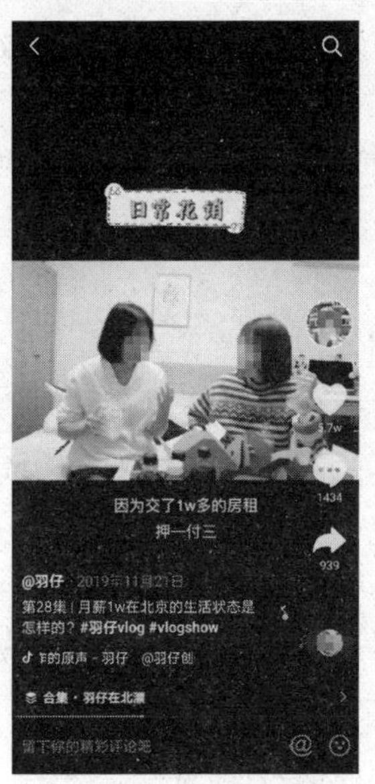

图 6-18　记录工作和生活的细节

该账号旨在通过播主这个个体，去体现“北漂”这个大群体的心路历程与生活背后的艰辛。所有的视频素材都来源于播主的真实生活，除了播主外，其余出镜的人物，如男友、同事等都是十分真实的日常状态。在“夜话”系列视频中，播主分享的故事都是其个人的真实生活经历。目前该账号已经拥有超过 235 万的“粉丝”，由此可见，只有体现出真实中的美，才能打动真实生活中的观众。

2. 维持镜头稳定，保持画面清晰

生活记录类视频与其他类型的视频的区别在于，生活记录类视频的拍摄地点大多在户外，特别是旅游类短视频，其拍摄地点可能在汪洋大海上，也可能在崇山峻岭中。这些户外的地点大多不具备固定相机的条件，很多时候需要播主手持相机进行拍摄。这时画面的稳定性、清晰度就成了影响视频最终效果的关键因素。如果由于镜头抖动或其他原因而导致画面不清晰，那么再好的内容观众也很难为其停留，更遑论因为喜爱而点赞了。

所以，对于拍摄生活记录类视频的团队，建议选择高清防抖的相机，同时配备云台之类的稳定器，来帮助拍摄者维持画面的稳定。只有在画面清晰、稳定的前提下，走心的文案、精美的内容、炫酷的剪辑才有“用武之地”。

6.3.2 旅游类短视频的拍摄要点

在短视频发展日趋成熟时，一种个人风格鲜明的旅游类短视频慢慢出现在大众的视野中。这类短视频的播主有的以个人出镜，有的以夫妻、闺蜜的形式在镜头前尽情互动，将对生活的热爱融入视频的每一帧画面。在观看旅游类短视频时，观众们关注的并不仅仅是播主们身后美丽的风景，更重要的是播主们积极向上的生活态度。态度与风格，会转化成播主赋予短视频的独特感染力，在态度与风格之外，旅游类短视频需要遵循以下两个拍摄要点。

1. 给身后的风景留位置

不论播主是手持相机自拍，还是固定相机位置录制，抑或是有专门摄影师进行跟拍，千万不能忘记的一点是，一定要给身后的风景留位置。虽然旅游播主们最吸引观众的往往不是其看过的风景，但美丽的风景绝对是大部分旅游类短视频不可或缺的元素。播主们需要在面对镜头时，为身后的风景留出位置，让身后独特的风景为自己充当不可替代的背景板，为视频注入独一无二的生命力，如图 6-19 所示。

2. 备注攻略和当地风俗习惯等注意事项

有时旅行播主们会去一些风土人情比较特殊的地区，这时在拍摄美丽景色的同时，别忘了为观众们留下方便快捷的旅游攻略，以及关于当地风俗的注意事项，避免观众在实地探访时遇到尴尬情况。播主们可以统一将攻略之类的小 Tips 放在视频最后，如图 6-20 所示。

图 6-19　为身后的风景留出位置

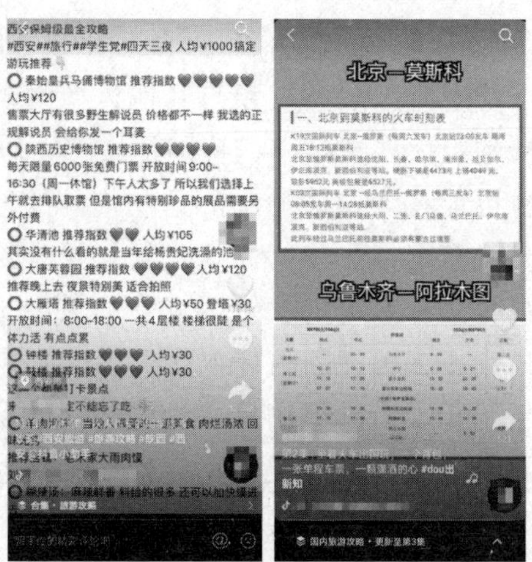

图 6-20　片尾的旅游小 Tips

6.3.3　萌宠萌宝类短视频的拍摄要点

“萌”在当今时代已经不是一个新鲜的网络词汇，它主要用来形容可爱的人或是物等。一万个观众有一万种审美观，而对可爱的事物却都毫无招架之力，这正是萌宠萌宝类短视频在各大短视频平台热度不减的原因。萌宠萌宝类短视频的拍摄要点如下。

1. 制造“对比度”

新媒体团队在拍摄萌宠类短视频时需要注意：避免宠物的毛色和背景色一致，否则容易出现金毛狗狗在黄色的沙滩上玩耍，观众却一眼找不到狗狗在哪儿的尴尬情形。这样不仅影响短视频画面的视觉效果，还会在一定程度上影响观众的观看感受。以抖音号“金毛蛋黄”的某些视频在制造“对比度”方面就做得非常不错，如图 6-21 所示。

（1）

（2）

图 6-21　动物与背景颜色形成对比

在图 6-21（1）中，以白色雪地作为背景，拍摄金黄色的金毛犬，而右图 6-21（2）则是在黄色的沙滩上，拍摄毛色以白为主的哈士奇犬，宠物的毛色与背景形成了反差，呈现出的画面效果非常不错。

2. 善用各类道具

在拍摄萌宝类短视频时，可以选择与萌宝年龄相符的儿童玩具作为道具，或是将道具戴在萌宝头上或身上，抑或是让萌宝与玩具互动，既更显萌态，也更容易打动观众的心。有条件的播主还可以用萌宠与萌娃进行互动，效果会更好，如图 6-22 所示。

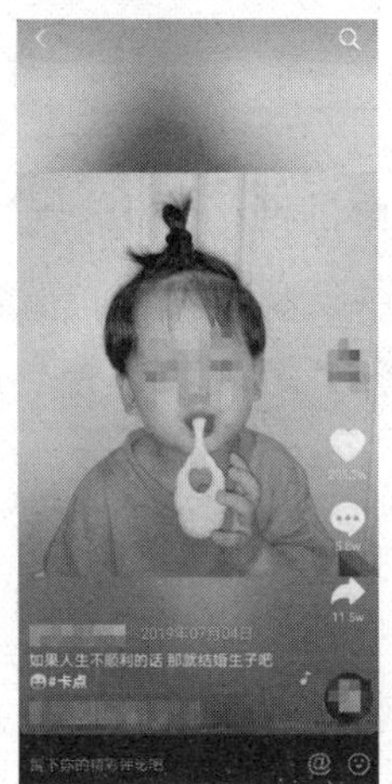

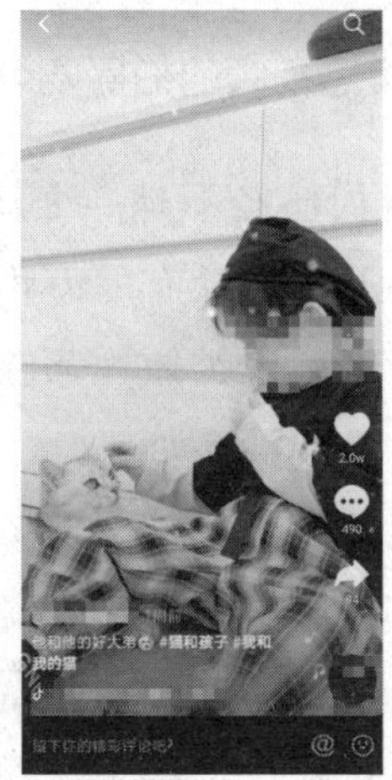

图 6-22　各类互动道具

6.3.4　街拍类短视频的拍摄要点

街拍类短视频作为生活记录类短视频中的特殊存在，其主要内容多为街头采访或对街头达人的捕捉。对于这类短视频，采访、拍摄对象的不确定性恰好是视频的趣味所在。以下是这类短视频的拍摄要点。

1. 选择恰当的地点

拍摄时尚达人的地点可以选在城市中心人流量较大的区域，或是潮流达人聚集的其他地方，这些地点聚集的人比较有代表性，更容易获得优质的视频素材。而采访类短视频的拍摄地点，则应当根据采访的问题和采访对象进行灵活调整。如果采访对象主要是外国友人，就需要去当地外国人较多的地点，如高校等，周末到中心商圈等待也是没问题的，如图 6-23 所示。

图 6-23　街拍类短视频

2. 提前锁定焦距

街拍类短视频的拍摄地点大多在街头，而在进行街头拍摄时，不可控的因素会比较多。例如，拍摄主体身后可能会有人群来来往往，这种情况很容易影响相机的聚焦。为了避免这一情况发生，拍摄时应当提前锁定焦距，尽量保证拍摄一次成功。身后有人群走动，却依旧保持固定焦距的短视频如图 6-24 所示。

图 6-24　提前锁定焦距

6.4　知识技能类短视频的拍摄

知识技能类短视频至今依旧是短视频领域的蓝海。以知识技能分享为主的它，虽然受到当下急需学习专业技能的上班族的追捧，但由于被泛娱乐化内容所排挤，一直未能占据热门视频的一席之地。知识技能类视频基于其表达形式的不同，可以细分为 5 种类型：知识技巧分享类短视频、技能展示类短视频、教学类短视频、咨询解答类短视频，以及评论类短视频。

6.4.1　知识技能类短视频的拍摄原则

拍摄知识技能类短视频的根本目的，是教授观众一项技能，以解决观众实际生活中的某个问题。因此，这类视频是实用性很强的，观众在浏览这类视频时是带有一定目的性的。基于此，知识技能类短视频需要遵循以下两条拍摄原则。

1. 以展示问题、解决问题为主

知识技能类短视频的播主，在选取拍摄题材时，需要贴近生活，抓住主要用户群体在工作中的常见问题，以引起观众的共鸣。并且，在展示这一问题时，新媒体团队需要具体到问题的每一处细节，让观众产生沉浸感，有继续浏览视频的欲望。之后，再针对这一问题，给出具体的解决途径，明确操作，行之有效地解决这一问题。总的来说，这类视频的主要脉络就是，展示问题、解决问题。同时，还要把握好视频的节奏，不可拖沓。

2. 重在操作

由于这类视频重在帮助观众解决实际工作中的问题，因此通过实际操作来展示技巧最为直观。首先从客观上来说，要求播主在视频中展现的解决办法是真实有用的，是能够让观众在学习后切实解决自己遇到的问题的。其次，视频中播主的操作需要非常熟练，否则容易使观众对视频的专业度产生怀疑，降低观众对账号的好感度。

除此之外，对拍摄与后期剪辑的要求是，除了要清晰明了地展示操作过程，还要让观众有良好的视觉感受。这就需要经验丰富的剪辑团队，在视频的节奏、语速、字幕等方面进行宏观的把控。

6.4.2 知识技巧分享类短视频的拍摄要点

为了满足观众对知识实用性的需求，许多知识技巧分享类短视频的内容，会偏向分享生活小知识、冷知识等，但也存在一些账号坚持进行干货类知识分享。而这两类视频需要注重的拍摄要点是不同的，具体如下。

1. 拍摄角度要灵活

拍摄生活小知识、小技巧类短视频，需要用到不同的拍摄机位。例如，拍摄中国结编制方法的视频与衣物收纳技巧的视频时，都会选用俯拍的机位，并选择纯色的背景与颜色对比强烈的道具，这样的搭配在镜头下会显得更加清晰，如图 6-25 所示。

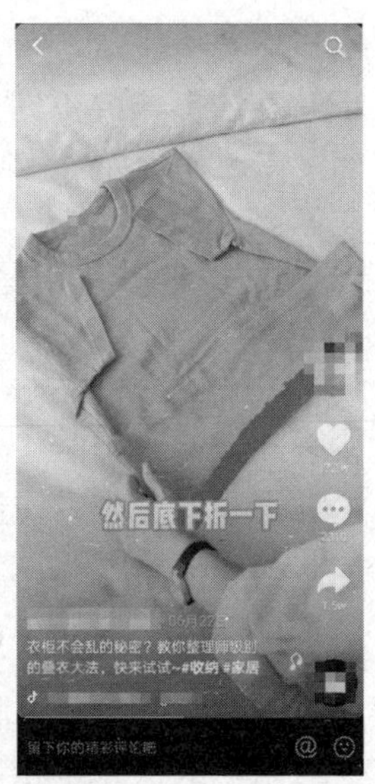

图 6-25 俯拍机位

2. 展现形式要多样

知识技巧分享类短视频，比较注重对干货知识的分享，如果专业性较强，就容易让浮躁的观众失去观看的耐心。因此，新媒体团队可以尝试采用不同的形式对知识进行展现。除了实拍、真人出镜，还可以利用动画，增强短视频的生动性。抖音号“李永乐老师”的短视频就是一个很好的学习案例，如图 6-26 所示。

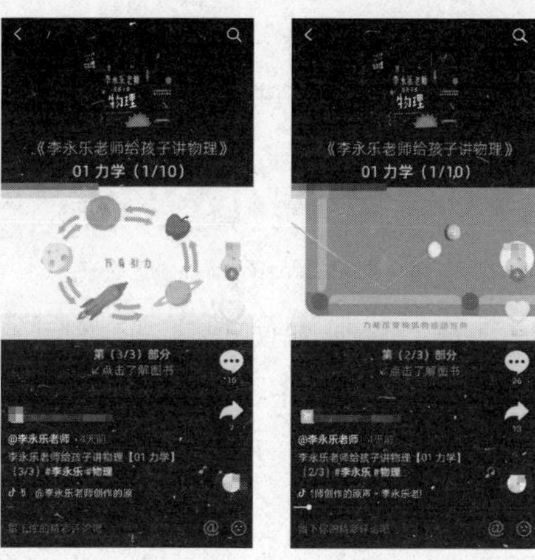

图 6-26　加入动画的知识技巧分享类视频

6.4.3　技能展示类短视频的拍摄要点

技能展示类短视频的内容包罗万象，按技能类型的不同，可以细分到多个领域，如歌唱技能、运动技能、摄影技能，甚至包括各种意想不到的冷门技能。这类视频的主要内容为播主运用自身技能，配合配乐与剪辑，营造“大神”形象，打造领域内的个人IP。部分技能展示还可以配合技能教学，使“粉丝”黏性更高。这类短视频的拍摄要点如下。

1. 突出技能的实用性

技能展示类短视频的内容一般包含对某项特定技能的全面展示。为了更好地吸引观众，播主需要思考如何突出该技能的实用性，强调观众掌握这项技能后能有怎样的改变。例如，美妆类视频就需要突出妆前与妆后的区别，在化妆完后，聪明的播主会加上化妆前与化妆后的对比剪辑，同时，妆后的展示最好加上打理好的发型与搭配好的服装。这样一来，一是观众会受到更强的视觉冲击，二是可以突出这项技能的实用性，如图 6-27 所示。

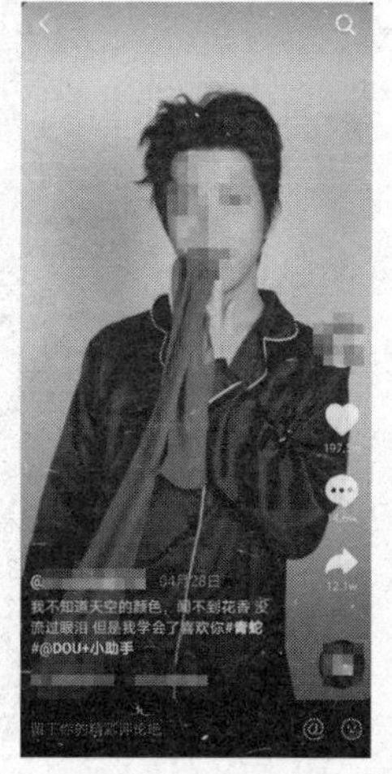

图 6-27　妆前妆后的对比

2. 巧用特写

在技能展示进行到关键步骤或是精彩之处时，新媒体团队可以大胆地推进镜头，采用特写镜头进行拍摄，让观众更加直观、更加方便地学习。例如，在美妆视频中，播主对细节部位进行化妆时，可以将镜头推进到该部位的特写，如图 6-28 所示。

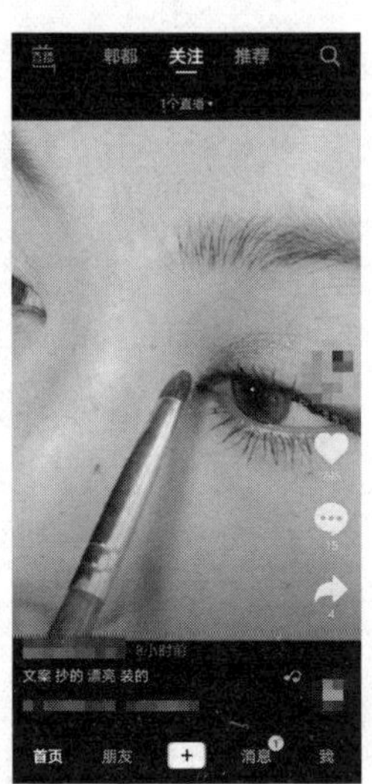

图 6-28　局部特写

6.4.4　教学类短视频的拍摄要点

在当今的短视频领域，大部分的教学类短视频还处在探索商业变现方法的阶段，教授的内容类型也各有不同。目前比较常见的教学类短视频是各类常用软件的技能教学。这类短视频抓住了主要用户群体——大学生、上班族的学习需求，这一用户群体能从视频中学到工作中非常实用的技能。这类视频的拍摄要点如下。

1. 把控教学节奏

教学类短视频一般是对某项特定技巧的多步骤教学，不能一蹴而就，而教学类短视频的核心就是教授观众这些步骤。以常见的 Photoshop、Office 软件的实操技能教学为例，短视频需要做到让观众看清楚每个步骤使用了软件的什么功能，以及从哪里可以找到它，如图 6-29 所示。

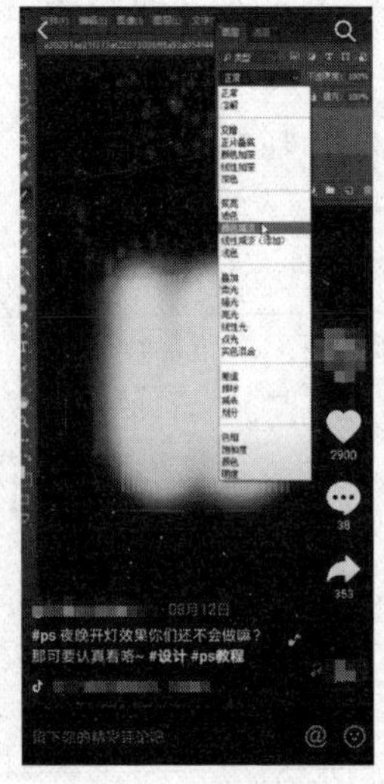

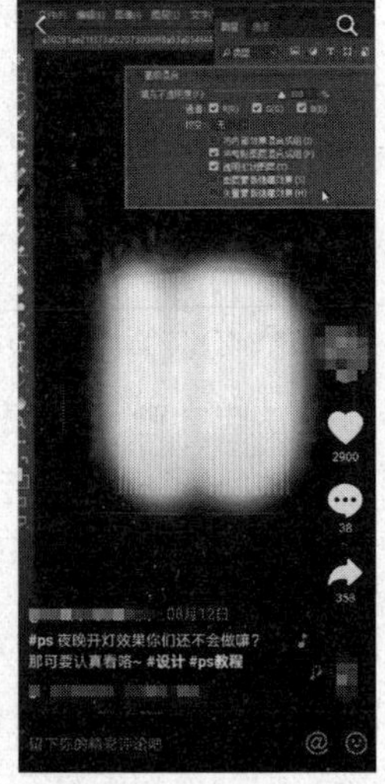

图 6-29　展现具体功能来源

2. 字幕、语速很重要

教学类短视频的字幕与画面，是指导观众学习技能的两大关键。在观众无法看清楚画面中播主进行了何种操作时，便会寻求字幕的帮助。由此可见，在教学类短视频中，字幕的作用至关重要。字幕要尽量做到体现完整的操作步骤，让观众可以更容易地获取信息，如图 6-30 所示。

图 6-30　字幕说明具体操作

6.4.5　咨询解答类短视频的拍摄要点

在日常生活中，很多人有急需解决的专业问题，却无处寻求帮助，咨询解答类短视频应运而生。在这类视频中，比较常见的类型有法律咨询、健康咨询、情感咨询等。咨询解答类视频的拍摄要点如下。

1. 凸显专业

咨询解答类短视频一般由具有专业资质的播主进行真人出镜，以提高播主的可信度。除了专业资质外，新媒体团队还需要对播主进行造型上的包装，如果拍摄的是健康咨询类短视频，就要请播主穿上白大褂，这样才能令观众更加信服，如图 6-31 所示。

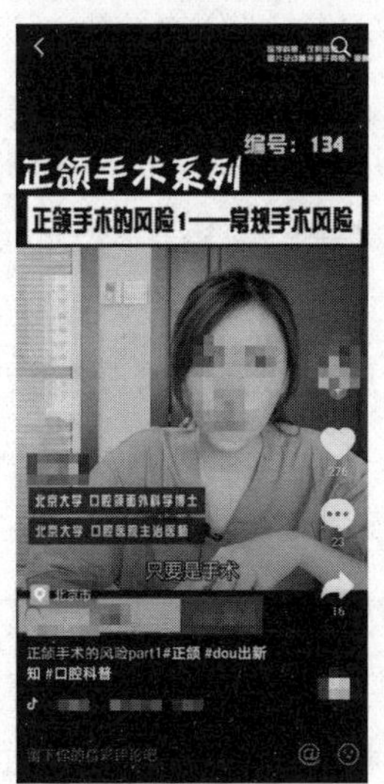

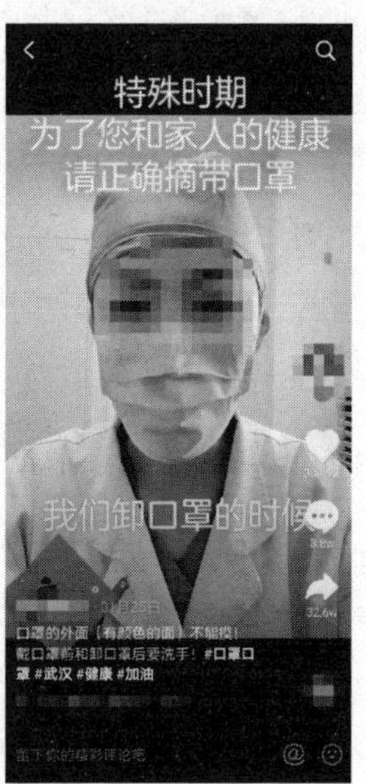

图 6-31　穿专业服装的播主

2. 好演员与好剧情

如果单纯以播主讲解的形式进行咨询解答，难免显得无趣。于是，部分咨询解答类账号，在引入话题时采用了剧情表演的形式，以大众生活中的小场景（如面试的场景等）很自然地将观众带入剧情中，强化观众的沉浸感。同时，剧情演绎要求出镜者演技自然且细腻，为观众营造一个真实且有代入感的环境。某职场知识的咨询解答账号发布的短视频如图 6-32 所示。

图 6-32 融入具体情境

6.4.6 评论类短视频的拍摄要点

评论类短视频的主要形式是对影视剧的内容进行点评。这类短视频可以在短时间内向观众讲解一部影视剧的精彩部分，能让观众花很短的时间，就“看完”一部时长超过一个小时的电影，或是集数很多的电视剧。乐评类短视频则可以带用户回顾经典音乐，或是向用户推荐不错的歌曲。这类短视频的拍摄要点如下。

1. 画面居中，上下留白

这类视频在画面方面往往有两个侧重点，视频中除了电影、电视剧或音乐MV的剪辑画面外，还需要用字幕来体现播主的点评内容。所以，这类短视频通常会采取将电影或电视剧画面居中，上下留白的形式。这样的页面布局不仅不会遮挡视频内容，还可以在画面上方打上标题，如图 6-33 所示。

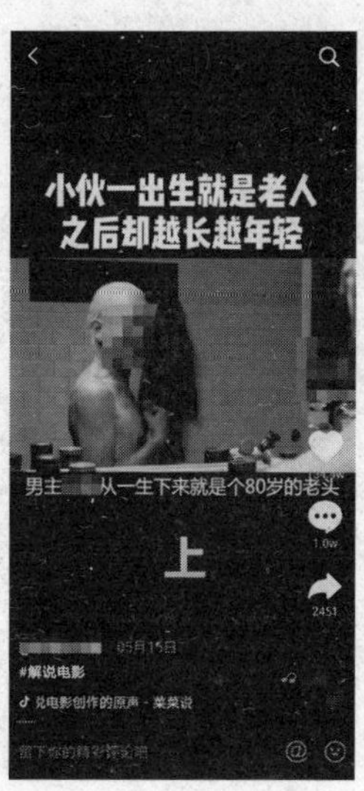

图 6-33 画面居中，上下留白

2. 加入记忆点、方言、玩梗等

大多数影评、剧评类短视频是没有真人出镜的，但在这类短视频中，如果加入真人出镜，也许能收获意想不到的效果。剪辑者可以在适当的时候将电影或电视剧画面，切换为播主解说的画面，例如，当剧中人物做出某一“迷惑行为”，让人完全摸不着头脑时，可以切换到播主费解的表情。如此便可以营造笑点，但要注意把握好节奏。

6.5 秘技一点通

1. 真人出镜Vlog——多角度人设，塑造正能量的营销形象

Vlog在近几年越来越火，许多原本不以Vlog出名的播主也开始通过拍摄Vlog来保证持续更新。不得不说，Vlog是短视频类型中拍摄难度较低的一种，但是要将Vlog拍摄得出彩也并不容易。

拍摄Vlog的关键点，其实是通过多角度场景来展现播主的人设，只要人设立住了，氛围感就出来了，抓住观众的心自然轻而易举。图 6-34 所示的抖音账号便采用了真人出镜的拍摄方式，播主是一位 40 岁左右的男士，他的人设是“白手起家、勤奋的公司老板”“对员工好的领导”“居家好男人”。

图 6-34　展现播主人设的Vlog

该播主的Vlog除了定期对以上人设进行展现外，更多的是分享日常工作、生活中的见闻，或是个人创业的心路历程，塑造播主艰苦、勤俭、谦虚、务实的作风。长此以往，播主的人设变得十分理想，观众都愿意到播主的公司上班，或是想拥有这样的老板、老公等。主播立住人设后让观众产生向往之情，之后进行带货或是以其他方式变现就会非常容易。

同理，要打造真人出镜Vlog的短视频创作团队，应当先为播主拟定一个讨喜的人设。人设要求：接地气、生活化、有特点，可以不完美，但是不能有大的瑕疵，之后再按照人设来对每段短视频进行策划，这样就能达到较好的效果。

2. 拍摄卖货类视频的“四大套路”，省心不省效果

短视频平台是卖货的绝佳平台，大量的卖货播主在平台中涌现，观众对卖货类短视频也越来越具有“免疫力”。那么，新手卖货播主怎样才能抓住用户心理，将卖货效果最大化呢？笔者总结出卖货类短视频的四大拍摄形式，按照“套路”来，省心不省效果。

（1）场景化拍摄。任何商品都有使用场景，场景化拍摄的本质就是利用大众熟知的人与事，唤起大众对生活的共鸣，这一系列在生活场景中使用商品的视频内容，会让用户觉得在这样的场景下，自己也能用到这款商品，从而被激发出购买欲。例如，某抖音号在推广长尾夹这一产品时，就附带展示了长尾夹在生活中的三大使用场景，如图 6-35 所示。

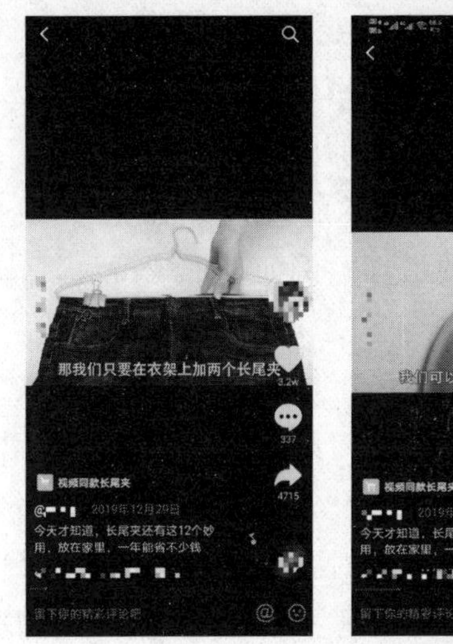

图 6-35　长尾夹的 3 大使用场景

（2）讲解式拍摄。讲解式拍摄最大的特点是不需要真人出镜，视频画面只用于对商品进行展示，画外音则是对商品能解决的痛点、商品的好处等进行讲解。例如，某抖音号拍摄关于一次性围兜的短视频时，播主只有双手出镜，画外音首先道出了用户的痛点：“新手妈妈每次带孩子出门，孩子吃东西时总是弄得全身脏兮兮的，还得带替换的衣服，真的很麻烦。不过几片一次性围兜就能很好地解决这个问题……”视频画面则同步展示商品的特点，如图 6-36 所示。

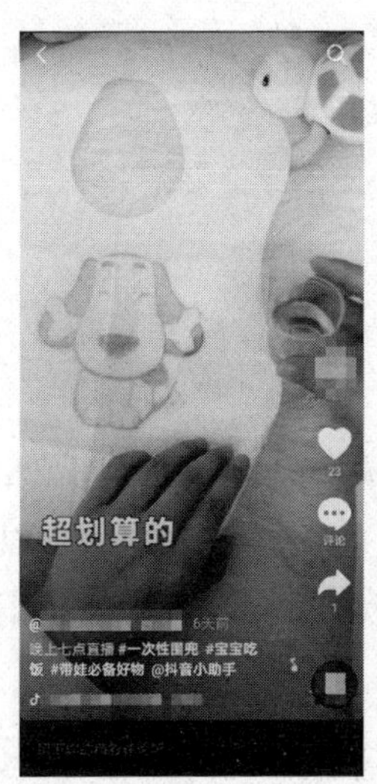

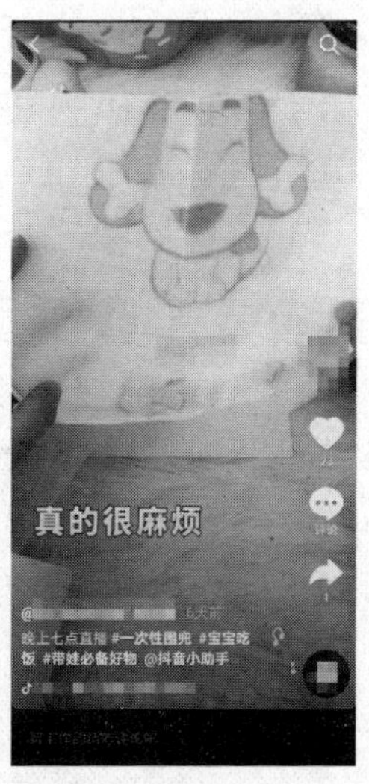

图 6-36　一次性围兜的特点展示

（3）仪式感拍摄。仪式感拍摄是指给商品赋予仪式感，即情感意义，将商品转化为情感的链接器。例如，大家习惯用钻戒求婚，不仅是因为钻戒坚硬，能保值，代表着一生一世、忠贞不渝的感情，更是因为众多钻石商家将钻戒与求婚联系在了一起，让有求婚需求的人立马就联想到钻戒。

其他卖货类短视频的拍摄也是同样的道理，例如，将烤箱与高品质生活联系起来，在标题文案与视频内容中进行呈现，让用户觉得拥有了烤箱就是拥有了高品质生活。

在制作短视频时需要注意，第一，要提前写好文案，创造一个用户向往的情景；第二，要用镜头将商品的象征最大化地呈现出来；第三，配上应景的音乐，提升商品的格调；第四，拟标题时要直接点出为商品赋予的情感价值。还是以烤箱为例，其标题文案可以是："你也想拥有香气飘飘的高品质生活吗？"

（4）情景剧拍摄。关于情景剧形式的卖货类短视频，相信时常浏览短视频的观众一定不会陌生。这类拍摄形式最关键的部分就是，视频情节要足够吸引人，这样才能提升卖货的效果。新手短视频创作者可以先尝试翻拍或是改编热门创意，熟练后再进行独立策划。

3. 美妆账号六大营销模式，玩转短视频+直播，疯狂带货输出

短视频平台的众多美妆账号看似千篇一律，实则暗藏玄机，美妆类短视频是十分容易实现带货的，而且产品客单价一般不高，非常适合进行大量带货。那么怎样才能运营好一个美妆账号呢？笔者总结了美妆账号的六种营销模式，新手短视频创作团队可以进行参考。

- 真人出镜+分享自己的美妆心得（短视频"种草"+固定上新直播带货）。
- 真人出镜Vlog+分享外国化妆品批发经验（固定时间直播吸"粉丝"+精选推荐）。
- 剧情演绎+妆前妆后对比（短视频产品植入+橱窗推荐产品直播）。
- 男女反转+男女化妆前后反差（短视频涨"粉"+直播带货推荐）。
- 好物"种草"，分享好用、好玩、省钱的产品或是小技巧（短视频"种草"+产品推荐）。
- 按产品功效、成分、对比等进行开箱拍摄及产品试用（店主精选"种草"+固定时间促销）。

上述关于美妆账号的六大运营模式，都是精准地将短视频与直播进行了结合，输出垂直类短视频内容，并不断对美妆类产品进行营销带货。新手短视频创作团队可以进行参考或调整出适合自身发展的运营模式。

07 Chapter

短视频制作要点与上传方法

本章要点

- ★ 掌握短视频的制作规范
- ★ 掌握短视频的制作步骤及注意事项
- ★ 熟悉短视频的上传方法

短视频的后期制作是一项十分关键的工作，它意味着要将多项杂乱的素材进行有序整合，取其精华，去其糟粕，最后生成一段条理清晰、画面精美的短视频，以获取更多观众的关注和点赞。编辑加工短视频前，首先要了解短视频的制作规范和步骤，以及短视频制作的注意事项。只有掌握了短视频的制作要点，制作人员才能编辑制作出符合平台要求的、能突出主题的优质短视频作品。同时，掌握了制作规范、要点和上传方法，不仅可以提高编辑速度，体现短视频制作人员的专业水平，还能提升短视频作品的品质。

7.1　短视频的制作规范

浏览一段短视频的时间通常不超过一分钟，而制作一段短视频所花费的时间与心思则不可计量。短视频的制作过程并不简单，就连最“简单”的上传环节，短视频的分辨率、时长、格式等每一个细节，都需要严格遵循平台的规则。

7.1.1　短视频的分辨率要求

各大短视频平台都对视频分辨率有一定要求，例如，抖音、快手两大平台主要针对竖版视频，规定分辨率不低于 720PX×1280PX，建议分辨率为 1080PX×1920PX。当然，也可以上传或制作横版视频，要求分辨率为 1280PX×720PX 或 1920PX×1080PX。

淘宝主图短视频的要求与专门的短视频App存在一定差别。淘宝主图短视频的画面为正方形，比例为 1：1，分辨率要求不低于 540PX×540PX，推荐 800PX×800 PX。

另外，其他主流视频平台，如哔哩哔哩、爱奇艺、优酷等，则建议制作横版高清视频，分辨率建议为 1920PX×1080PX。除此之外，某些平台虽然支持上传更高分辨率的视频，例如，西瓜视频支持上传 4K分辨率的视频，即 4096PX×2160PX，但是上传后平台会将分辨率压缩至 1080P，即 1920PX×1080PX。

7.1.2 短视频的时间要求

各大短视频平台对视频时长的要求也有不同的标准。例如，抖音最初仅支持15秒的时长，但随着平台的发展，抖音视频支持时长由15秒增加到了60秒、5分钟，再到现在支持上传最长15分钟内的视频，视频大小不超过4GB。

目前抖音已经向全平台用户开放60秒视频权限，如果用户要上传1~15分钟的长视频，则可以进入“反馈与帮助”页面，查看具体的操作方法，如图7-1所示。

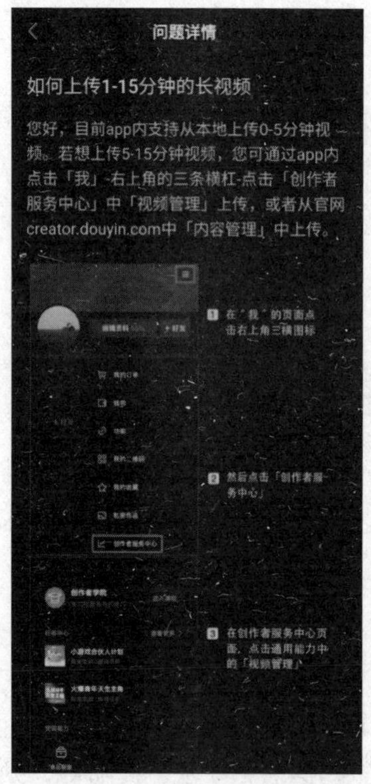

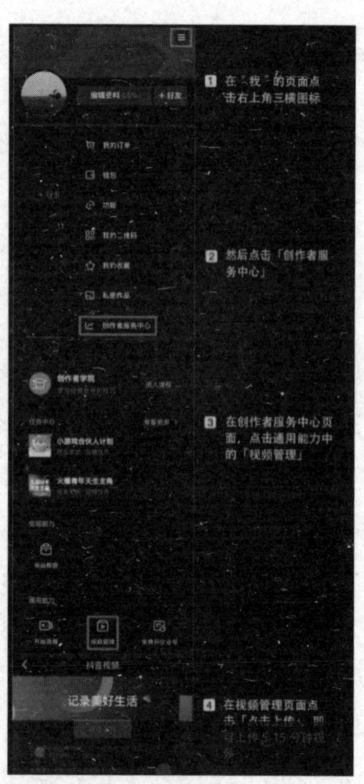

图7-1 抖音上传1~15分钟长视频的方法

淘宝短视频的时长不得超过1分钟，且一个视频只能绑定一个商品。

西瓜视频和爱奇艺则并没有强制要求视频的时长，只是比较明确地表示，视频大小需要在8GB以内。但是，西瓜视频母公司——字节跳动给出的数据分析显示，4分钟为最适合西瓜视频平台的时长。而哔哩哔哩则限制单个视频时长最大为10小时。

短视频的时长范围目前并没有统一的规定，但我们可以根据不同平台的属性，将自己制作的视频发表到相应平台。例如，单个视频时长为5分钟，我们就可以直接将它上传到西瓜视频等主流平台。但是鉴于抖音、快手平台用户单个视频停留时长属性，则将单个长视频分为多段来发布会比较好。

7.1.3 短视频的格式要求

目前大部分短视频平台都支持上传常用的视频格式。最为常见的格式为MP4，还有FLV、AVI、WAV、MOV、WEBM、M4V、MPEG4、3GP等。这里的视频格式专业术语为视频的封装格式，即视频制作软件或摄像设备通过不同的编码格式对视频进行处理后，得到的文件后缀。MP4格式拥有兼容性高，允许在不同的对象之间灵活分配码率，在低码率下获得较高的清晰度等优点。

抖音平台目前仅支持MP4格式的短视频，如果运营团队要发布的短视频并非MP4格式，则需要先进行格式转换，之后再上传。快手平台的视频格式也以MP4为主。而淘宝主图短视频支持所有的视频格式，淘宝后台会对上传的视频进行统一转码审核，但要注意，淘宝平台是不支持GIF格式的。

7.2 短视频的制作步骤

剪辑短视频与写作文这类单纯的文字创作并不同，提笔写作文前最重要的步骤是厘清思路，而剪辑短视频则涉及对故事走向的把控、对素材的整理，对镜头的筛选，包括添加配乐、字幕、特效等。所以，一个省时、科学的剪辑流程是必不可少的。整个剪辑流程分为4个步骤，分别是整理原始素材，剪辑素材，添加声音、字幕与特效，导出。

7.2.1 整理原始素材

整理原始素材是剪辑短视频的第一个步骤，而在这个步骤中，剪辑人员需要完成如图7-2所示的三件事。

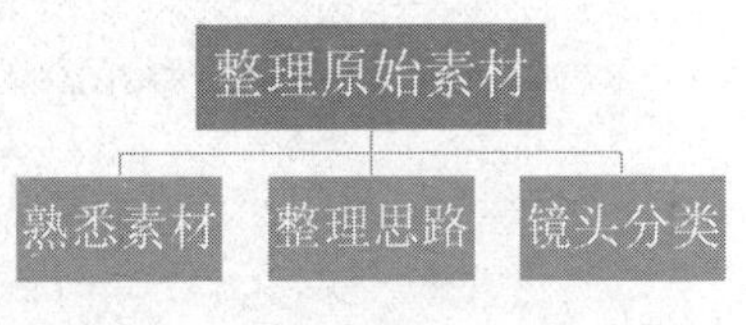

图7-2 整理原始素材的三大步骤

第一，熟悉素材。剪辑人员拿到前期拍摄的素材后，一定要将所有素材浏览一至两遍，熟悉前期摄影师都拍了什么内容，剔除无效素材，即拍摄效果不佳的素材。在浏览素材的过程中，剪辑人员需要对每条素材有一个大概的印象，方便接下来配合剧本整理出剪辑思路。

第二，整理思路。在熟悉完素材后，剪辑人员需要将素材与剧本结合，整理出清晰的剪辑思路，也就是整片的剪辑构架。这项工作可能需要与导演一同探讨，而剪辑人员负责提出建设性意见，帮助导演完善故事细节。

第三，镜头分类。有了整体的剪辑思路之后，接下来剪辑人员需要按照剪辑思路，将素材进行筛选、分类，最好是将不同场景的系列镜头分类整理到不同文件夹中。这个工作可以在剪辑软件的项目管理中完成，分类主要是为了方便后面的剪辑和素材管理工作。剪辑人员也可以重命名所有可用的素材，按照视频进展的时间对素材进行整理归纳。整理素材的流程与规范如图 7-3 所示。

第一步：素材备份

将素材从内存卡中导到电脑里，对素材进行一次备份（小型项目一次备份即可）	工具：硬盘、移动硬盘或网盘 特别注意：如果需要用到不同类型的素材，如照片和音频等，就需要单独新建文件夹，分别对这些素材进行备份整理

第二步：素材命名

分别给原始素材以及备份素材命名	命名方式：原始素材文件夹的命名方式因人而异，一般需要保留拍摄日期、地点或拍摄内容等关键信息，而备份素材文件夹的命名就需要和原始素材有明显的区分 特别注意：如果是多机位拍摄，就需要通过字母或者其他符号来区分不同的摄像机拍摄素材

第三步：建立备忘录

备份完成后，新建一个文本文档作为备忘录	备忘内容：记录原始素材与备份素材各自的命名或命名方式的区别，以及不同机位的素材的具体名称

图 7-3　整理短视频素材的流程

什么是DIT？

剪辑人员需要对刚拍摄完的素材进行分类、归档和备份，而在素材更多更杂的影视剧制作中，会有专门负责这项工作的岗位，一般被称为“DIT”。由此可见，整理素材也是一项十分需要技巧且十分重要的工作。

7.2.2 素材剪辑及检验

一个制作精良的短视频，其素材剪辑及检验是必不可少的环节，通常分为粗剪和精剪两个环节。

1. 素材粗剪及检验

素材粗剪的核心目的是构建视频的框架，保证视频情节完整，便于下一步进行更加精准的细节处理。

将素材分类整理完之后，剪辑人员首先需要在剪辑软件中，按照分好类的戏份场景进行拼接剪辑。然后挑选合适的镜头，将每一场戏的分镜头流畅地剪辑出来。最后将每一场戏按照剧本的叙事方式进行拼接。如此一来，整部影片的结构性剪辑就基本完成了。

在素材粗剪后，剪辑人员需要对粗剪完的视频镜头进行检验。检验的主要方式是将之前剪辑完的视频仔细观看一遍，要确保分镜头的顺序与剧本相符，所用的素材是素材库中的最优素材。

粗剪是否需要添加字幕或特效？

粗剪虽然必须按照剧本进行有序的剪辑排列，并将原始素材组成一个大致的框架。但粗剪之后每个剪辑点可能并不是特别到位，所以在这个阶段没必要添加字幕或特效。

2. 短视频精剪及检验

精剪可以说是剪辑短视频的四个步骤中最重要的一步，因为每一帧剪辑成果都会影响到视频画面，进而影响到观众的观赏体验。

粗剪构建了镜头的叙事顺序，而精剪是对视频的节奏、氛围等进行精细调整，相当于为短视频做减法和乘法。减法是指在不影响剧情的情况下，修剪掉拖沓冗长的段落，让视频镜头更加紧凑。而乘法是指通过二次剪辑，使短视频的情绪、氛围及主题得到进一步升华。

精剪完成后的检验工作，主要是查看哪个地方的画面搭配不太合适，是否有重复的片段，包括检查视频末尾是否有空白镜头、视频是否出现丢帧的情况等。

7.2.3 添加声音、字幕、特效

在前述步骤完成后，短视频的视觉画面部分已经基本处理完毕，接下来就要对视频的声音部分进行处理，并为视觉画面锦上添花了。

短视频的声音部分主要包括配乐与音效。配乐是短视频风格构成的重要部分，对短视频的氛围、节奏也有很大影响，因此，一段合适的配乐对短视频至关重要。而音效则可以使片子在声音方面更有层次。

在大部分类型的短视频中，字幕都十分重要。不论短视频是否有原声或是配音，字幕都是观众在了解短视频信息时的第一选择。所以，清晰、准确的字幕与观众的观感息息相关。在制作字幕时，一定要保证字幕够大、够清楚，停留时间足够长，且尽量保持在固定位置。

特效有时是营造短视频氛围的关键，例如，在变装类视频中，播主变装后的闪光特效，能让视频效果更佳。所以，剪辑人员可以选择在编辑字幕之前进行特效的制作，也可以在添加字幕之后对整体特效进行编辑，或是为字幕也添加适当的特效。

在声音、字幕、特效都添加完毕后，对画面与声音进行检查是必不可少的。首先，剪辑人员需要查看视频中何处的画面搭配不合适，检查字幕中是否有错别字、字幕是否挡住了关键信息或是演员的脸等。在声音方面，则应当将视频声音调到正常大小，特别是有配音的视频，剪辑人员还需要特别留意，配音要与演员的口型对上，等等。

7.2.4　输出符合要求的短视频

在完成对短视频的剪辑加工后，即可按照平台的要求导出视频文件，平台的要求主要包括格式、画面比例、分辨率等。如果短视频需要上传至抖音平台，那么视频格式最好是MP4，其他常用格式也可以。短视频的最佳画面比例是9：16，符合观众竖屏观看的习惯；短视频的分辨率最好是1280PX×720PX，或高于此标准。

不同平台对于短视频的要求不尽相同，短视频创作者应掌握不同主流平台对短视频的规范，从而输出符合各平台要求的高质量的短视频。

7.3　短视频制作的注意事项

短视频剪辑是一项十分凸显剪辑人员“功力”的工作，许多新手对于短视频剪辑没有进行整体了解与学习，只能盲目地进行剪辑，最终成果就好比写文章时写出了“流水账”，观看起来自然“味同嚼蜡”。而对有视频剪辑经验的人来说，剪出来的视频则重点突出，一气呵成。由此可见，短视频制作新手需要提前了解短视频制作的一些相关注意事项，然后将其应用于实战中，这样才能做到事半功倍。

7.3.1　剪辑后情节应突出重点

大部分的短视频，无论属于何种类型，其内容都是在讲述一件事或是一个故事。在摄影师与演员共同拍摄短视频时，他们的行为更像是按照剧本，将所有情节像“流水账”一样，用镜头记录下来，部分镜头可能会出现多次拍摄的情况。而剪辑人员拿到拍摄素材时，对素材的处理方式则与摄影师完全不同。

剪辑人员的职责，是用摄影师拍摄的素材向观众讲述一个故事，这个故事一定是有开端、有高潮、有结尾的。在剪辑人员的操刀下，剧情类短视频的重点情节应当被突出强调；颜值类短视频中，播主的美丽应当被重点烘托；搞笑类短视频的节奏应当被处理得当；教学类短视频中关键的教学步骤应当细节突出，速度放慢。由于短视频在时长上的特殊性，在剧情类短视频中，剪辑人员应当用最简洁的镜头介绍故事的背景，不对非重点情节过多着墨，要做到“详略得当、重点突出”。

7.3.2 配音与音乐要烘托气氛

配音与背景音乐是决定短视频氛围的关键，剪辑人员在对配音和音乐进行处理时，首先需要判断短视频的氛围是什么，再寻找目前短视频平台中相同氛围的热门配乐，要符合“既合适，又热门”的配乐原则。

短视频的氛围，是指该条短视频的情绪氛围是悲伤的、欢快的还是搞怪的（见图 7-4），然后为短视频寻找与情绪氛围相符的配乐，不能进行不恰当的搭配。

(1)

(2)

图 7-4 不同情绪氛围的短视频对比

图 7-4（1）所示的短视频讲述的是，一位亚裔理发师免费为街头流浪汉理发，并陪他们聊天的暖心故事。播主为这段短视频选择的配乐是一段舒缓的钢琴曲，再搭配上短视频的画面，观众十分容易进入故事情节，产生感动的情绪。而图 7-4（2）所示的短视频则属于搞笑风格，它讲述的是播主路过窗台，看到一双晒在窗台上的手套，从而产生了有趣联想。这段短视频的配乐的节奏十分明快，音乐也是十分搞怪的。

如果将图 7-4 中的两段短视频的配乐进行交换，可想而知，“后果”一定不堪设想。短视频剪辑人员要学会用正确的配乐与配音烘托短视频的氛围，才能放大短视频的表达效果。

7.3.3 加上片头片尾会显得更专业

短视频的片头与片尾，特指由同一账号发布的短视频，每段都固定存在的、相同的开头与结尾。片头与片尾的添加能让不是第一次刷到该账号短视频的观众，产生熟悉的感觉。长此以往，该账号的片头或片尾能在观众心中留下深刻印象。短视频账号的片头、片尾示例如图 7-5 所示。

(1)

(2)

图 7-5　短视频的片头与片尾

图 7-5(1) 所示是一位穿搭播主的短视频，这位播主专攻小个子穿搭，每段短视频介绍一套穿搭，赋予一个专门的情境。该播主还会为每一套穿搭编写有针对性的文案，有时是从最近的天气变化切入，有时则是一个小故事，例如，“要去图书馆和学长一起自习怎么穿”“今天看心仪的学长打球怎么穿”。因为该播主独特的表达方式，设计一个专属于该博主的片头与观众进行互动便显得十分重要。观众们听到“嗨，大家好，我是阿粽”时，就能立马联想到该播主的短视频内容，该片头也成为该播主的一个独特标志。

图 7-5(2) 所示的短视频则来自一位情感播主。该播主往往从“粉丝”投稿的真实案例切入，为观众讲述一些恋爱中的相处技巧。播主会以与观众对话的方式进行表达，像一个温柔贴心的大姐姐，会在女生“不撞南墙不回头”时变得严厉，也会在“粉丝”遇人不淑时给予暖心的安慰。

该播主的视频完播率是比较高的，有许多观众都会看到最后。正是因为这一点，播主在每段视频的最后都加入了自己的“比心”动作与字幕“记得关注！啾咪”，每一个将视频看到最后的观众，都能看到这个片尾。在被视频内容打动的同时，播主再提出一个小小的“请求”，许多观众自然会点击关注。

7.4 短视频的上传方法

短视频制作完成后，首先需要将它发布到相关平台，然后进行推广和变现。短视频的上传是有方法的，如果方法不对，就会直接影响短视频的清晰度。本节将介绍从电脑端和手机端上传短视频的操作方法与技巧。

7.4.1 从电脑端上传短视频

很多情况下，我们都是在电脑上使用视频编辑软件对短视频进行编辑制作的，完成后直接在电脑端将制作好的短视频上传到相关的短视频平台。从电脑端直接将短视频上传到抖音平台的具体步骤如下。

第 1 步：在搜索引擎的搜索框中❶输入“抖音”，❷单击搜索按钮。然后在搜索结果中❸单击抖音官网的链接，如图 7-6 所示。

图 7-6 进入抖音官网的方法

第 2 步：进入官网后，单击右上角的“创作服务平台”链接，如图 7-7 所示。

第 3 步：在创作服务平台页面中单击右上角的“登录”按钮，如图 7-8 所示。

图 7-7　单击"创作服务平台"

图 7-8　单击"登录"按钮

第 4 步：在弹出的对话框中单击"确认"按钮，如图 7-9 所示。

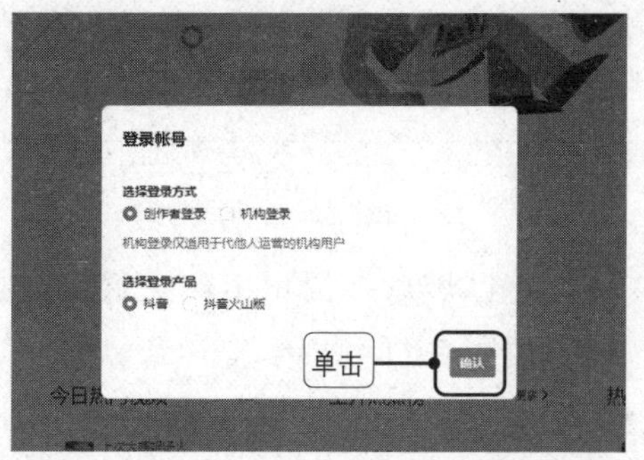

图 7-9　单击"确认"按钮

第 5 步：用手机中的抖音 App，扫描页面中的二维码，手机端的操作参考二维码下方的文字说明即可，如图 7-10 所示。

第 6 步：点击手机抖音 App 中的"确认登录"按钮，如图 7-11 所示。

图 7-10　登录二维码

图 7-11　手机确认登录

第 7 步，系统自动跳转至用户的专属页面后，单击左侧功能栏中的“发布视频”按钮，如图 7-12 所示。

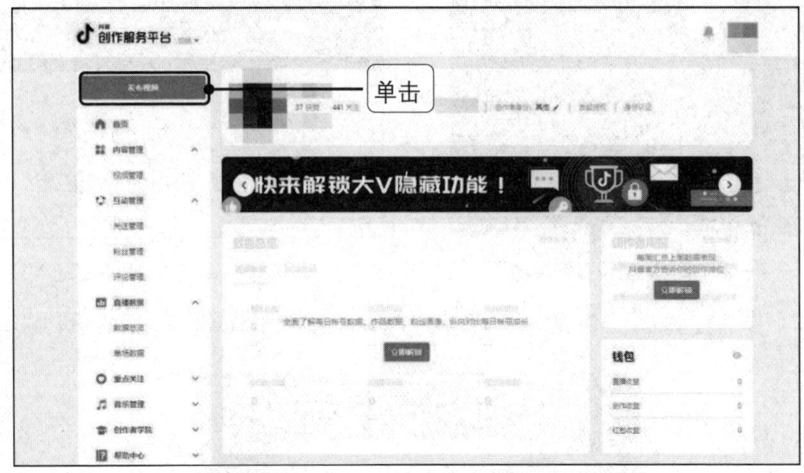

图 7-12　单击“发布视频”按钮

第 8 步，单击文件上传区域后按提示上传文件，或按照页面说明直接将视频文件拖入此区域，如图 7-13 所示。

图 7-13　上传文件区域

第 9 步，在弹出的文件选择对话框中，❶选中需要上传的视频文件，❷再单击右下角的“打开”按钮，如图 7-14 所示。

图 7-14　选择视频文件

第 10 步，❶完善即将发布的短视频的相关信息，完成后❷单击“发布”按钮，如图 7-15 所示。

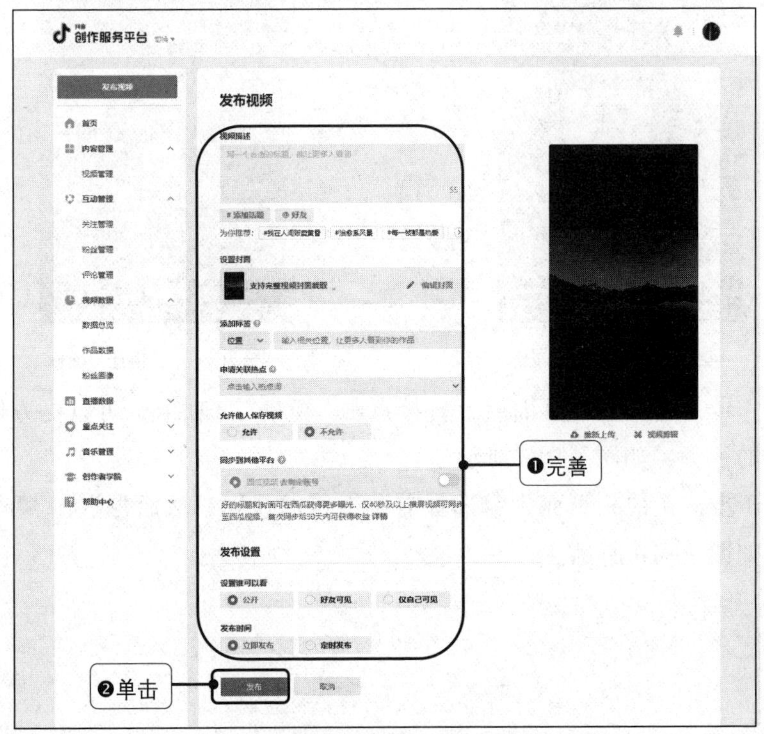

图 7-15　完善相关信息并发布视频

7.4.2 从手机端上传短视频

编辑制作完短视频后，我们也可以从手机端将短视频上传到相关平台，这种方法非常适合习惯用手机编辑视频的人。从手机端上传短视频的方式有两种：第一种是运用抖音App完成拍摄、编辑后直接上传；第二种是直接将手机本地的短视频上传到抖音平台。使用手机上传短视频的步骤相对简单，具体操作如下。

第1步，打开抖音App，点击首页底部的"+"按钮，如图7-16所示。

第2步，进入拍摄页面后点击右下角的"相册"图标，如图7-17所示。

图7-16 抖音首页

图7-17 "相册"图标

第3步，进入相册页面后，直接点击"视频"选项卡，可以更方便地找到需要的视频，如图7-18所示。

第4步，在视频页面中❶选择需要上传的视频，然后❷点击"下一步"按钮，如图7-19所示。

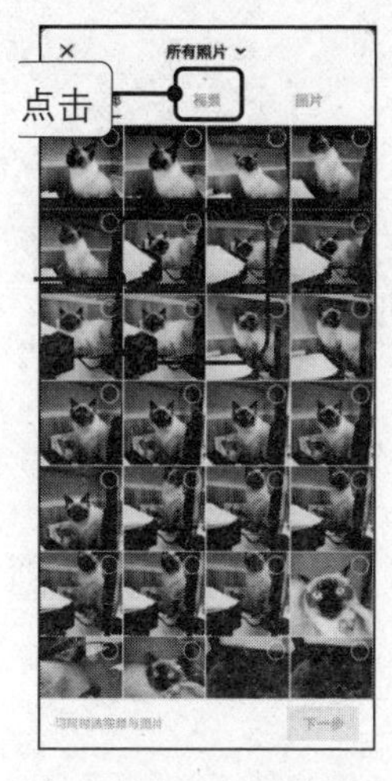

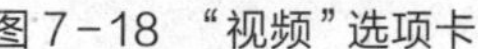
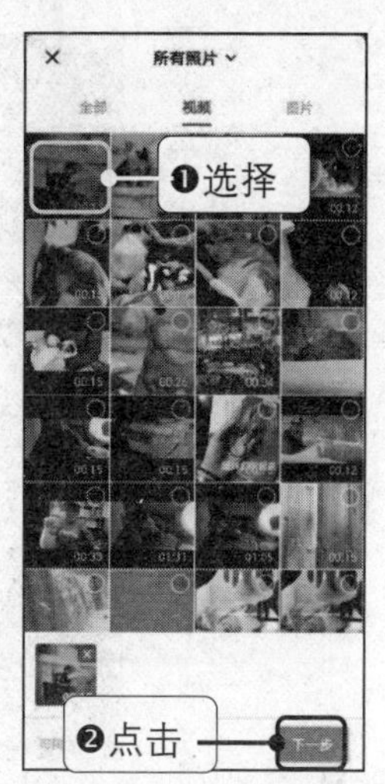

图 7-18　“视频”选项卡

图 7-19　选择需要上传的视频

第 5 步，❶截取需要上传的视频片段，完成后❷点击“下一步”按钮，如图 7-20 所示。

第 6 步，❶使用右侧功能栏的功能对短视频进行最后的编辑，编辑完后❷点击“发日常 · 1 天可见”按钮，上传仅一天可见的视频，或❸点击“下一步”按钮，上传长期可见的作品，如图 7-21 所示。

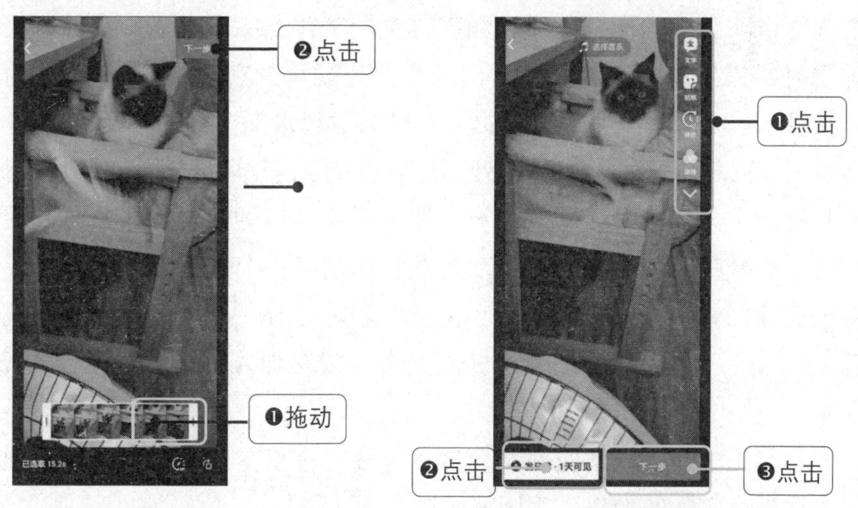

图 7-20　截取需要上传的视频片段

图 7-21　再次对视频进行编辑

第 7 步，❶完善短视频的相关信息后❷点击“发布”按钮，如图 7-22 所示。

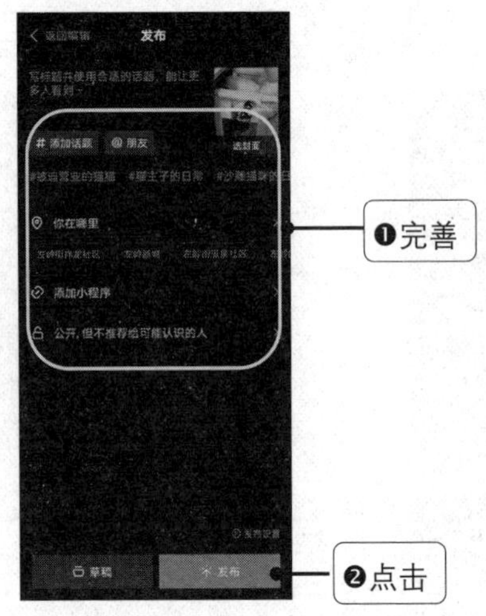

图 7-22　完善相关信息并发布视频

7.5　秘技一点通

1. 三招提升剪辑技术，让你从小白逆袭成剪辑“大神”

对于刚进入短视频领域的小白而言，如何快速提升自己的剪辑技术是一个非常令人头疼的问题。而视频剪辑这项工作，除了理论知识外，更重要的是对实操技能的培养。刚入门的小白遵循视频剪辑“实操为王”的原则，从以下三个方面入手，迅速提升自己的剪辑水准。

第一，拆分同行的优秀短视频。新手短视频创作团队不管有几位成员，哪怕只有一个人，也可以关注与自身账号定位类似的短视频账号，并反复研究对方点赞量高的短视频，然后对该视频的每一个分镜逐一拆解。拆解到对该视频的每一个转场、调色、配音、字幕等都了若指掌，清楚该视频“好”在哪里后，利用自己的素材进行复刻，或是加入自己的设计产出新的短视频。

第二，关注剪辑教学类账号。这一方法的重点是，一定要按照视频所教的方法进行实际的操作，否则就是白学。

第三，打开熟悉的剪辑软件，利用手头的素材对软件中的每一个功能进行“探索”，将每一种特效都转化为实操，做到不仅记在脑海中，更记在“手上”。

2. 怎样制作变声配音来增强视频的趣味性

许多类型的短视频都会运用变声配音，例如，美妆类视频、游戏类视频、教学类视频等。变声配音能够增强视频的趣味性，让观众印象深刻。那么变声配音要怎么制作呢？其实，变声配音最简单的生成方式，就是在原配音的基础上，在抖音App中一键生成变声配音。

在抖音App内置的拍摄页面，拍摄完视频后，用户会点击“√”进入发布页面，该页面右侧的功能栏中未展开的部分就有“变声”功能。点击“变声”按钮后，系统会提供多种变声声音供用户选择，包括但不限于花栗鼠、小哥哥、麦霸、扩音器、机器人等。用户选择喜欢的变声声音后，系统会自动改变原配音的音色，变声配音就制作完毕了。

3. 为什么上传的视频不清晰

有时，播主们会遇到一种奇怪的情况：在拍摄、制作视频时，视频画面都十分清晰，可将视频上传至抖音平台后，画质却明显下降。别家播主的视频清晰无比，自己的视频一下子就落了下乘，影响流量与热度。那么，为什么会出现这种情况呢？

造成这种情况的原因是多方面的，可能是用户在抖音App中上传视频后，短视频被压缩了，导致画面清晰度下降。为了避免这种情况发生，或是播主要重新上传短视频，可以选择在电脑端的抖音官网中登录账号，再上传视频。如果受条件所限，无法从电脑端上传，那么在发布时选择“高清发布”也能避免这类问题的发生。

08 Chapter 使用 Premiere 编辑短视频

本章要点

- ★ 了解运用 Premiere 剪辑短视频的步骤与注意事项
- ★ 掌握 Premiere 软件常用的视频剪辑功能
- ★ 了解高点赞数短视频案例

Premiere是一款优秀的专业级视频编辑制作软件，作为一名短视频制作人员，必须掌握Premiere软件的基本编辑功能。一个优质的短视频作品除了要有好的内容之外，清晰的画面和后期编辑也是非常重要的。本章将介绍使用Premiere制作精彩的短视频的方法和技巧，以及编辑制作高点赞数短视频的技巧。

8.1　用Premiere制作精彩的短视频

Adobe Premiere 简称Premiere，是Adobe公司推出的一款功能强大的优秀的专业级视频编辑软件，适用于电影、电视剧和 Web 视频的编辑制作。利用Premiere可以编辑任何格式的素材，实现视频加工、声音加工等多项操作。

8.1.1　新建项目并导入素材

新建项目并导入素材是编辑视频的第 1 步，具体操作步骤如下。

第 1 步：打开Premiere，在自动弹出的对话框中单击“新建项目”按钮，如图 8-1 所示。

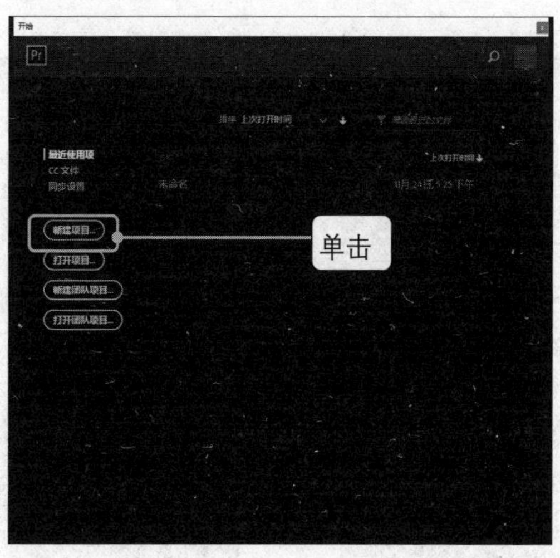

图 8-1　新建项目

第 2 步：如果上一步中的对话框未能自动弹出，剪辑人员可在菜单栏❶选择“文件”命令，❷选择“新建”→“项目”子命令，如图 8-2 所示。

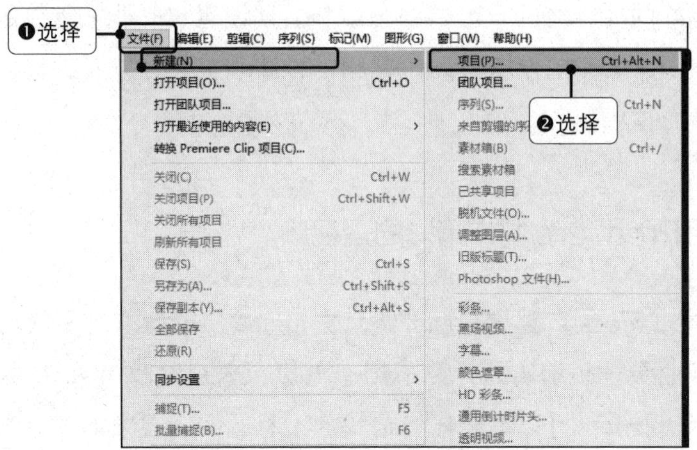

图 8-2　在菜单栏中新建项目

第 3 步：输入项目名称，设置存放位置。在弹出的“新建项目”对话框中❶输入项目的名称，然后❷单击“浏览”按钮，修改项目的存放位置，如图 8-3 所示。

第 4 步：设置常规参数。❶选择“常规”选项卡，❷勾选“针对所有实例显示项目项的名称和标签颜色”复选框，如图 8-4 所示。

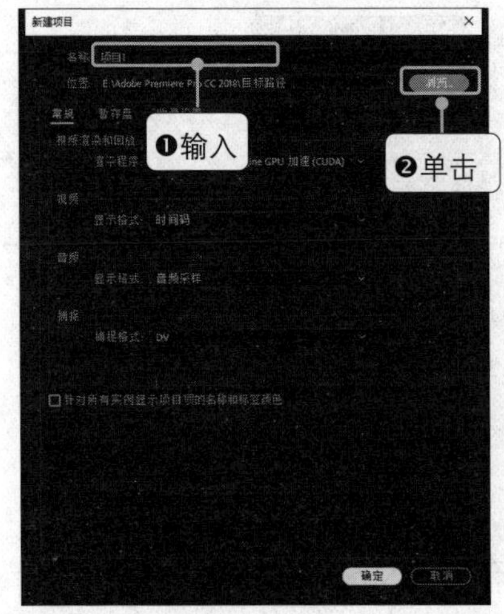

图 8-3　输入项目名称，设置存放的位置

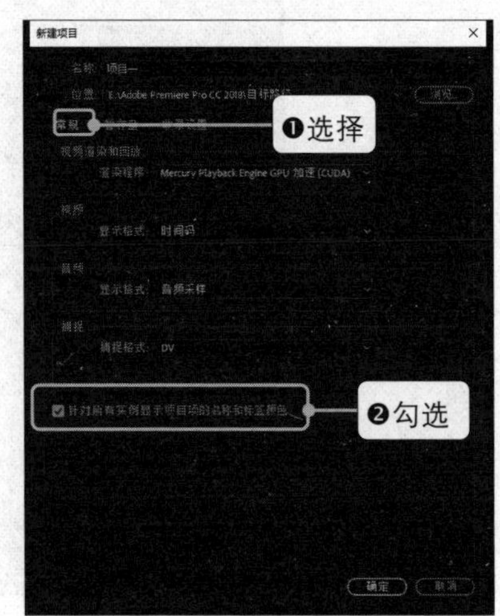

图 8-4　设置常规参数

第 5 步：设置暂存盘参数。❶选择“暂存盘”选项卡，然后❷设置各项素材及预览文件的保存位置，如图 8-5 所示。

第 6 步：收录设置。❶选择“收录设置”选项卡，然后❷对选项卡下的各项目进行设置，设置完后❸单击“确定”按钮，如图 8-6 所示。

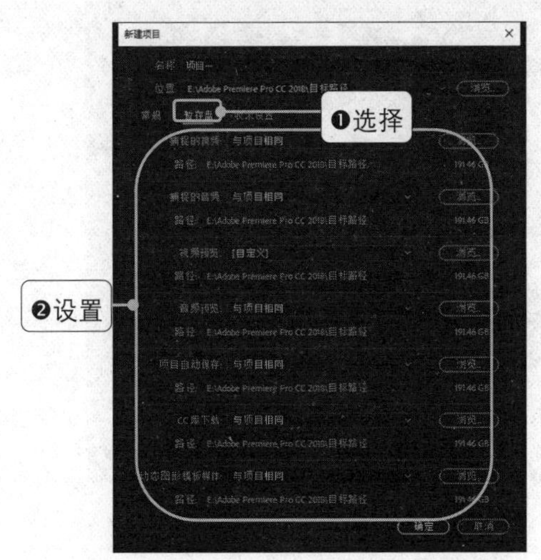

图 8-5　设置暂存盘参数

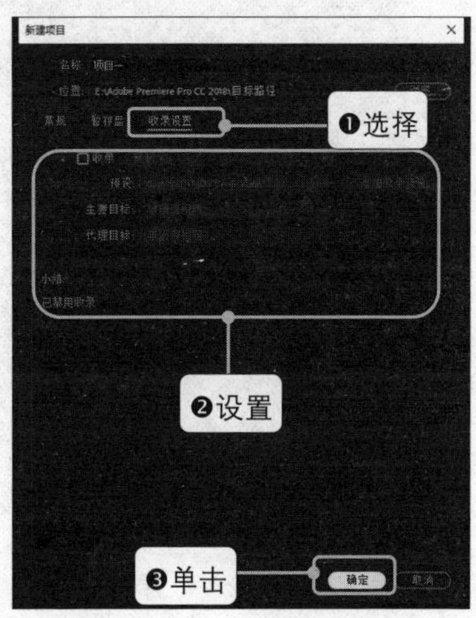

图 8-6　收录设置

第 7 步：新建项目完成后的页面如图 8-7 所示。

图 8-7　新建项目完成

新建项目后，接下来就是导入视频素材，具体步骤如下。

第 1 步：找到主界面中的项目面板，❶双击面板或是❷选中项目面板并单击鼠标右键，在弹出的快捷菜单中❸选择“导入”命令，如图8-8所示。

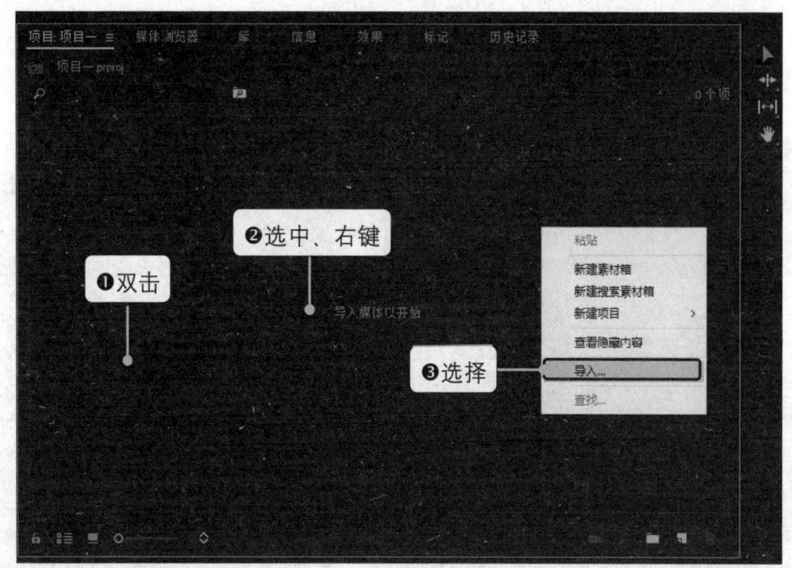

图8-8　导入素材

第2步：选择导入的素材。在弹出的“导入”对话框中❶选中需要剪辑的素材，然后❷单击“打开”按钮，如图8-9所示。

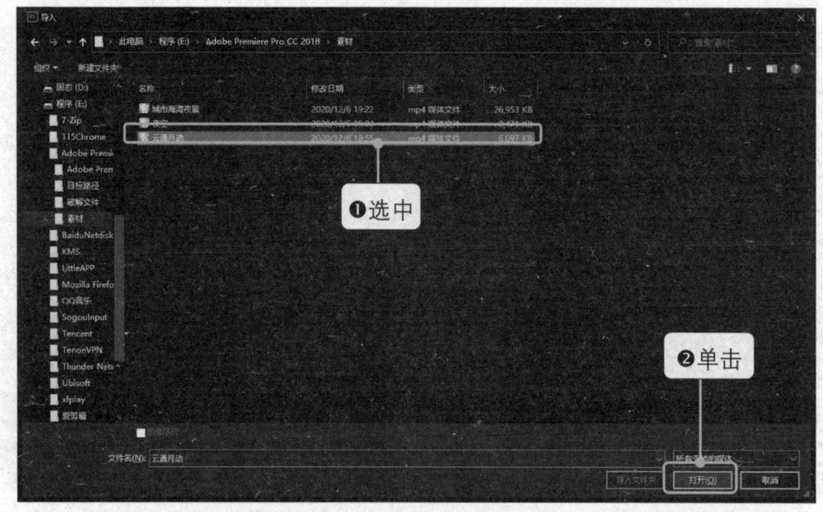

图8-9　选择导入的素材

第3步：素材导入成功，如图8-10所示。

图 8-10　素材导入成功

8.1.2　素材的剪切与拼接

导入视频素材后，接下来就需要对素材中无用的部分进行剪切，然后对素材进行拼接。具体步骤如下。

第 1 步：打开 Premiere，新建项目，导入两段视频素材。(此处用素材 1 讲解剪切的步骤，用素材 2 讲解拼接的步骤。)

第 2 步：新建序列。将素材 1 拖动到项目面板右下角的“新建项”按钮上，如图 8-11 所示。

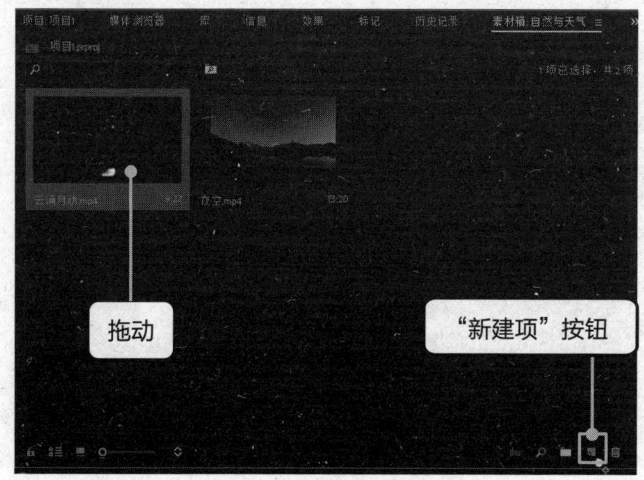

图 8-11　新建序列

第 3 步：标记需要剪切的视频的开头与结尾。❶缓慢拖动蓝色标记，浏览视频画面，将标记拖动到需要剪切的视频部分的开头处，然后❷单击“标记入点”按钮，标记需要剪切掉视频的开头部分，如图 8-12 所示。

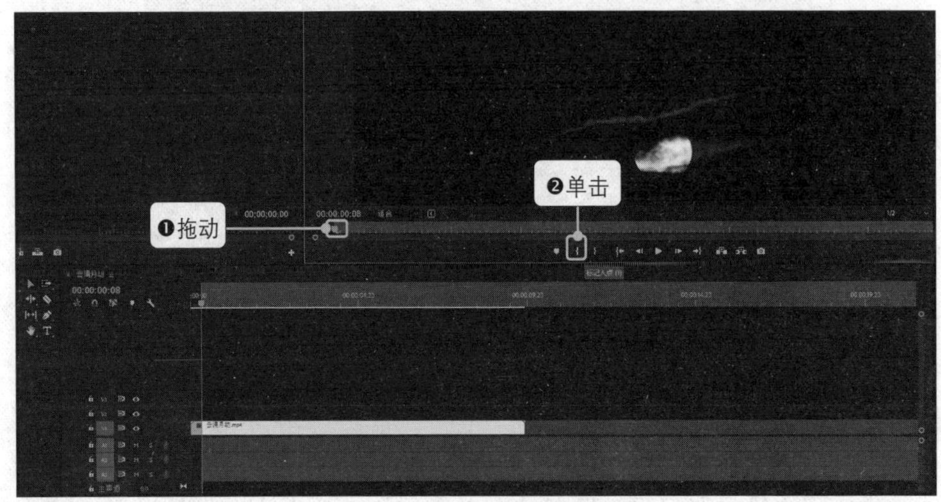

图 8-12　标记视频开头部分

第 4 步：❶继续拖动蓝色标记，将其拖动到需要剪切的视频的结尾处，然后❷单击“标记出点”按钮，如图 8-13 所示。

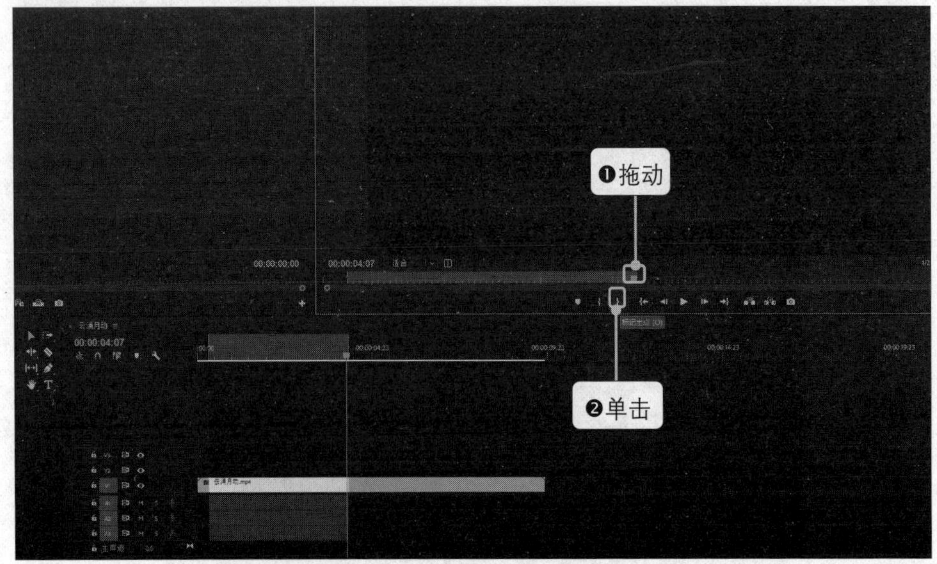

图 8-13　标记视频结尾部分

第 5 步：对视频进行裁剪。❶选择“剃刀工具”，❷在视频的开头与结尾处分别执行剪切操作，如图 8-14 所示。

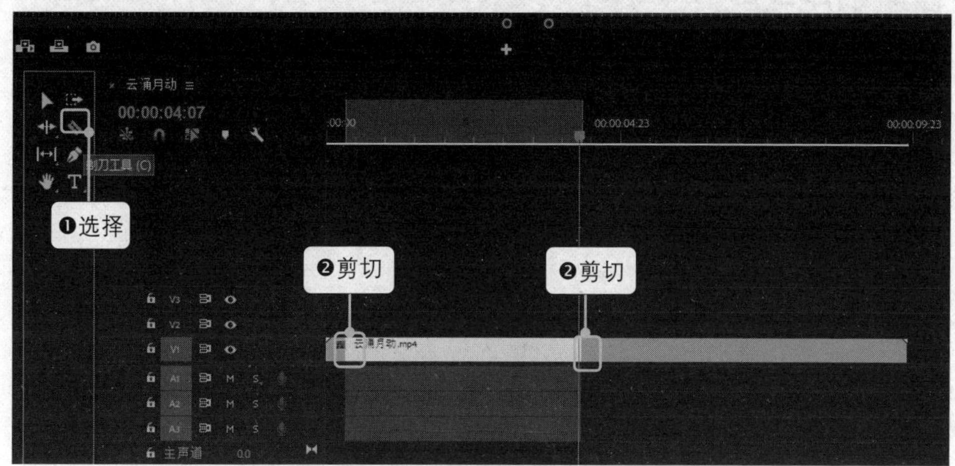

图 8-14　对视频进行剪切

第 6 步：删除不需要的视频段。❶选择“选择工具”，❷选定需要删除的视频段，按“Delete”键即可删除。若有两段需要删除的视频，则分别“选定”并执行删除操作，如图 8-15 所示。

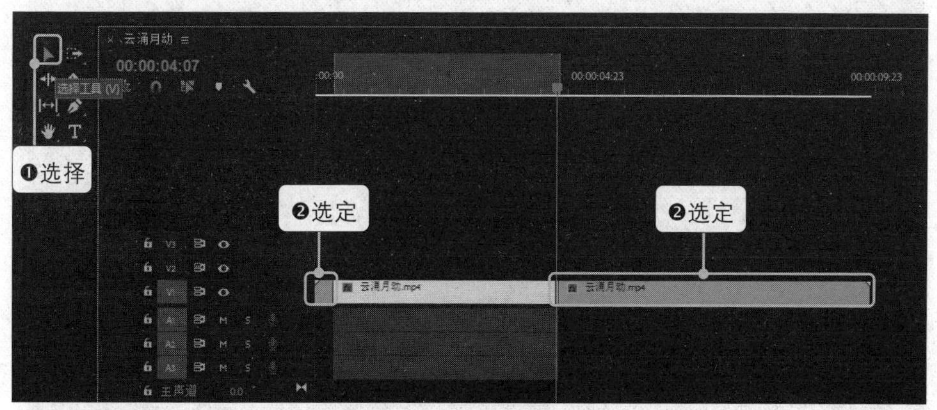

图 8-15　删除视频

删除选定的视频内容后的效果如图 8-16 所示。

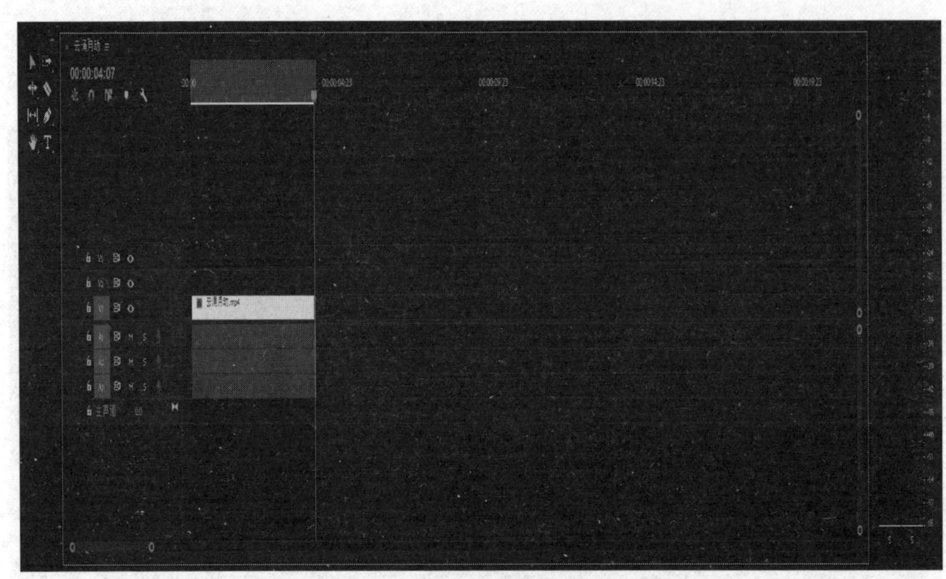

图 8-16　剪切完成后

第 7 步：调整视频位置。将时间轨道上的视频拖动到最前面，如图 8-17 所示。完成后的效果如图 8-18 所示。

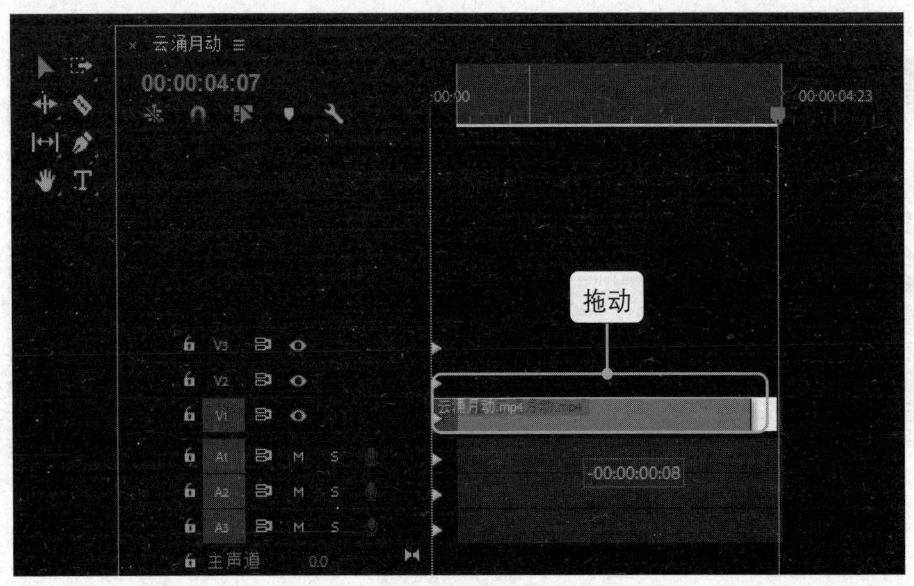

图 8-17　拖动视频段落到时间轴的前端

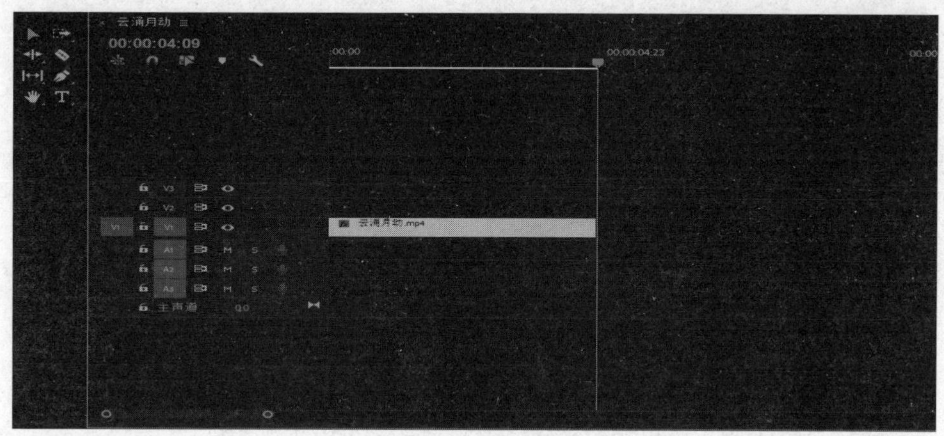

图 8-18　剪切完成

第 8 步：用同样的方法将素材 2 拖动到时间轨道上，删除不需要的内容，然后将其拼接到素材 1 的后面，完成后的效果如图 8-19 所示。

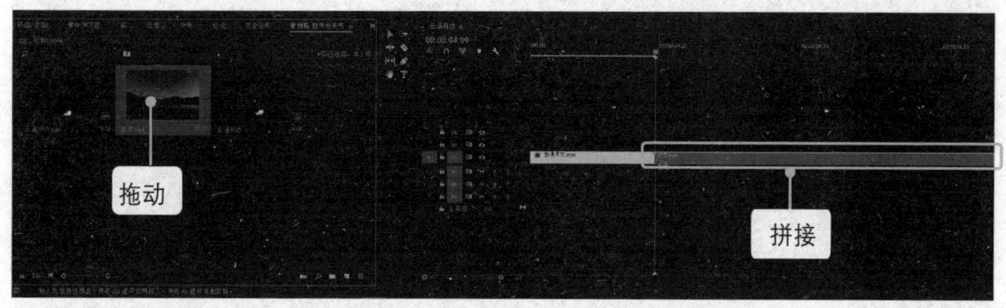

图 8-19　拼接素材

8.1.3　为片段添加转场效果

短视频片段与片段之间，往往会有一个合适的转场。转场的作用在于衔接前后两个片段，在视觉效果上，让上一个片段流畅而自然地进入下一个片段，而前后片段间衔接的效果便称为转场效果。例如，图 8-20 所示的两个视频片段间运用了“棋盘擦除”转场效果。

图 8-20 “棋盘擦除”转场效果

有了转场效果，前后片段会衔接得更自然且别具趣味。添加转场效果的具体步骤如下。

第 1 步：打开 Premiere，新建项目，导入两段视频素材。

第 2 步：将素材 1 拖动到项目面板右下角的“新建项”按钮上，新建项目序列，如图 8-21 所示。

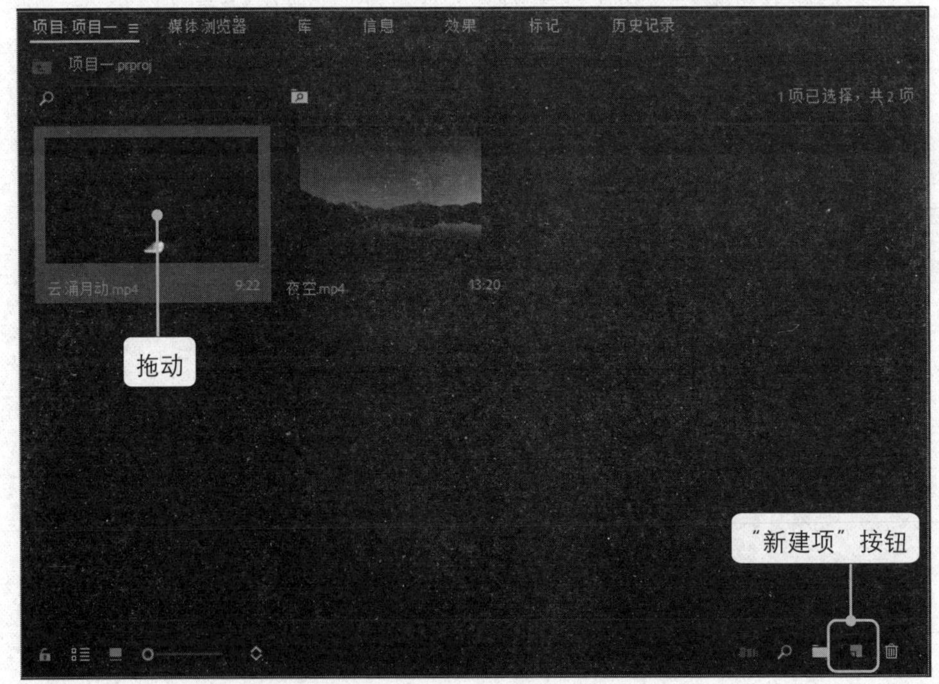

图 8-21 新建序列

第 3 步：将素材 2 直接拖动至时间轨道上素材 1 的后面，如图 8-22 所示。

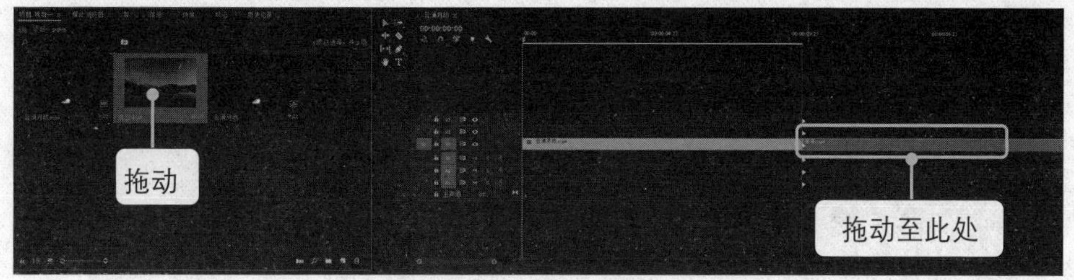

图 8-22　添加素材 2

第 4 步：在项目面板中❶单击“效果”选项卡，❷单击“视频过渡”选项左侧的展开按钮，再❸单击“擦除”选项左侧的展开按钮，如图 8-23 所示。

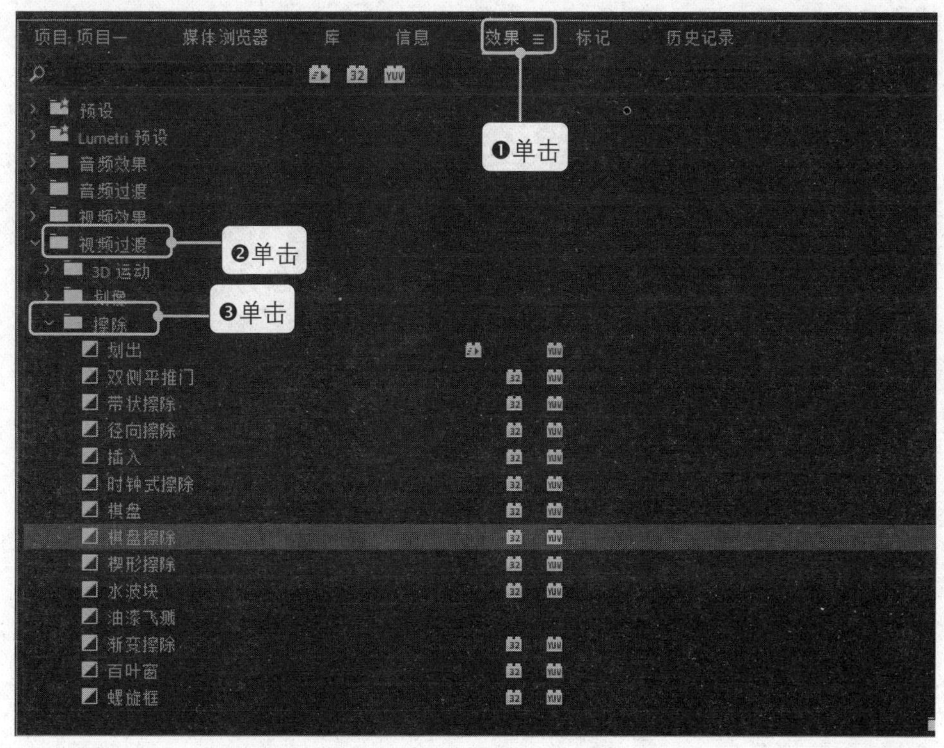

图 8-23　选定转场特效

第 5 步：将“棋盘擦除”效果拖动至时间轨道上的两段素材的中间，如图 8-24 所示。

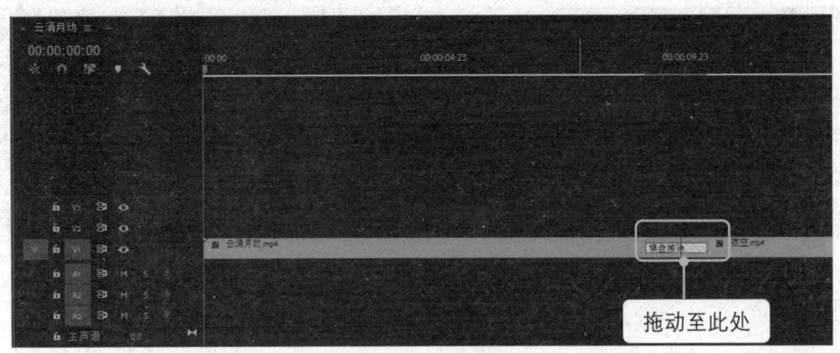

图 8-24　添加特效

第 6 步：播放视频预览效果，可以看到添加“棋盘擦除”转场特效后的效果，如图 8-25 所示。

图 8-25　添加转场特效后的效果

8.1.4　添加音乐、音效与配音

当一段短视频既需要添加整体配乐，又需要添加配音，还需要在细节处添加音效时，使用Premiere进行操作会十分方便，具体步骤如下。

1. 添加配乐

第 1 步：打开 Premiere，新建项目，导入视频素材与音频素材。

第 2 步：将素材 1 拖动到项目面板右下角的“新建项”按钮上，新建项目序列，如图 8-26 所示。

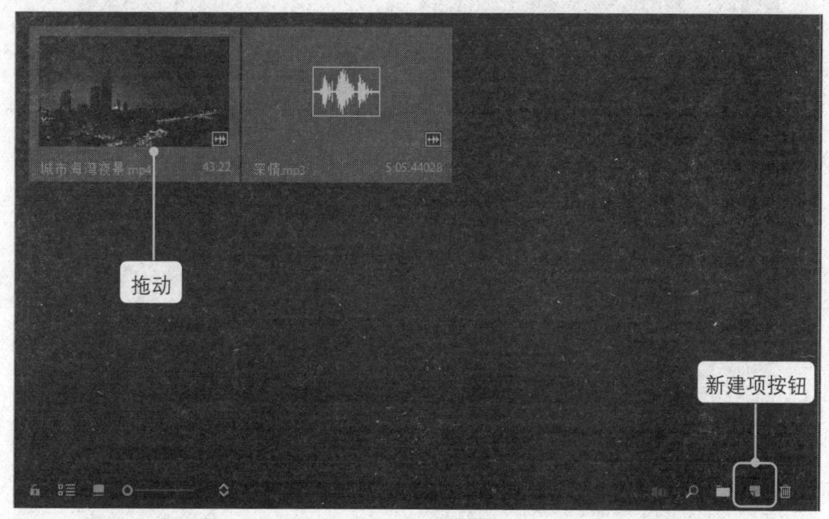

图 8-26　新建序列

第 3 步：❶右击时间轨道上的视频素材，❷在弹出的快捷菜单中选择“取消链接”命令，如图 8-27 所示。

图 8-27　“取消链接”命令

第 4 步：❶右击时间序列上的音频，即视频原声，❷在弹出的快捷菜单中选择“清除”命令，如图 8-28 所示。可以看到，音频轨道上的视频素材的原声已经消失，如图 8-29 所示。

图 8-28　删除视频原声

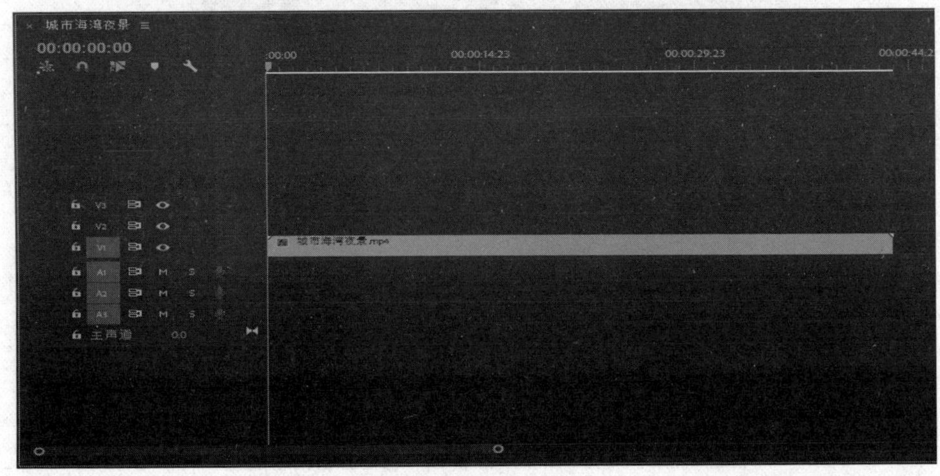

图 8-29　删除原声成功

第 5 步：将音频素材拖动至原视频声所在的轨道上，如图 8-30 所示。

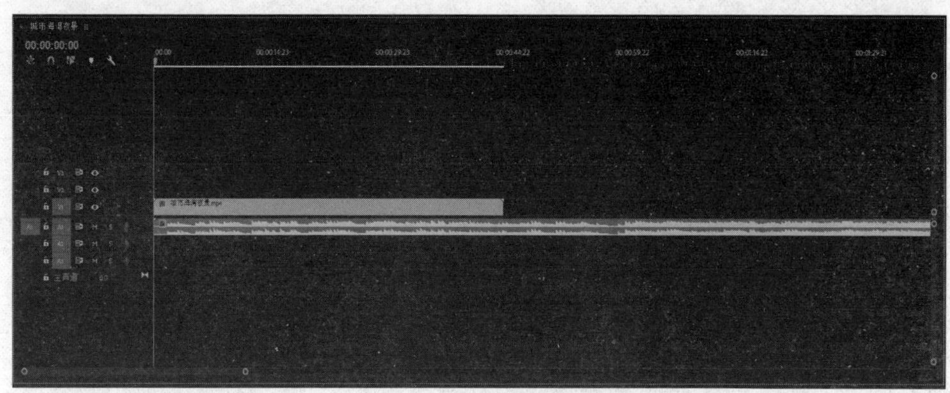

图 8-30　添加音频素材

第 6 步：播放视频，可以看到音频素材已经成为视频素材的配乐，但配乐的时间比视频时间长许多，如图 8-31 所示。

图 8-31　效果预览

第 7 步：❶选择“剃刀工具”，❷在音频素材上对应视频素材结束的时间点的位置单击即可剪切多余的配乐，如图 8-32 所示。

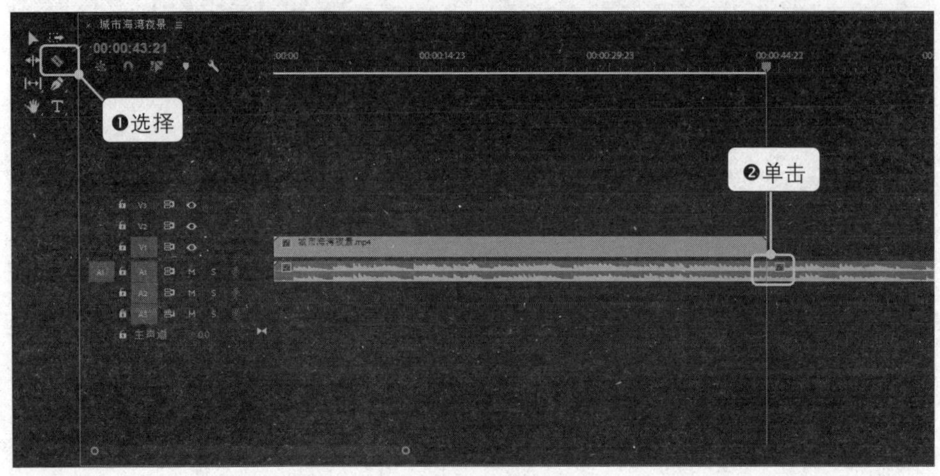

图 8-32　剪切配乐

第 8 步：❶选择“选择工具”后❷单击需要被裁剪的配乐，❸按“Delete”键进行删除，如图 8-33 所示。

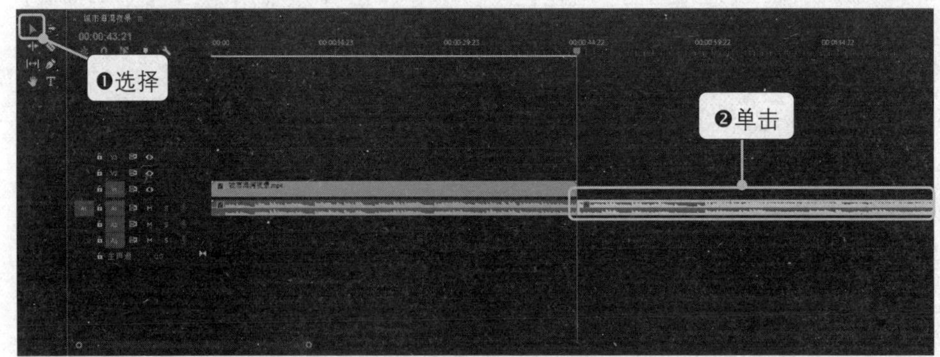

图 8-33　删除多余的配乐

删除多余的配乐后，视频与配乐就可以同时结束了，如图 8-34 所示。

图 8-34　配乐添加成功

【提示】如果视频时间过长，也可以用相同的操作将多余的视频删除。

2. 添加音效

添加音效、配音的方法与添加配乐的方法大同小异，只需要在时间轨道上进行一些细微的调整即可。具体操作如下。

第 1 步：导入音效音频素材，将音效素材直接拖动至音频轨道 2 上，如图 8-35 所示。

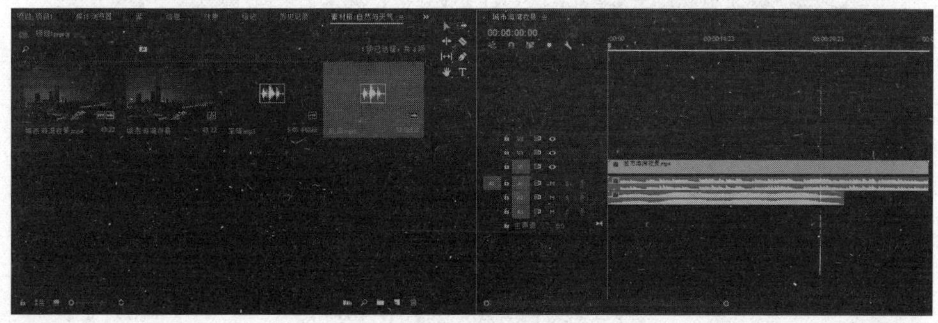

图 8-35　添加音效素材

第 2 步：添加音效素材后，音效出现在视频的某一特定位置，而不是视频开头处，故需要调整添加音效的位置。在音频轨道 2 上选中音效素材并按住鼠标左键不放，拖动音效到相应的位置，如图 8-36 所示。

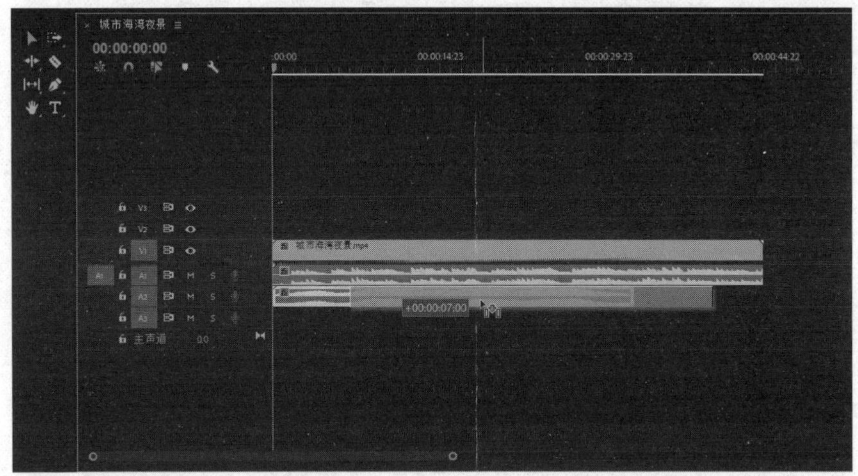

图 8-36　调整添加音效的位置

第 3 步：通常情况下，我们并不需要对音效的长度进行调整，但也有例外的时候。将鼠标指针移动到音效素材的最前端，鼠标指针会变为带有向后箭头的红色图标，如图 8-37 所示。

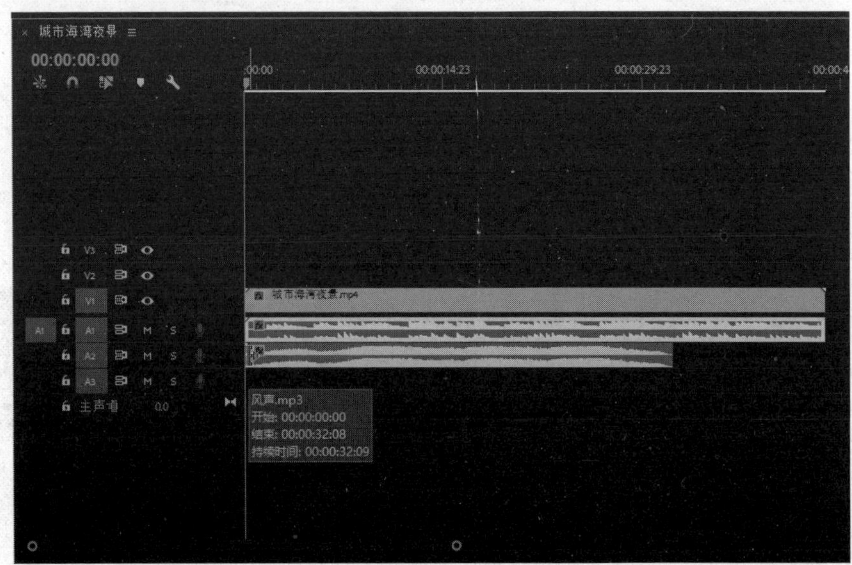

图 8-37　调节音效长度的红色标记

第 4 步：按住鼠标左键不放，从音效素材的头部位置向尾部拖动即可缩短音效长度，如图 8-38 所示。

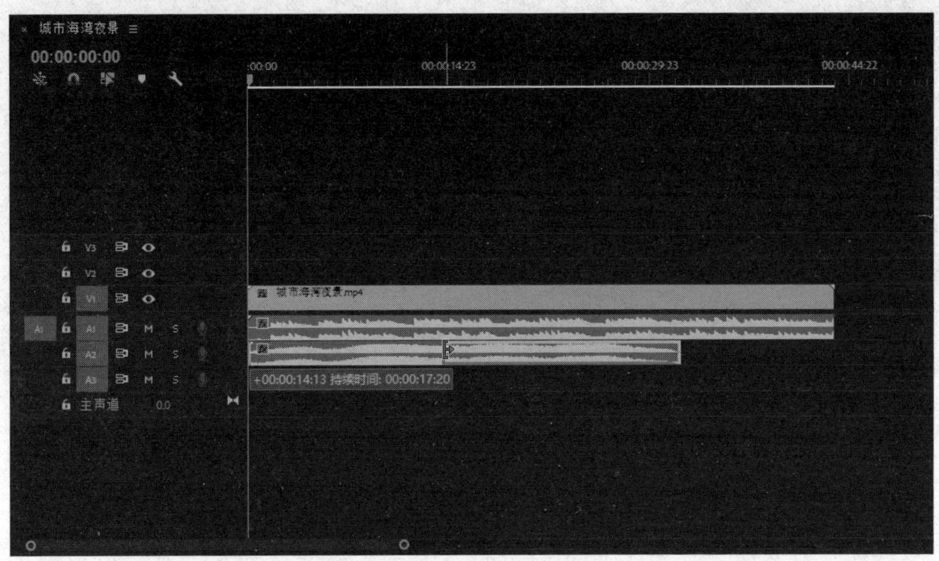

图 8-38　调节音效长度

经过上一步的操作，音效素材已被缩短，如图 8-39 所示。

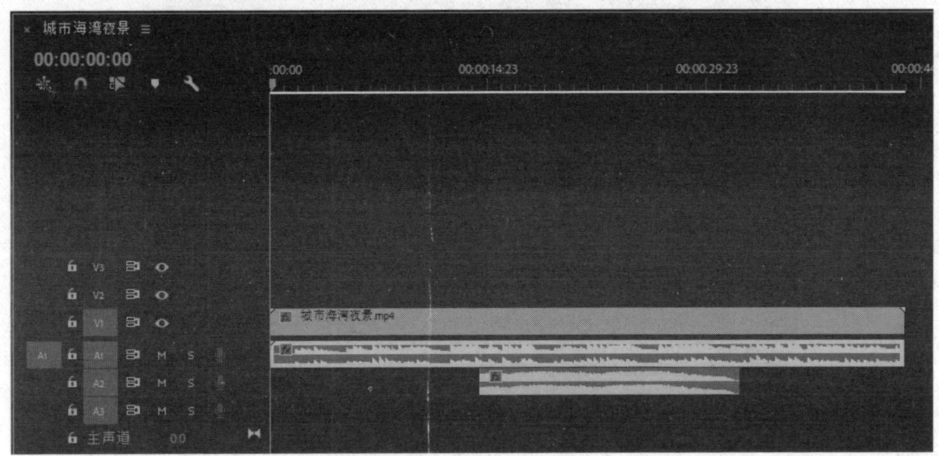

图 8-39　音效添加成功

同理，如果需要通过裁剪音效素材后半部分来缩短音效素材的长度，也可以从素材尾部开始反向操作。方法为将鼠标指针移动到音效素材的尾部，当鼠标指针变成带有向前箭头的红色图标时，按住鼠标左键不放，向音效素材的前端拖动即可，如图 8-40 所示。

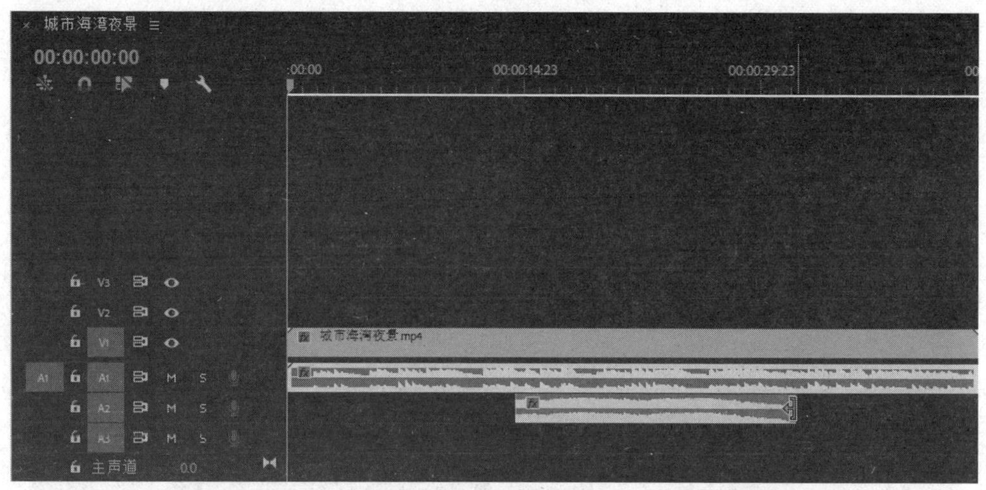

图 8-40　反方向使用红色标记

8.1.5　添加字幕并调整字幕时间线

为视频添加字幕也是Premiere的一大主要功能，图 8-41 所示为添加字幕后的效果。

图 8-41　给视频添加字幕后的效果

使用Premiere添加字幕的具体步骤如下。

第 1 步：打开Premiere，新建项目，导入需要添加字幕的视频素材。

第 2 步：将视频素材拖动到项目面板右下角的“新建项”按钮上，新建项目序列，如图 8-42 所示。

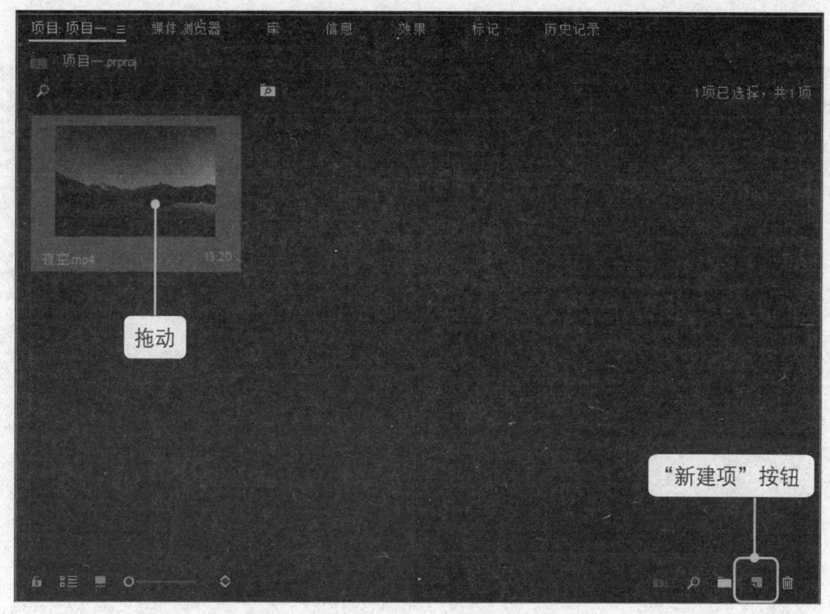

图 8-42　新建序列

第 3 步：❶选择“文字工具”，❷单击视频素材中需要添加字幕的位置，便会出现文本框，如图 8-43 所示。

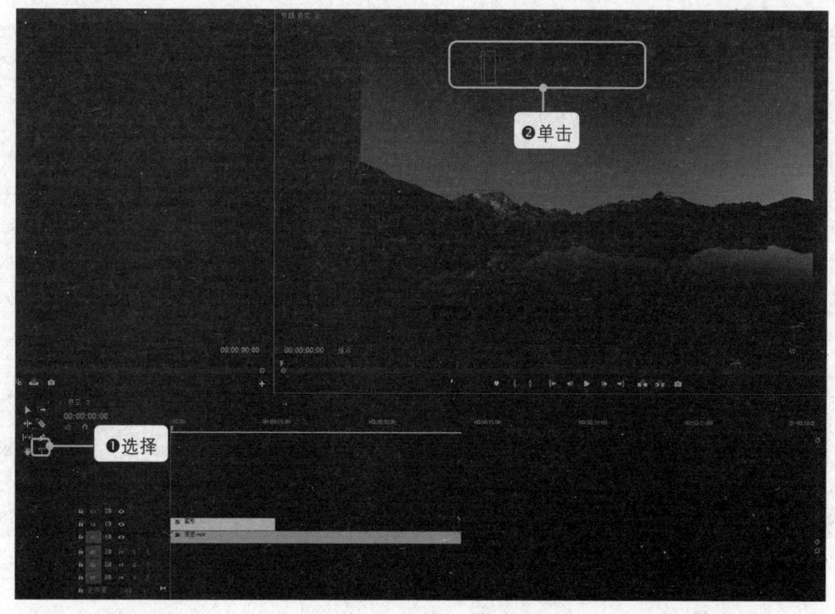

图 8-43　选择“文字工具”

第 4 步：在文本框中输入文字，效果如图 8-44 所示。

图 8-44　输入文字

第 5 步：❶单击主界面左上方的面板中的“效果控件”选项卡，然后❷在下方对文字的字体、格式、颜色等进行设置，如图 8-45 所示。

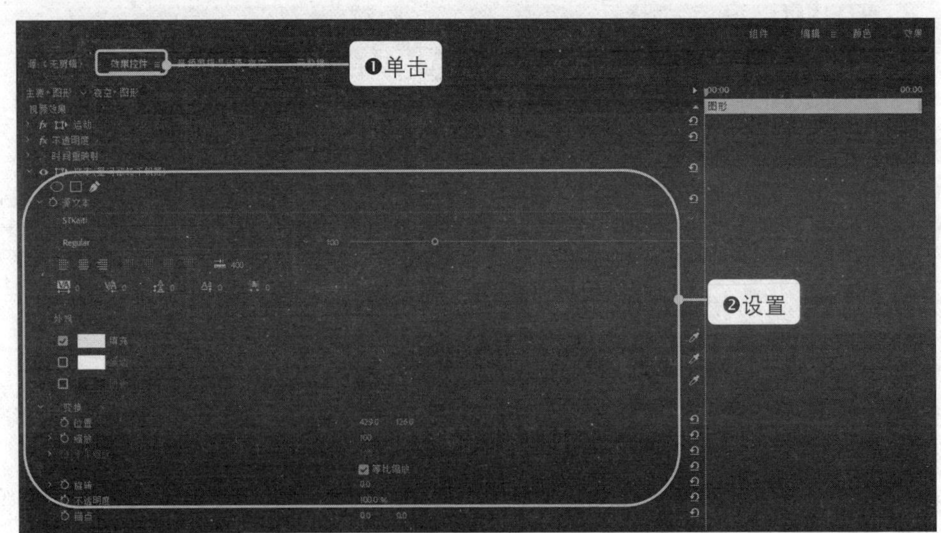

图 8-45　设置文字的样式

第 6 步：❶选取“选择工具”，❷在时间轨道上拖动字幕的时间线，将其调整到字幕结束的位置，如图 8-46 所示。

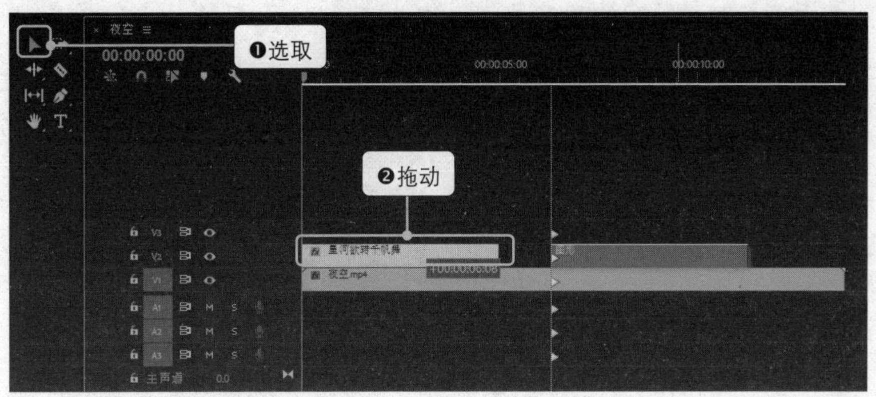

图 8-46　调整字幕时间线

第 7 步：字幕添加完成后，播放视频进行预览，效果如图 8-47 所示。

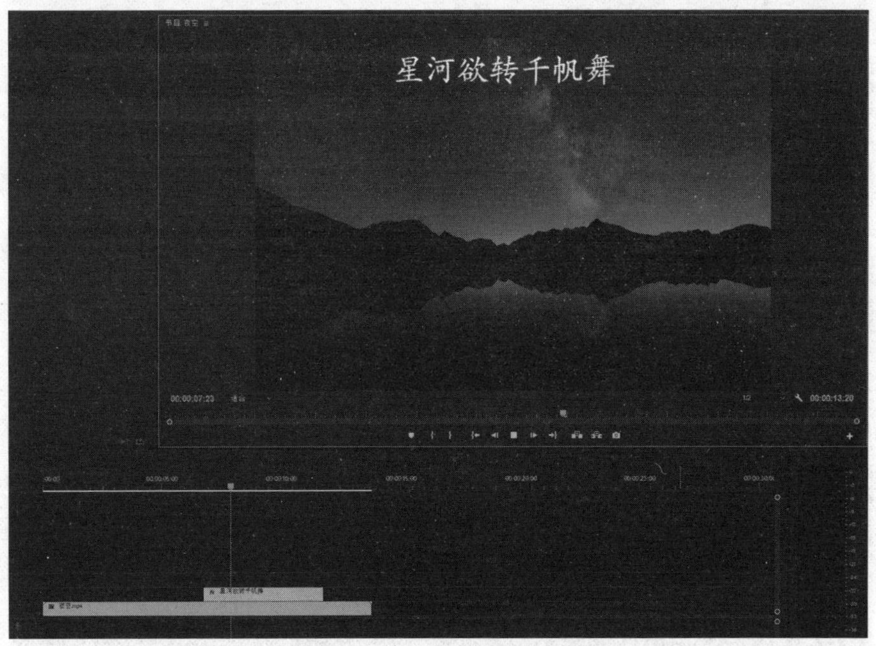

图 8-47　字幕添加成功

8.1.6　使用“超级键”抠图更换视频背景

Premiere具有强大的抠图功能，利用Premiere的抠图功能可以轻松更换视频的背景，让视频变得更加漂亮，更加吸引人。利用绿屏抠图，可以将短视频中的播主放置在任何环境中。图 8-48 所示为使用Premiere以抠图的方式更换背景前后的效果对比。

图 8-48　绿屏抠图前后的效果对比

使用Premiere的“超级键”进行抠图的具体步骤如下。

第 1 步：打开Premiere，新建项目，导入需要抠图的视频素材及背景图片素材。

第 2 步：将视频素材拖动到项目面板右下角的“新建项”按钮上，新建项目序列，如图 8-49 所示。

图 8-49　新建序列

第 3 步：❶在项目面板中单击“效果”选项卡，❷在搜索框中输入“超级键”并搜索，如图 8-50 所示。

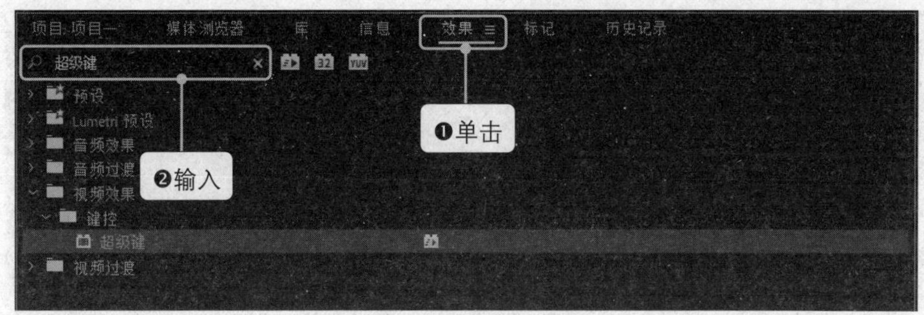

图 8-50　搜索“超级键”

第 4 步：将“键控”项下的“超级键”项拖动到视频序列中，如图 8-51 所示。

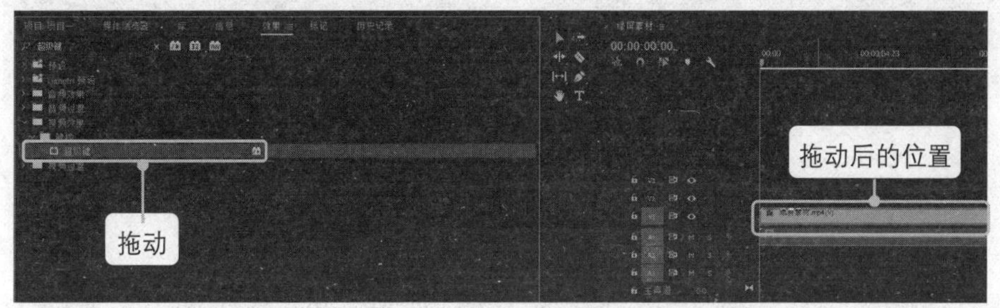

图 8-51　添加“超级键”

第 5 步：可以看到，左上方的源面板的“效果控件”选项卡中添加了“超级键”效果控件。单击“主要颜色”选项后面的吸管图标，如图 8-52 所示。

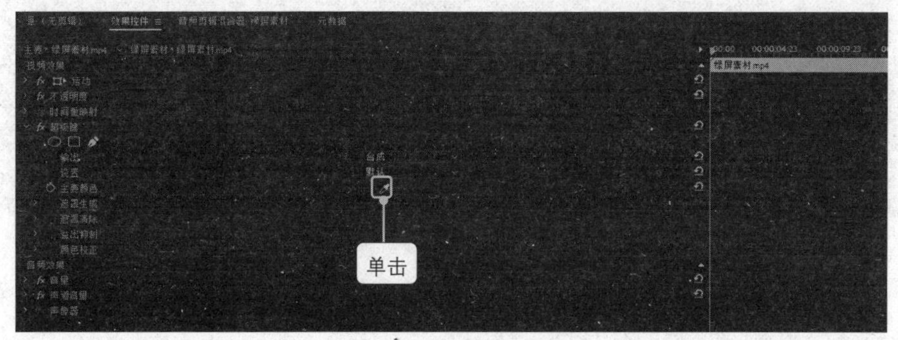

图 8-52　吸管工具

第 6 步：选择吸管工具后，将鼠标指针移动到右侧的节目面板中，吸取视频素材中的绿色。吸取后的效果如图 8-53 所示。

图 8-53　吸取绿幕背景颜色后的效果

第 7 步：将视频素材从轨道 1 拖动至轨道 2，拖动后的效果如图 8-54 所示。

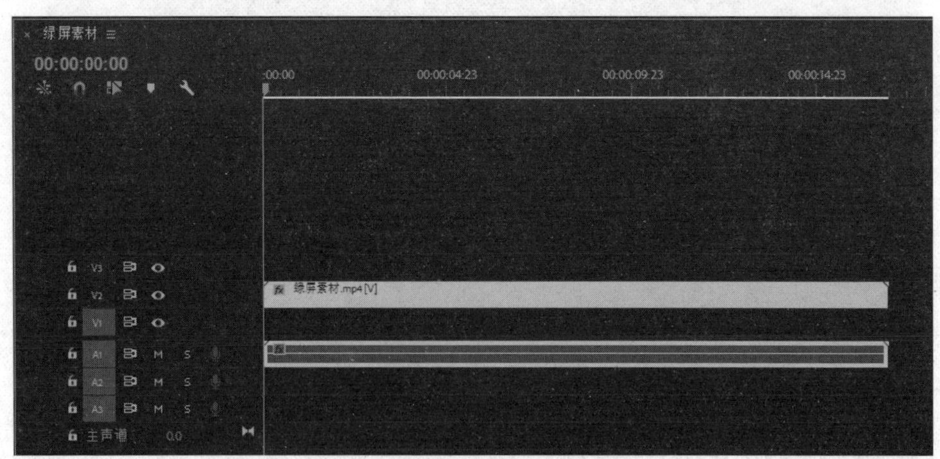

图 8-54　切换视频素材轨道

第 8 步：将背景图片素材拖至轨道 1，并在时间轨道中将图片素材的时间拉至与视频素材相同的长度，如图 8-55 所示。

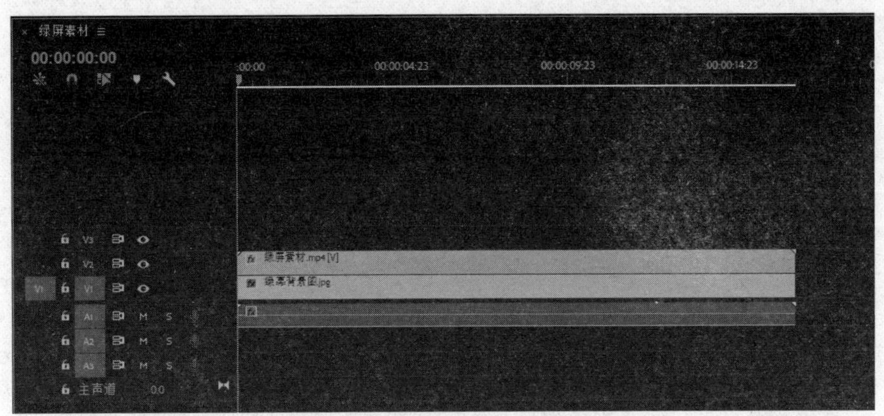

图 8－55　将背景图片加入轨道 1

第 9 步：背景更换完毕，播放视频进行预览，效果如图 8－56 所示。

图 8－56　抠图完成

8.1.7　制作视频变速特效

我们在影视作品中经常看到视频的快播或慢播效果，使用Premiere软件可以轻松实现这一操作，具体步骤如下。

第 1 步：打开Premiere，新建项目，导入视频素材。

第 2 步：将视频素材拖动到项目面板右下角的“新建项”按钮上，新建项目序列，如图 8-57 所示。

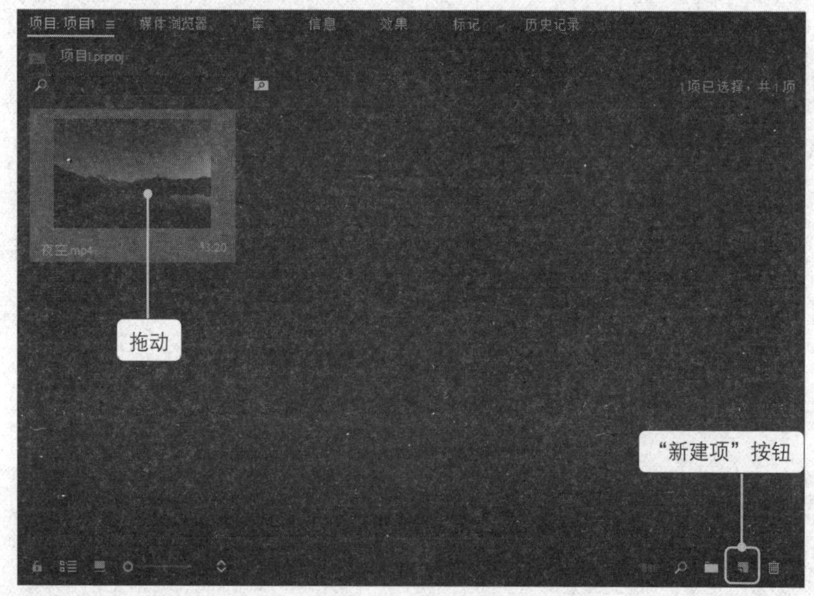

图 8-57　新建序列

第 3 步：在新建的视频序列中，❶右击时间轨道上的视频素材，❷在弹出的快捷菜单中选择“速度/持续时间”命令，如图 8-58 所示。

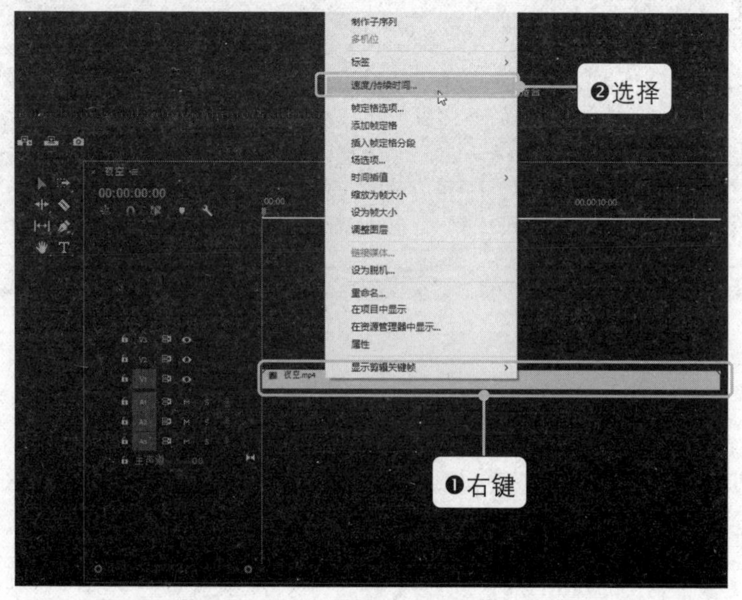

图 8-58　选择“速度/持续时间”命令

第 4 步：在弹出的对话框中设置“速度”的百分比数值，如图 8-59 所示。注意：如果将速度调至“200%”，相当于将视频速度加快至原来的 2 倍；如果调至 50%，则相当于将视频速度放慢到原来的一半，用户可以根据实际情况进行调整。

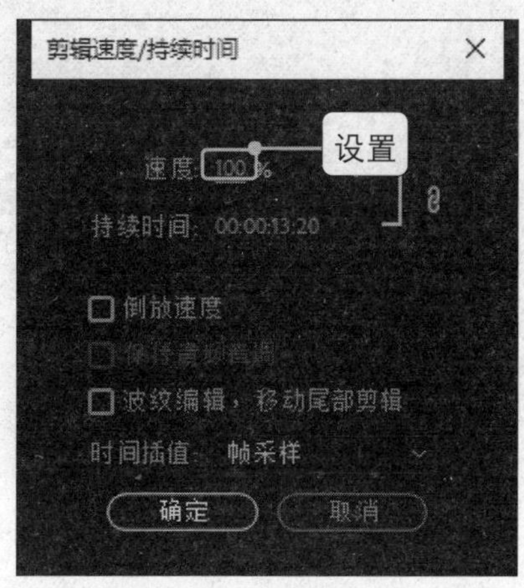

图 8-59　设置速度

第 5 步：调整完毕，播放视频进行预览。

8.1.8　为音频降噪，以提高音质

有时由于视频原声或是后期配音等音频文件的录制环境比较嘈杂，导致音频中的噪声较大，不适合直接作为短视频的配乐，这时就可以使用 Premiere 软件对声音进行降噪处理，具体步骤如下：

第 1 步：打开 Premiere，新建项目，导入需要对音频进行降噪的视频素材。

第 2 步：将视频素材拖动到项目面板右下角的“新建项”按钮上，新建项目序列，如图 8-60 所示。

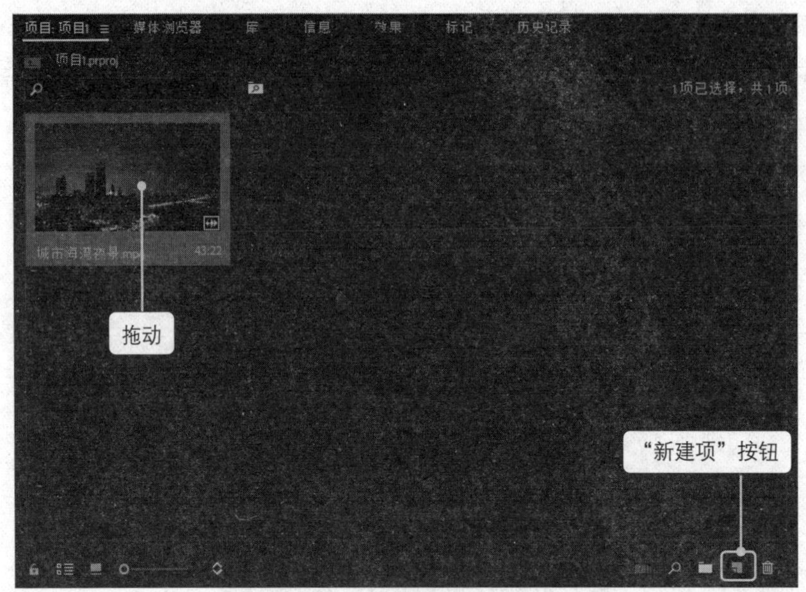

图 8-60　新建序列

第 3 步：在项目面板中❶单击“效果”选项卡，❷在搜索框中输入“自适应降噪”并搜索，如图 8-61 所示。

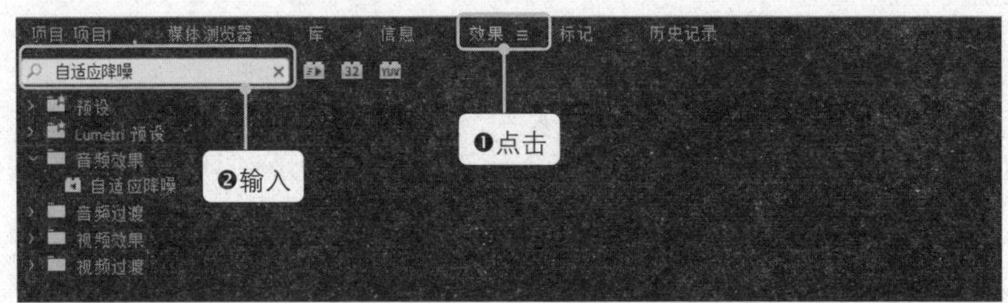

图 8-61　自适应降噪

第 4 步：将“自适应降噪”项拖动到音频序列中，如图 8-62 所示。

图 8-62　将“自适应降噪”拖入音频序列

第 5 步：在左上方的源面板中❶单击“效果控件”选项卡，❷单击在“自定义设置”项后的“编辑”按钮，如图 8-63 所示。

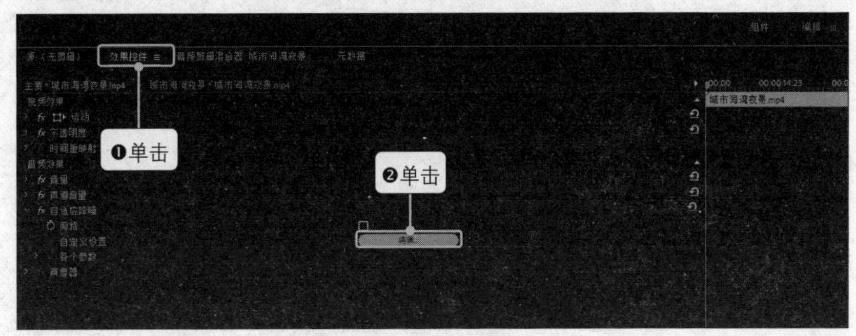

图 8-63　设置降噪效果

第 6 步：在弹出的对话框中❶单击“预设”下拉按钮，❷在下拉列表中选择“强降噪”选项，并设置相关参数。设置完后❸单击“×”按钮关闭对话框，完成降噪处理，如图 8-64 所示。

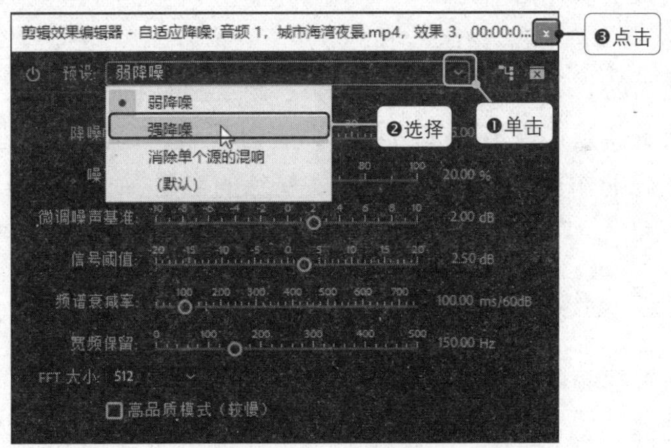

图 8-64　设置强降噪

8.2　案例：制作高点赞数的短视频

本例为一个短视频作品，视频的主要内容为一位男演员对某电影角色的精彩演绎，片段截图如图 8-65 所示。

该短视频发布的时间不长，却获赞将近 100 万。在未来一段时间内，热度仍会持续上涨，属于十分优秀的短视频作品。本节将为大家解读为什么该短视频会成为爆款短视频作品。

或许缺乏短视频制作经验的小白会认为，这条视频获赞颇高的原因主要在于该演员的知名度及演技的精湛，与后期制作的水平无关。的确，这条视频的后期制作在整个视频成品中的占比并不多，视频中也没有用到高深、炫酷的特效。但新手小白需要明白一个道理：剪辑并不是“炫技”，而是为视频内容服务，起到锦上添花的作用。如果视频内容本身就十分优秀，那么适当的、不喧宾夺主的剪辑才是最合适的。

（1）

（2）

图 8-65　高点赞数短视频

这条获赞将近 100 万的短视频中，有三处编辑起到了强化视频内容、突出视频主题的作用，分别是精准而又精练的字幕、放大的视频细节及无声胜有声的配乐。下面将对这三处细节的编辑方法进行逐一分析。

8.2.1　精准、精练的字幕

由于该短视频的内容重点在于画面（画面中男演员对重点情节的演绎已经十分有张力），因此在制作时可以用少而精准的字幕对视频内容进行补充说明。

该视频总共只出现了 5 次字幕，可以说次数非常少。第一次出现在图 8-65（1）所示的画面处，这处字幕在视频开头就抢先强调了一点：观众接下来看到的，也就是该演员所有的情绪、动作，均为演员自己设计，因为剧本中对人物的描写只有“手足无措”四个字。图中的三行字十分巧妙地为观众做了一个对比，即“寥寥数字的剧本描写”与“演员具体生动的演绎”之间的对比，暗暗衬托出了演员演技的高超，达到了先声夺人的目的。

第二处与第三处的字幕非常简单，字数不多，内容也仅是在描写演员的行为与动作，如图 8-66 所示。

在图 8-66 中，两处字幕一处描写了演员的动作，一处描写了演员的声音，简单的两个短句像两声短促的鼓点，敲在了观众的心上，暗示了演员丰富的表演层次。

视频中所有的字幕看似清淡如水、不着痕迹，却每一处都含义深远，令人回味。这是值得所有视频制作小白学习的。这里不仅仅是学习软件的实操技术，更多的是学习如何站在一个导演的角度对内容与形式进行更好的表达。

图 8-66　第二处（左图）、第三处（右图）的字幕

【提示】在实操方面，用 Premiere 为短视频添加字幕的具体操作前文中已经讲解过，此处不再赘述。

8.2.2　放大的视频细节

在该短视频的制作过程中，重点编辑的是放大的那一小段。该处的画面内容是男演员自扇耳光，如图 8-67 所示。

显而易见，制作时制作人员想放大的重点不仅是演员自扇耳光的动作，更是其真实的演绎与自我牺牲的精神。正是因为这个放大的画面，促成了短视频中的一个小高潮，将近 100 万的观众点赞的原因或许就在于此。

图 8-67　放大的自扇耳光画面

在实操中，制作人员也可以通过对视频的高潮部分进行放大，来达到强调、突出剧情的目的。在Premiere中对短视频中的某一段进行放大的具体步骤如下。

第1步：打开Premiere，新建项目，导入视频素材，并为该素材新建序列。

第2步：在工具栏中选择“剃刀工具”，如图8-68所示。

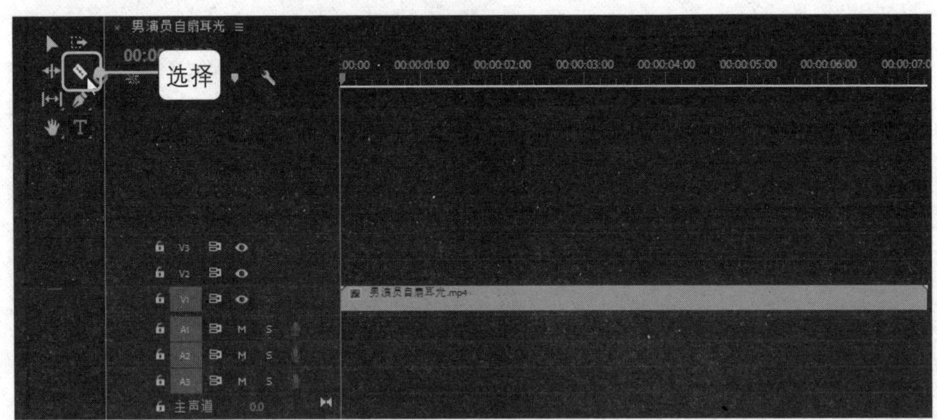

图8-68　选择“剃刀工具”

第3步：用剃刀工具在需要放大的视频片段的开头处单击进行标记，如图8-69所示。

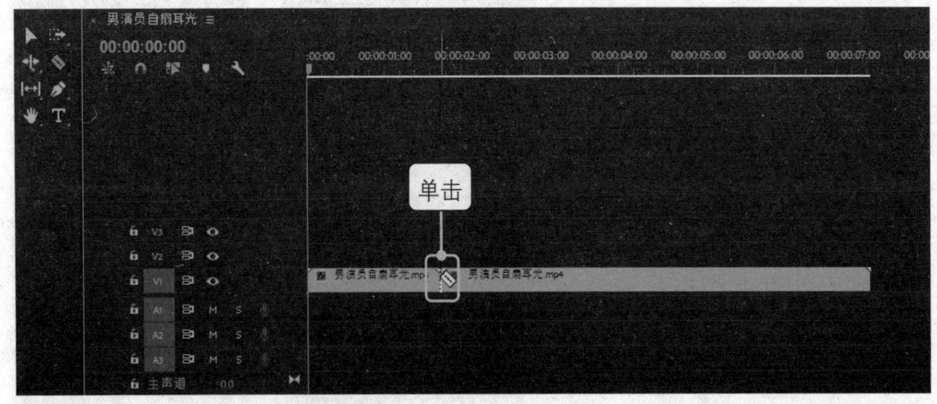

图8-69　标记视频片段的开头

第4步：用剃刀工具单击需要放大的视频片段的结尾进行标记。这时已经将需要放大的视频片段标记成独立的片段，如图8-70所示。

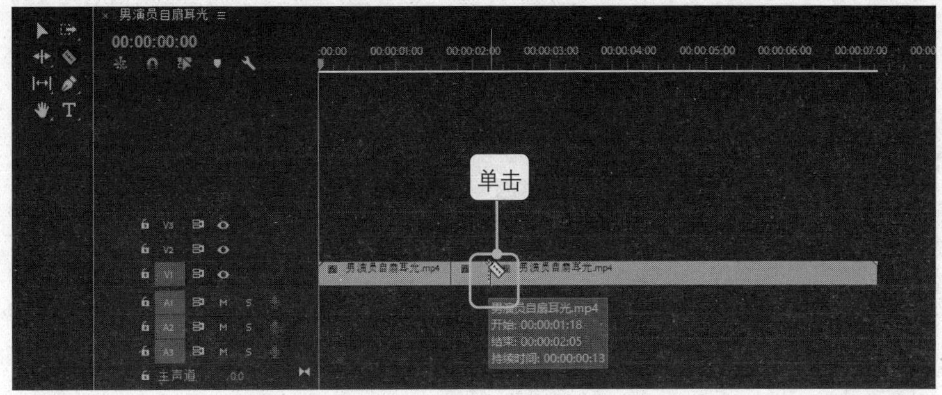

图 8-70　标记视频片段的结尾

第 5 步：选择“选择工具”，如图 8-71 所示。

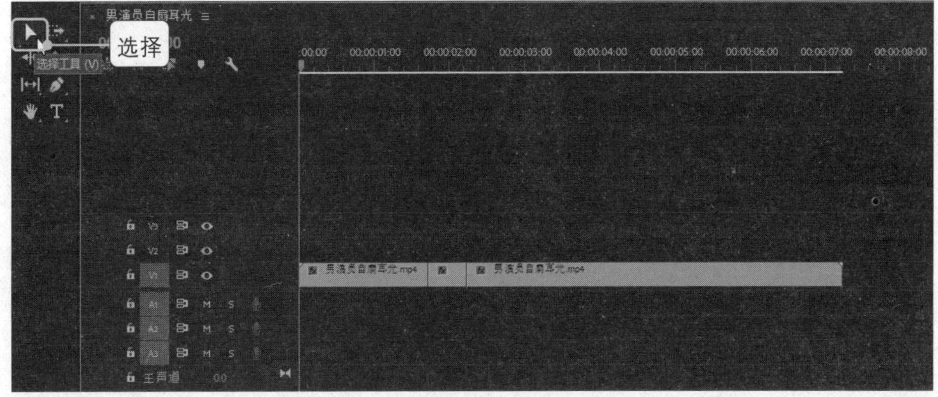

图 8-71　选择“选择工具”

第 6 步：选中需要放大的视频片段，如图 8-72 所示。

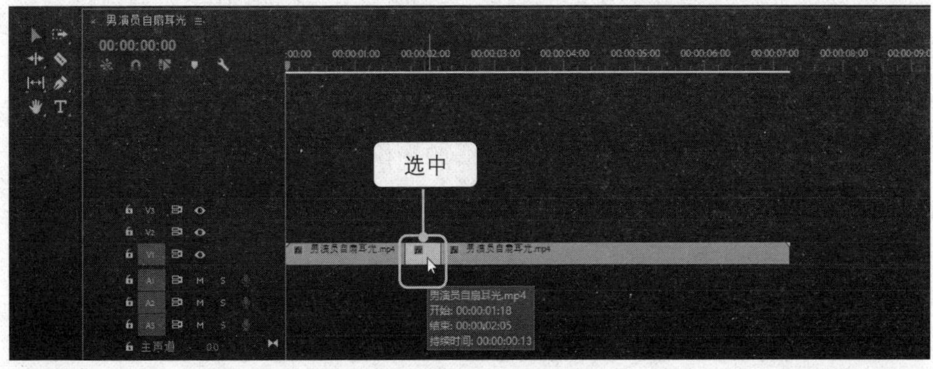

图 8-72　选中视频片段

第 7 步：在源面板中❶单击“效果控件”选项卡，❷将“缩放”选项后的数值设置为“150”，如图 8-73 所示。

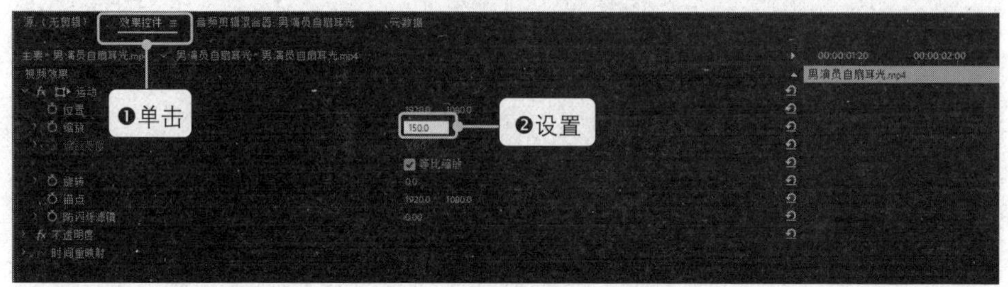

图 8-73　设置“缩放”参数

第 8 步：播放视频进行效果预览。如果觉得画面不适合，那么可以再次对“缩放”数值进行调整，直至满意为止。

8.2.3　无声胜有声的配乐

通常情况下，制作人员需要为短视频配上一段风格相宜的音乐，以强化短视频的情绪，增强短视频的趣味性，让短视频更生动。而在本案例的这段视频中，制作人员却给配乐做了“减法”——除了开头有一小段缓慢、低沉的音乐进行引入外，从某一时间点开始，短视频中只剩下视频的原声。

这个“减法”的高明之处在于，配乐停止的时间点，恰好是显示字幕“喘息声粗重”的时候，从此时开始，观众只能听到演员因为情绪高度紧张而产生的喘息声，以及接下来演员自扇耳光的“啪啪”声。这样的听觉体验让观众好似身临其境，真实感十足，堪称“无声胜有声”。

由此可见，在学习短视频的制作方法时，不仅需要熟练掌握剪辑、配音等技术，还需要有好的策划思想。只有两者紧密结合，才能创作出既有内涵又有视觉震撼力的短视频，从而赢得“粉丝”的点赞。因此，短视频创作者需要多看、多想、多实践，才能制作出更高质量的短视频作品。

8.3　秘技一点通

1. 如何提升Premiere的运行速度?

许多人都会遇到Premiere运行卡顿的情况，这让他们非常疑惑：明明

自己的电脑配置不差，空间也是足够的，为什么Premiere会这么卡呢？

解决这一问题的方法是，打开Premiere后，在弹出的“新建项目”对话框的“常规”选项卡中，展开“渲染程序”的下拉列表，如图 8-74 所示。

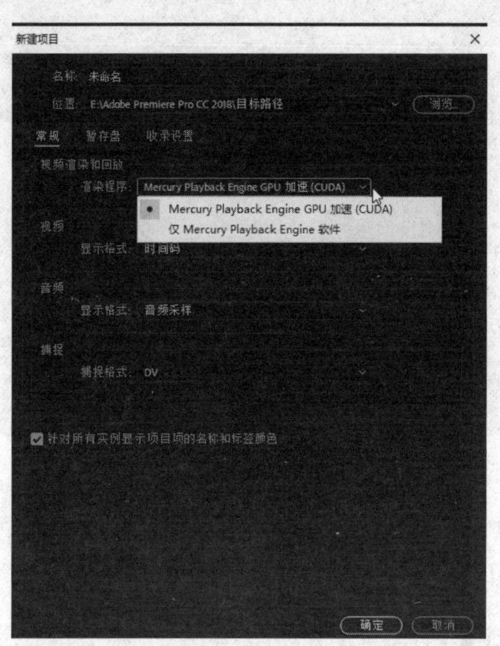

图 8-74　“新建项目”对话框

“渲染程序”的下拉列表中有两个选项：第一个选项的意思是调用显卡进行加速，第二个选项的意思是不调用显卡进行加速。很多初级视频编辑人员在新建项目时，并不会对“渲染程序”项进行设置，系统就默认选择了第二个选项，因此便造成了在使用Premiere编辑视频时的卡顿。

2. 使用“素材箱”有效管理各类素材，提高工作效率

在Premiere中，项目面板往往用来存放不同的素材。当同时需要导入多个视频素材、音频素材及图片素材时，项目面板会乱成一团，影响工作效率。这时可以通过在项目面板中建立“素材箱”，对各类素材进行有效的管理。

建立素材箱的步骤如下。

第 1 步：在Premiere的项目面板中的空白处❶单击鼠标右键，然后❷选择快捷菜单中的“新建素材箱”命令，如图 8-75 所示。

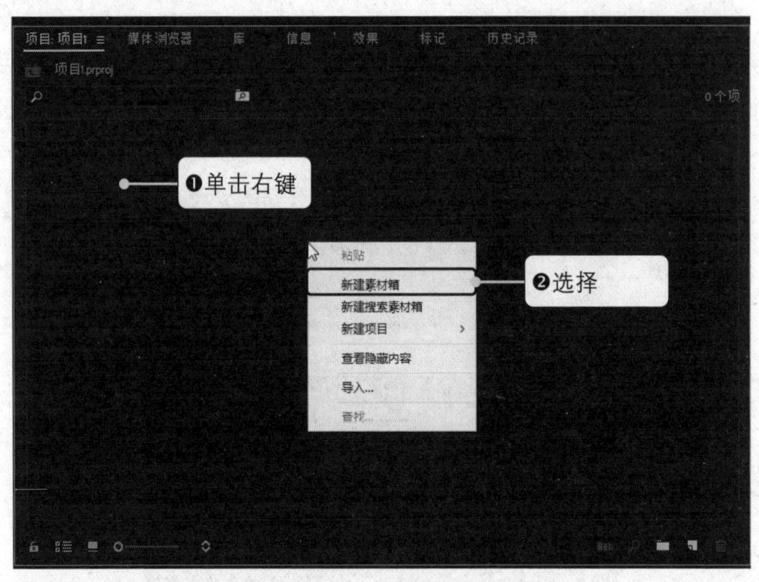

图 8-75　新建素材箱

第 2 步：项目面板中新建了一个素材箱，用户可以按照自己的习惯为素材箱命名，如图 8-76 所示。

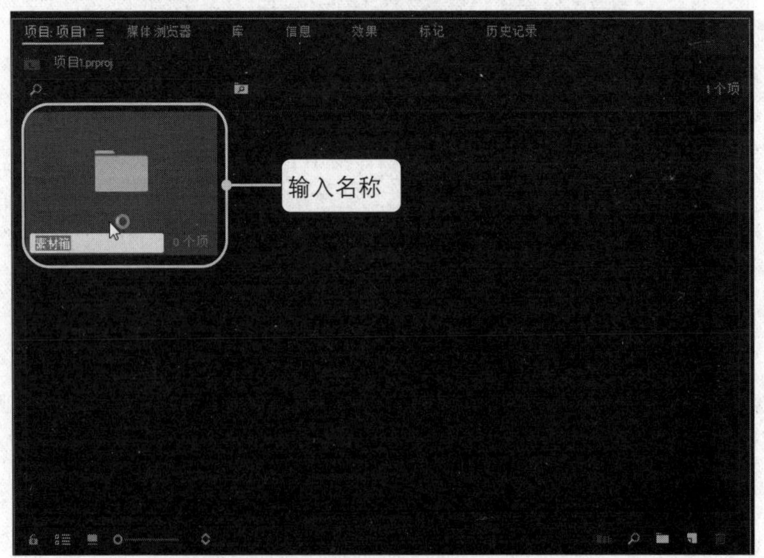

图 8-76　为素材箱命名

一般情况下，可以新建 3~4 个素材箱，分别存放视频素材、音频素材、图片素材及需要用在视频中的电影片段等，如图 8-77 所示。

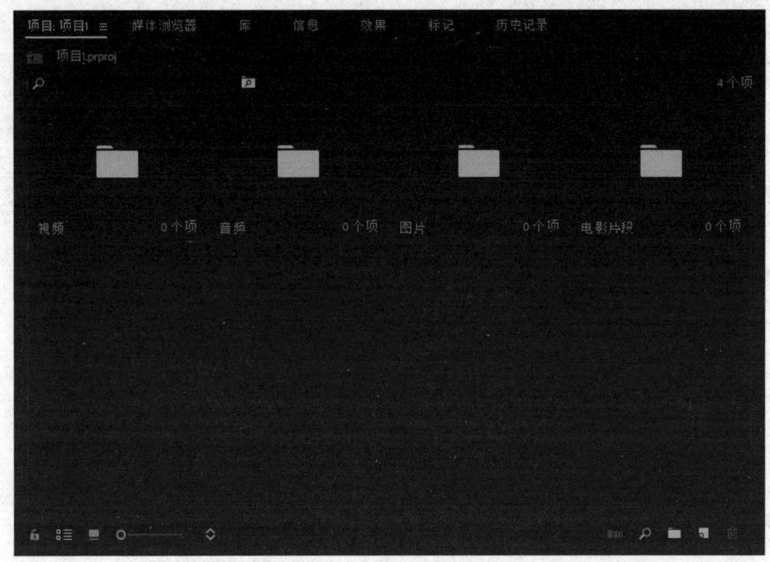

图 8-77　常见的素材箱分类

3. 怎样将视频声音变速，又不改变音质和音调？

有时我们需要将视频的声音进行变速（加倍），但难免会改变其音质音调，怎样才能避免这个问题呢？我们可以通过下面的方法来解决。

第 1 步：打开 Premiere，单击“新建项目”按钮，如图 8-78 所示。

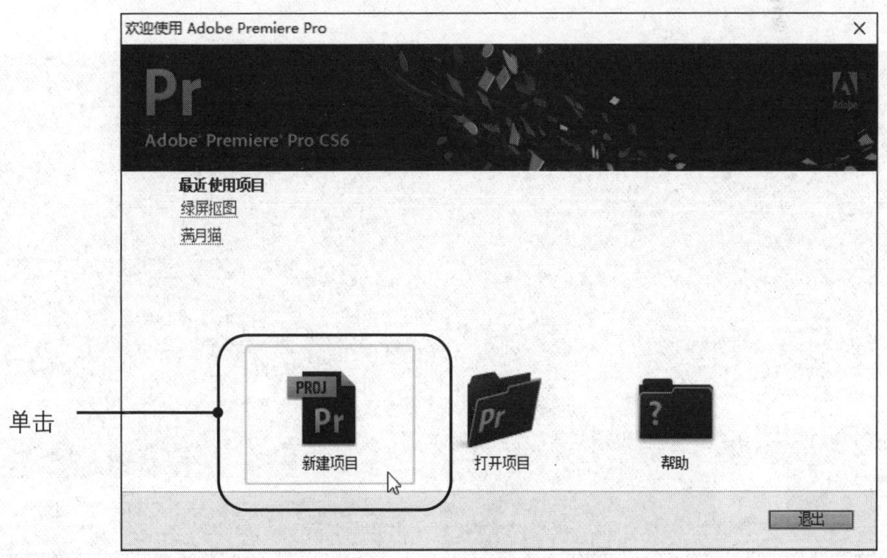

图 8-78　单击“新建项目”按钮

第 2 步：按“Ctrl+I”快捷键，在弹出的对话框中❶选择需要处理的音频文件，然后❷单击“打开”按钮，如图 8-79 所示。

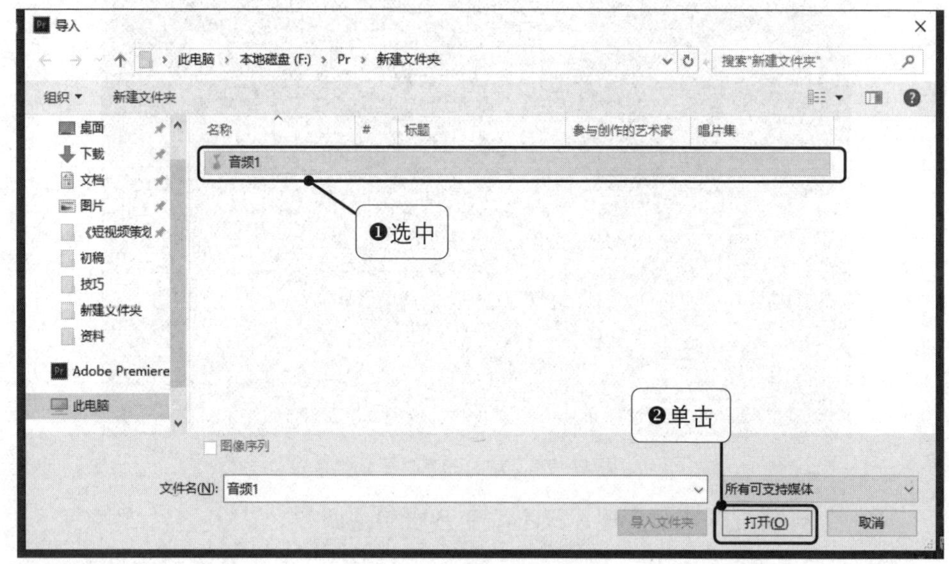

图 8-79　导入音频文件

第3步：将音频文件从左侧的项目面板中拖入右侧的序列中，如图8-80所示。

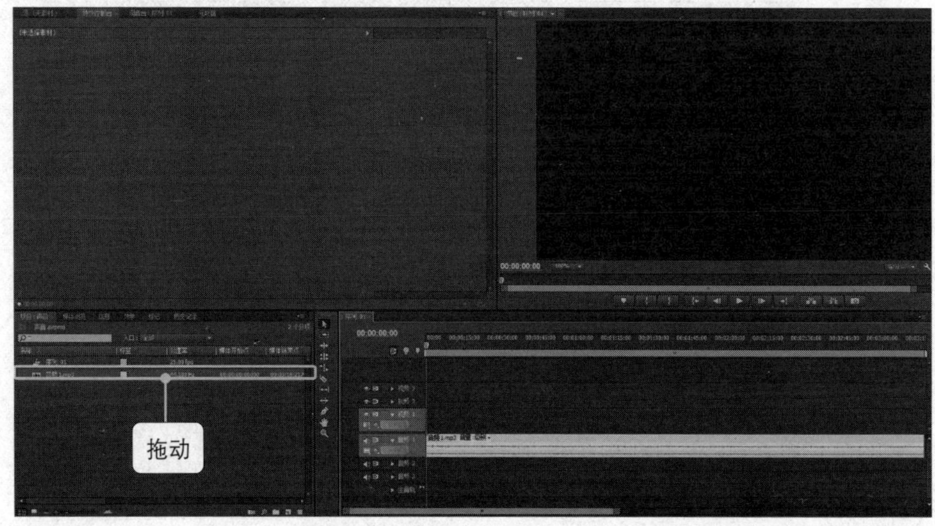

图 8-80　将音频拖入时间序列中

第 4 步：❶选中音频文件，右击，在弹出的快捷菜单中❷选择“速度/持续时间”命令，如图 8-81 所示。

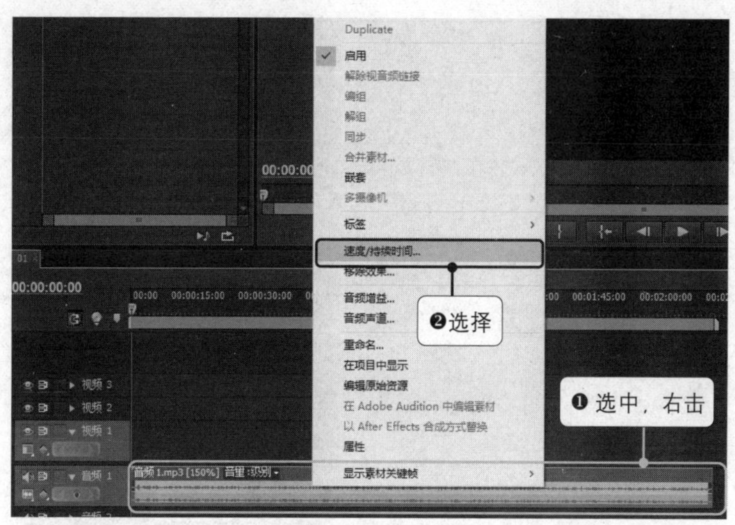

图 8-81　选择“速度/持续时间”命令

第 5 步：❶在弹出的“素材速度/持续时间”对话框中设置“速度”参数，这里输入“120”，即将音频速度调整为原本的 1.2 倍。然后❷勾选“保持音调不变”复选框，❸设置完后单击“确定”按钮，如图 8-82 所示。

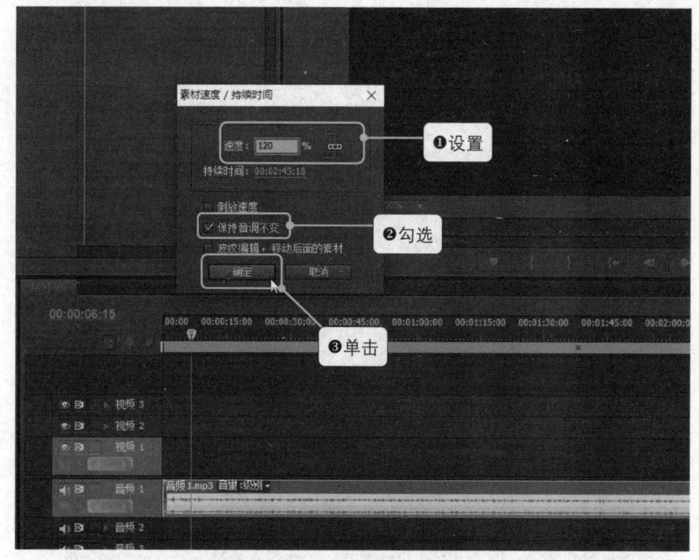

图 8-82　设置音频速度

第 6 步：❶单击菜单栏中的“文件”菜单项，在子菜单中❷选择“导出”→“媒体”命令，如图 8-83 所示。

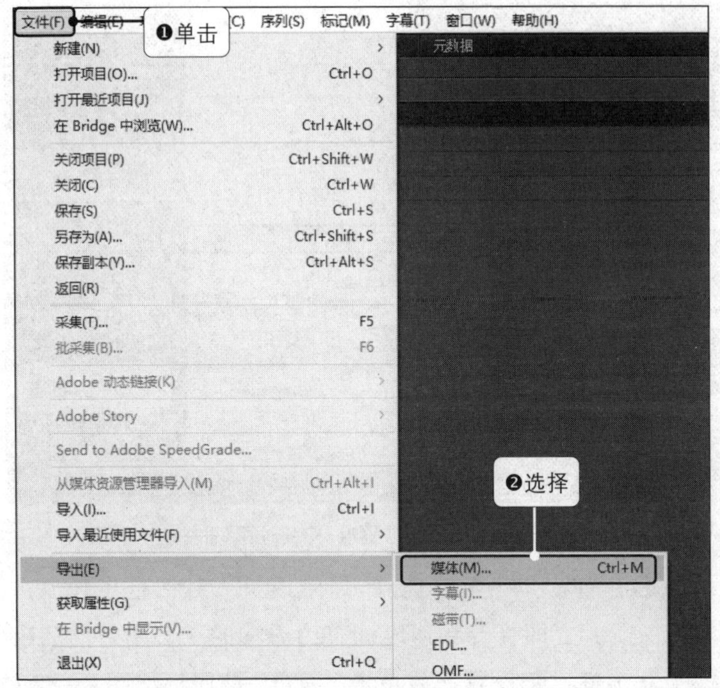

图 8-83　选择命令

第 7 步：在弹出的“导出设置”对话框中的“格式”下拉列表中❶选择“MP3”，然后❷单击“导出”按钮即可，如图 8-84 所示。至此，操作完成。

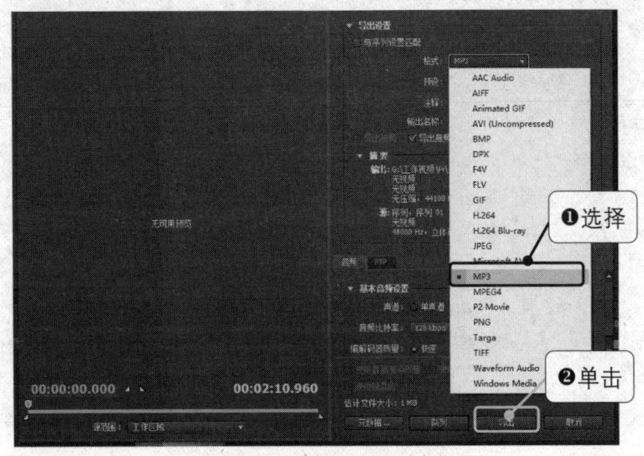

图 8-84　导出音频

09
Chapter

使用抖音拍摄、编辑与发布短视频

本章要点

★ 了解抖音 App 的功能页面
★ 掌握抖音常用的拍摄技巧
★ 掌握抖音常用的编辑技巧
★ 掌握设置封面的方法

虽然专业的单反相机可以拍摄出精美的照片和视频，但其价格昂贵，操作复杂，不易携带，并非最佳选择。如今的智能手机拍摄功能越来越强大，不仅可以拍出优质的高精度照片和高清视频，而且操作简单，便于携带。同时，市面上有很多功能强大的拍摄和编辑视频的手机App（如美拍、小影、秒拍视频、抖音、剪映等），非常方便视频后期的编辑处理。本章将以抖音App为例讲解如何使用手机拍摄和编辑制作高质量的短视频作品。

9.1 了解抖音App的功能界面

抖音App的页面设计十分简洁，但各种功能又十分完善。要入驻抖音的新手，在进行短视频制作前，应当先了解抖音App的功能界面。

以抖音14.0.0版本为例，进入抖音App，便进入了其“首页推荐”页面，如图9-1所示。

图9-1 抖音“首页推荐”页面

“推荐页面”上各功能按钮的介绍如下。

【直播】：抖音的直播入口。点击该按钮便可以进入其账号的直播页面，通过当前直播页面可以进入其他账号的直播页面。

【地区推荐】：展示用户所在位置附近的短视频。进入后页面会以封面的形式展示当前用户位置附近的短视频。通过该页面既可以切换到其他地区，也可以查看“同城红人榜”。

【关注】：除了展示用户关注的所有播主近期发布的短视频，还是这些播主中正在直播的直播间入口。

【搜索】：通过输入关键词查找短视频，以及查看抖音的各项榜单。搜索页面包含搜索框、历史搜索记录、“猜你想搜”、“抖音热榜”等。

【短视频内容播放区】：展示短视频内容的区域。用户可以通过单击该区域暂停或播放短视频。双击该区域，则自动为当前视频点赞。长按该区域，可进入分享页面。在该页面可以对视频进行收藏、设为不感兴趣、将视频保存在本地等操作，还可以将该视频分享给自己的好友。

【账号头像】：显示发布当前视频的账号的头像。用户点击账号头像便可进入该账号的个人首页。另外，如果推荐页面展示的短视频来自用户未曾关注的播主，那么该账号头像下会显示一个红色的“+”，点击该“+”便可直接关注当前账号。

【点赞】：单击心形按钮可为视频点赞，该按钮下面显示的数字为视频当下所获的点赞数。

【评论】：点击该按钮可查看或评论该短视频。该按钮下面显示的数字为当前短视频当下所获的评论总数。

【转发】：点击转发按钮，可以将当前视频以私信形式转发给抖音App内的好友，或以动态形式分享到App内、微信朋友圈、QQ空间等。转发按钮的功能还包括举报、保存、收藏、合拍、抢镜、动态壁纸、不感兴趣等。转发按钮下面显示的数字为当前视频当下被转发的总次数。

【账号昵称】：显示当前账号的昵称。用户点击当前账号的昵称可进入该账号的个人首页。

【视频文案】：显示当前视频的文案。文案中可能涵盖插入的话题，话题以“#”为标志。同时，文案中还会显示@的好友，即其他账号。若用户点击相应的话题，就会进入话题专属页面，该页面展示所有带有该话题的短视频；若用户点击其他账号的昵称，就会进入该账号的个人首页。

【配乐名称】：显示配乐的名称与制作者。点击配乐名称会进入该配乐的专属页面，该页面会展示所有使用该配乐的短视频。用户还可以在该页面点击“拍同款”按钮，进行视频制作。

【配乐】：显示配乐的封面。点击该按钮可进入该配乐的专属页面。

【朋友】：显示用户的好友在近期拍摄的短视频，“朋友”页面的布局与抖音首页的“推荐”页面大致相同。

【短视频制作】：短视频拍摄及制作的入口。点击该按钮，用户便可现场拍摄一段短视频并对其进行编辑，或是直接编辑本地素材。拍摄及制作过程中，用户可利用抖音App内提供的各种特效及贴纸。用户也可以通过该入口进行直播。

【消息】：展示用户收到的各种消息，包括关注提醒、互动消息、服务订单、系统通知、抖音小助手的消息及用户与好友的私信，等等。用户还可以在消息功能中选择好友创建群聊。

【“我”】：用户的个人主页。个人主页展示用户自身的资料信息与获赞、关注、“粉丝”数量，包括用户所有发布的作品、喜欢的作品等等。

除了首页推荐外，短视频制作者需要重点关注的就是抖音App内的短视频制作页面了。该页面的功能介绍如图 9-2 所示。

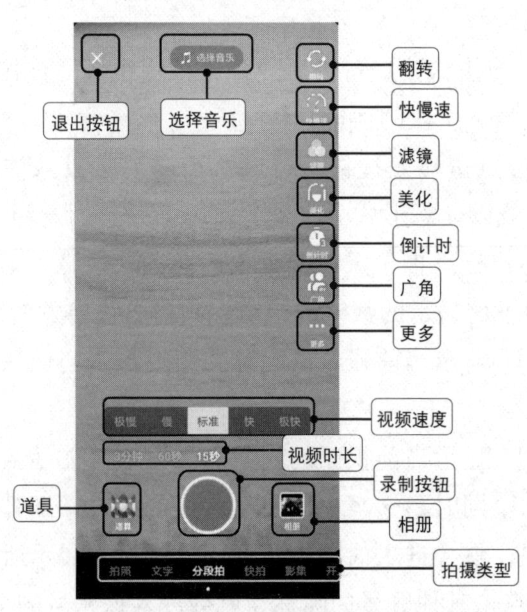

图 9-2　抖音短视频制作页面

【退出按钮】：点击该按钮即可退出短视频制作页面。

【选择音乐】：点击该按钮跳转至短视频配乐专属页面，用户可在该页面搜索配乐。既可以听推荐的配乐，也可以在歌单分类中寻找合适的配乐，还可以直接进入“我的收藏”查看过去收藏的配乐。

【翻转】：点击翻转按钮即可切换后置/前置摄像头。

【快慢速】：“视频速度”功能的开关键。一般情况下，该按钮的状态为“ON”，即视频速度功能出现在页面中，此时点击该按钮，则可以关闭视频速度，按钮状态切换为“OFF”，视频速度功能消失。

【滤镜】：点击该按钮，可为即将拍摄的短视频选择合适的滤镜。

【美化】：点击该按钮，用户可调整即将拍摄的视频中的人物的美颜程度，包括腮红、立体、白牙、黑眼圈等。

【倒计时】：点击该按钮后，用户可设置在 3 秒或 10 秒倒计时后开始视频录制。

【广角】：广角拍摄功能的开关键。一般情况下，广角功能默认关闭，点击该按钮，广角功能马上开启。

【更多】：点击该按钮即可进入对闪光灯与防抖功能进行调节的页面。

【视频速度】极慢 慢 标准 快 极快：“快慢速”按钮控制的选项，用于设置录制的视频对应的播放速度，共有 5 种不同的速度可供选择。

【视频时长】3分钟 60秒 15秒：用于设置视频的总时长。用户可选择录制 15 秒、60 秒或 3 分钟的短视频。

【道具】：用户可为即将拍摄的短视频添加有趣的道具。

【录制按钮】：点击该按钮或是长按该按钮，开始录制视频，再次点击按钮，则暂停录制。在长按按钮的情况下，松开按钮也可暂停视频录制。

【相册】：单击该按钮进入本地照片、视频素材页面，用户可在该页面中选择本地的照片或视频进行导入。

【拍摄类型】：包括拍照、文字、分段拍、快拍、影集，以及开直播。其中，“文字”并不需要进行拍摄，可直接点击屏幕进行输入，而选择“开直播”则可以进行视频直播。一般情况下，短视频制作页面默认的拍摄类型为“分段拍”。

9.2 抖音中常用的拍摄技巧

既然抖音内置的拍摄功能如此丰富，那么缺乏专业拍摄设备的创作者们当然要将这些功能利用起来。下面介绍常用的抖音拍摄功能，创作者们使用一部小小的智能手机就能拍出大片来。

9.2.1 设置滤镜与道具并进行拍摄

利用抖音App自带的短视频制作功能，用户就可以自行设置滤镜与道具，为短视频增加更多趣味，营造不同的风格，具体操作步骤如下。

第1步：打开抖音App，在首页点击“+”（见图9-3），进入短视频制作页面。

第2步：在短视频制作页面点击“滤镜”按钮，如图9-4所示。

图9-3　抖音App首页图

9-4　短视频制作页面

第3步：滤镜页面中有多款滤镜供用户选择。此处以选择“郁金香”为例，如图9-5所示。点击空白处退出滤镜选择页面，此时可以看到“郁金香”滤镜已经被应用。

第4步：点击“道具”按钮（见图9-6），进入道具选择页面。

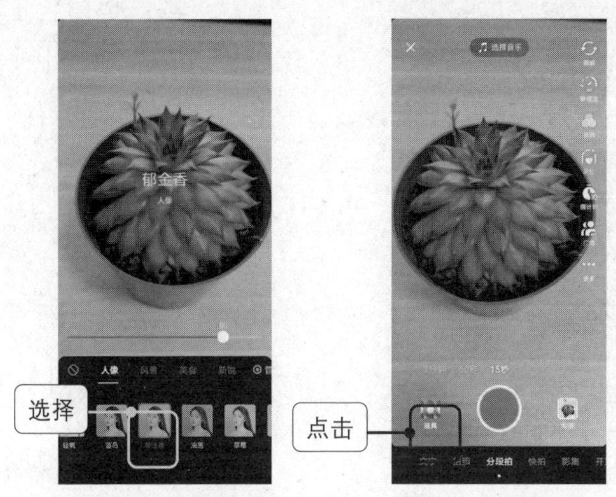

图 9-5　选择滤镜　　　　图 9-6　进入道具

第 5 步：页面中有多款道具可供选择，此处以选择“圣诞烟花边框”为例。❶点击“最新”分类，再❷选择“圣诞烟花边框”道具，如图 9-7 所示。

图 9-7　选择道具

第 6 步：道具已经覆盖，点击屏幕空白处退出页面即可，如图 9-8 所示。

第 7 步：滤镜与道具设置完后，便可以开始录制带有滤镜效果与道具的短视频了，长按录制按钮即可，开始拍摄视频，如图 9-9 所示。

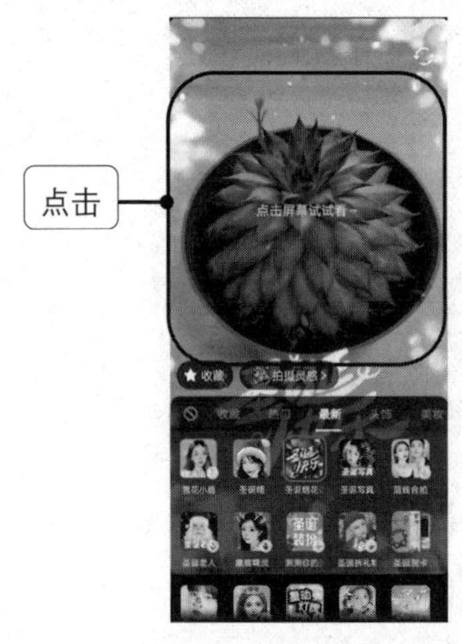

图 9-8　点击屏幕空白

图 9-9　录制按钮

第 8 步：录制完成后❶松开录制按钮，视频拍摄完成。❷点击“√”按钮可以看到视频录制过程中滤镜效果与道具同时覆盖，如图 9-10 所示。

虽然利用抖音内置的功能进行拍摄时已使用滤镜效果，但在视频拍摄完成后，或将短视频上传到本地后，用户还可以为短视频添加滤镜效果。但道具效果，却只能在拍摄视频前进行设置。

9.2.2　视频的分段拍摄与合成

在拍摄短视频时，需要对所有需要的素材进行单独拍摄，然后使用视频剪辑软件将每段独立的素材进行合成。而使用抖音内置的分段拍摄功能，系统即可将拍摄的不同镜头的视频自动合成为一段视频，省去了许多烦琐的步骤。具体操作步骤如下。

第 1 步：打开抖音 App，点击首页的“+”，进入短视频制作页面。

第 2 步：在页面中找到拍摄目标 1 的拍摄起始位置，❶长按录制按钮进行拍摄。拍摄完目标 1 后，❷松开录制按钮，可以看到第一段视频已经保存，接下来便可以继续拍摄第二段视频。此时如果对第一段视频的拍摄效果不满意，则可❸点击“×”按钮，删除第一段视频，重新进行拍摄，如图 9-11 所示。

图 9-10　视频录制完成

图 9-11　拍摄第一段视频

第 3 步：拍摄完目标 1 后，接着对目标 2 进行拍摄。确认目标 2 的拍摄起始位置后，❶长按录制按钮进行拍摄，拍摄完毕后❷松开录制按钮，❸点击“√”进行预览，如图 9-12 所示。

第 4 步：预览视频的拍摄效果，可以看到两段视频已经自动合成为一段视频。此时如果需要继续拍摄后续视频，则可点击“〈”按钮，回到拍摄页面继续进行拍摄，如图 9-13 所示。

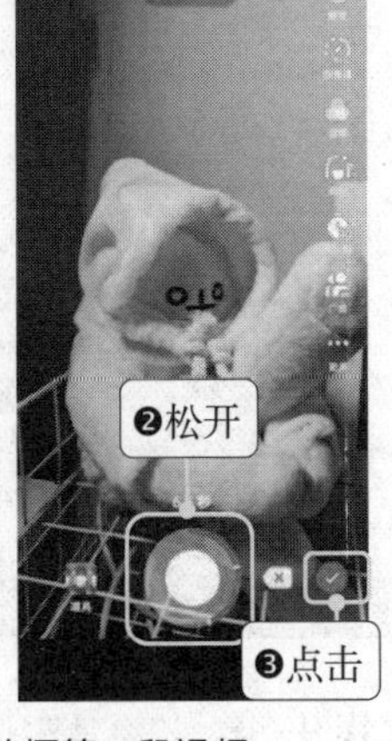

图 9-12　拍摄第二段视频

图 9-13　预览视频效果

名师点拨

抖音可以将用户上传的两段视频按照素材的选择顺序进行拼接，自动合成为一段视频。

9.2.3 调整播放速度让视频更加有趣

许多短视频剪辑软件，都具备调整视频播放速度的功能。而在抖音中，我们可以直接拍摄播放速度或快或慢的视频素材，省去了使用软件进行编辑的工作。在抖音中调整拍摄速度的具体操作步骤如下。

第 1 步：打开抖音 App，点击首页“+”，进入短视频制作页面。

第 2 步：在页面中设置视频速度。点击“极慢”按钮，然后拍摄一把剪刀开合一次的过程，如图 9-14 所示。

第 3 步：❶长按录制按钮，开始录制剪刀开合一次的过程，然后❷松开录制按钮，视频拍摄完毕。可以看到，实际仅花去不到 5 秒的剪刀开合一次的过程，在极慢速度下，视频时长为 9.4 秒。❸点击“√”按钮预览拍摄的效果，如图 9-15 所示。

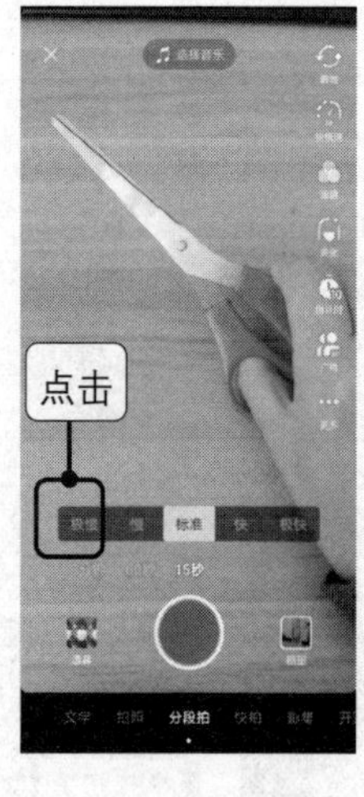

图 9-14　设置速度

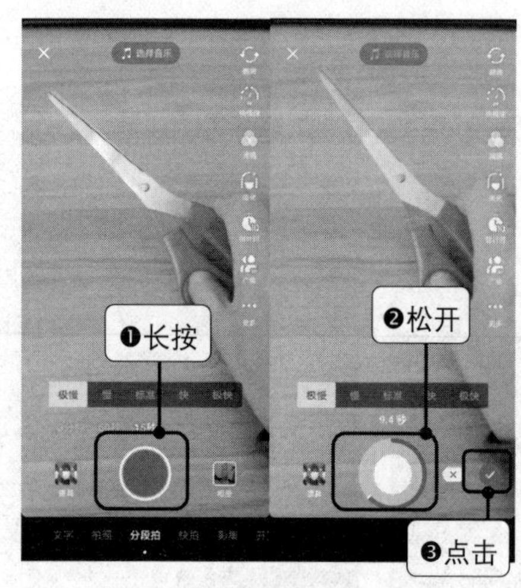

图 9-15　拍摄变速视频

第 4 步：可以看到，剪刀开合的过程被放慢了许多，如图 9-16 所示。

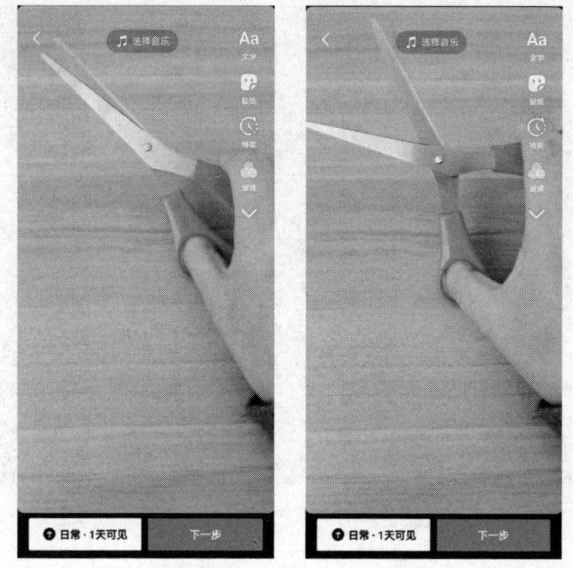

图 9-16　预览视频拍摄效果

9.2.4　制作合拍视频

与某播主或自己的好友进行合拍，是抖音颇具特色的一项功能。它不仅可以让用户拍摄的内容与大 V 的内容同框，在音乐类短视频中更是妙用多多，可以拍摄出各种类型的合唱视频。用户如何在抖音中与自己喜欢的短视频进行合拍呢？具体操作步骤如下。

第 1 步：打开抖音 App，找到自己喜欢的短视频，然后点击页面右侧的转发按钮，如图 9-17 所示。

第 2 步：在弹出的页面中点击“合拍”按钮，如图 9-18 所示。

第 3 步：页面自动跳转，进行与该视频进行合拍的页面，页面左侧为用户拍摄的部分，右侧为用户选择的短视频第一帧画面。此时，用户可自行录制，在录制时右侧的短视频会自动播放，如图 9-19 所示。

图 9-17　点击转发按钮

图 9-18　点击“合拍”按钮

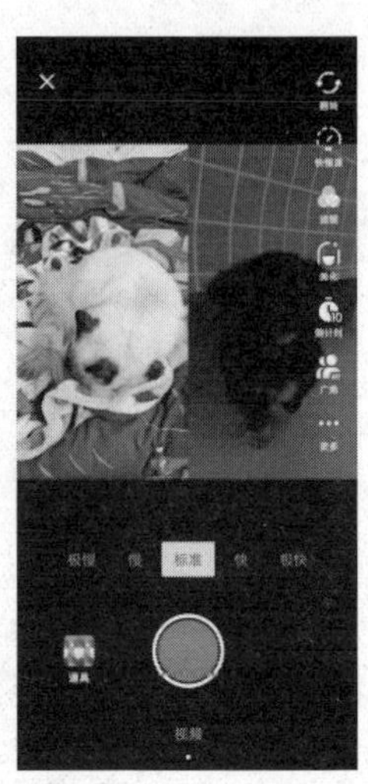

图 9-19　拍摄合拍视频

9.3　抖音中常用的编辑技巧

短视频拍摄完成后，下一步就是对短视频进行编辑，让它更具有表现力。在抖音 App 中也不例外，完成视频的拍摄后，可以直接利用抖音对短视频进行基本的编辑。不管是为短视频添加背景音乐，还是为其添加各项特效，都可以轻松实现。

9.3.1　为视频添加背景音乐

为短视频添加背景音乐是创作者必须掌握的一项技能，抖音内置的短视频制作板块当然也不会少了这项功能。为视频添加背景音乐的操作步骤如下。

第 1 步：打开抖音 App，点击“+”，进入短视频制作页面。

第 2 步：在短视频制作页面点击“选择音乐”按钮，如图 9-20 所示。

第 3 步：进入“选择音乐”页面后，可以看到许多供选择的配乐。❶点击“我的收藏”，❷点击“周杰伦 Mojito 前奏”的音乐封面的播放键进行试听，如图 9-21 所示。

图 9-20　点击“选择音乐”按钮

图 9-21　寻找并试听音乐

第 4 步：试听音乐后，如果确认使用该配乐，则点击“使用”按钮，如图 9-22 所示。

第 5 步：页面跳转后，可以看到“选择音乐”按钮已经变为滚动显示的配乐名称，表示已经成功将该音乐设置为视频配乐。长按录制按钮后，就会听到配乐同步响起，如图 9-23 所示。

图 9-22　使用合适的配乐

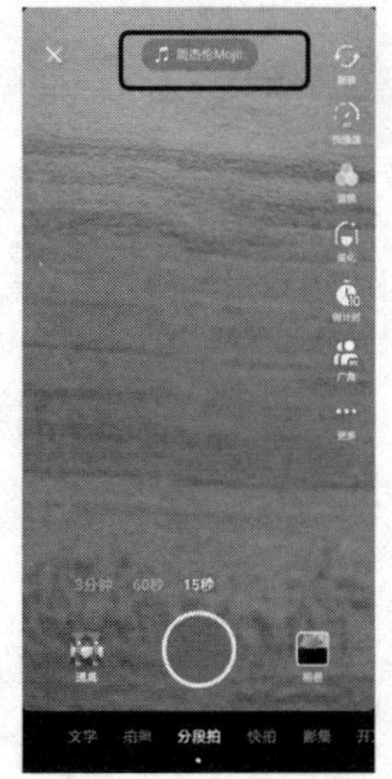

图 9-23　成功添加背景音乐

9.3.2　为拍摄好的视频添加贴纸与特效

特效与贴纸能够增强视频的生动性，增强视频的表达效果。利用抖音 App 的短视频制作功能也能为视频添加贴纸与特效，从而产出更加有趣的短视频，具体操作步骤如下。

第 1 步：打开抖音 App，点击“+”，进入短视频制作页面。

第 2 步：拍摄一段视频，或上传一段本地视频，然后点击右侧“贴纸”按钮，如图 9-24 所示。

第 3 步：进入贴纸页面，可看到多款贴纸供选择。向上滑动页面寻找自己喜欢的贴纸。此处以选择“躲猫猫”贴纸为例，如图 9-25 所示。

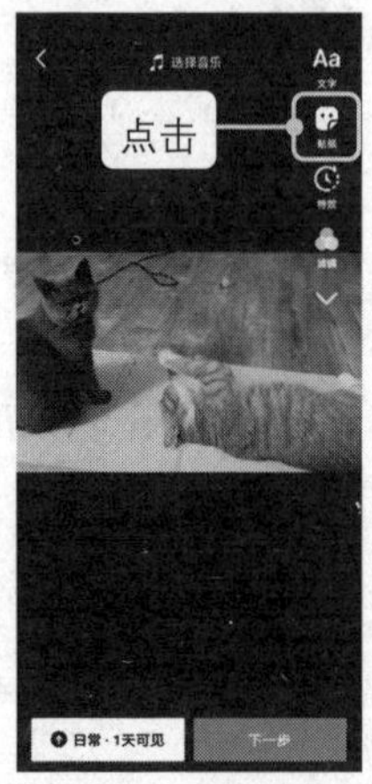

图 9-24　点击贴纸

图 9-25　选择贴纸

第 4 步：页面自动跳转后，可以看到贴纸已经被添加在视频中。按住贴纸将其拖动到合适的位置即可，如图 9-26 所示。

第 5 步：点击页面右侧的“特效”按钮（见图 9-27）进入特效页面，可看到有多种特效供选择。此处选择“镜像对称”特效，并从视频开始处就添加该特效。添加的方法为，❶点击底部“分屏”选项卡，定位到要添加特效的视频的起始位置，然后❷长按“镜面对称”特效，直到定位线“走”到不再需要特效的地方，如图 9-28 所示。

图 9-26　调整贴纸位置

图 9-27　“特效”按钮

第 6 步：添加完特效后，可❶点击播放键预览效果，对效果满意后，❷点击右上角的“保存”按钮即可保存该视频，如图 9-29 所示。

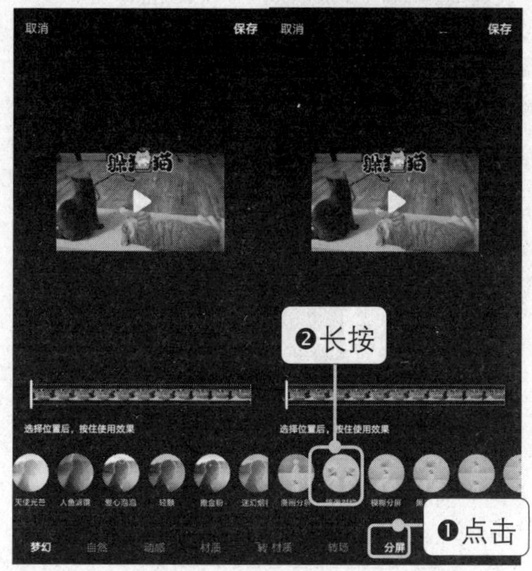

图 9-28　选择特效

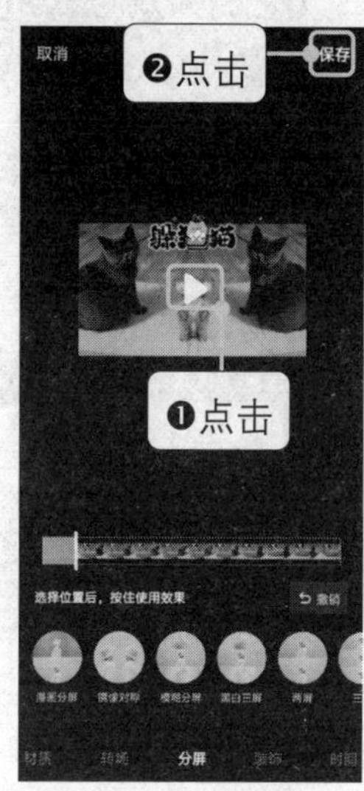

图 9-29　预览与保存

9.4　将短视频发布到抖音平台

短视频编辑制作完成后，就可以将其发布到抖音 App 平台了，具体操作步骤如下。

第 1 步：打开抖音 App，点击“+”，进入短视频制作页面。

第 2 步：拍摄完一段视频后，系统会跳转到图 9-30 所示的页面。在该页面中❶点击“日常 · 1 天可见”按钮，视频就会被快速上传到用户的抖音动态中，显示 1 天的时间。如果需要长期展示该视频，则❷点击“下一步”按钮，进行更多设置。

第 3 步：进入发布页面后，用户首先需要为短视频❶编辑文案，包括添加话题或 @ 好友。然后❷完成对短视频的各项设置，包括设置定位、选择是否添加小程序，以及设置可观看视频的人群。最后❸选择合适的封面。全部设置完成并确认无误后，❹点击“发布”按钮，这样就将视频上传并发布到抖音平台了，如图 9-31 所示。

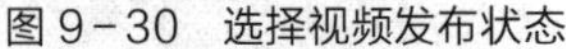

图 9-30　选择视频发布状态

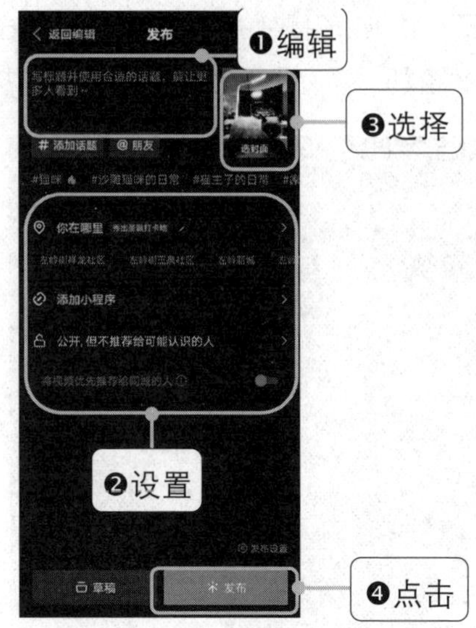

图 9-31　发布视频前的设置

9.5　设置好看的视频封面

短视频的封面就像一个人的脸，是决定旁观者对其第一印象的重要因素。因此，设置一个赏心悦目又抓人眼球的视频封面便显得格外重要。在抖音中设置短视频封面的具体操作步骤如下。

第 1 步：完成短视频制作后，在“发布”页面点击“选封面”，如图 9-32 所示。

第 2 步：进入封面选择页面后，用户可❶按住红色方框向右拖动，❷在适合作为短视频封面的画面处停止。然后❸为视频封面添加文字。因为此处已经有了歌曲字幕，所以选择不添加封面文字。完成全部设置后，❹点击右上角的“保存”按钮，如图 9-33 所示。

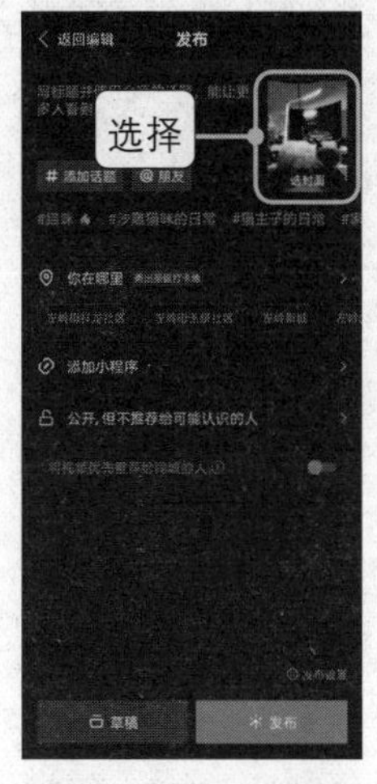

图 9-32 点击选封面

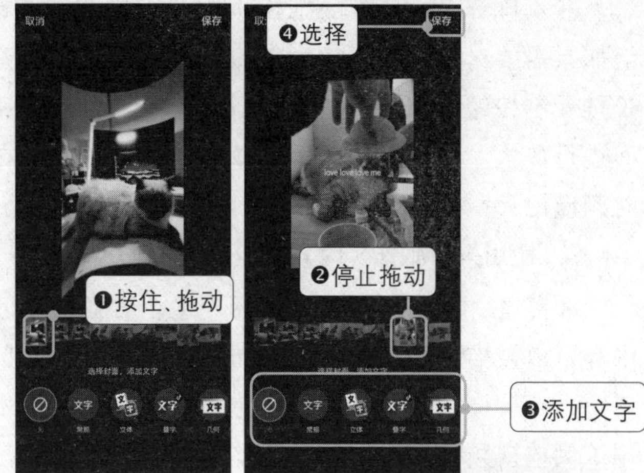

图 9-33 选择封面、添加文字并保存

第 3 步：跳转回“发布”页面，可以看到短视频封面已经设置完成，如图 9-34 所示。

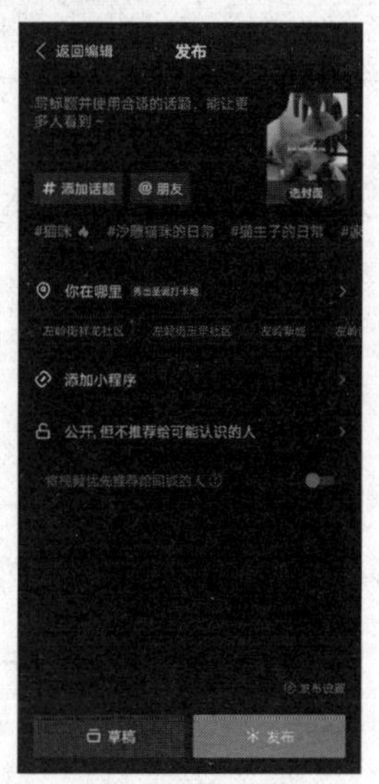

图 9-34 封面设置成功

名师点拨

抖音是不支持上传照片作为短视频封面的，只能选用视频内的画面来作为封面。如果想单独设计短视频的封面，则可以用其他视频编辑软件将制作好的封面添加在短视频的开头处，然后将编辑好的视频上传至抖音，再将封面设置为第一帧的特定图片。

9.6 秘技一点通

1. 你不知道的抖音的隐藏功能——在拍摄过程中直接放大视频细节

为了放大视频中的某处细节，在编辑短视频时，有经验的编辑人员通常会在短视频的高潮处，对需要放大的视频内容进行暂停或慢速播放。其实，使用抖音进行视频录制的过程中就可以轻松实现放大细节，具体操作方法如下。

进入抖音App自带的拍摄页面，点击或长按录制按钮即可拍摄视频。但如果需要对某处进行放大拍摄，则可以运用抖音的隐藏功能来实现，即长按录制按钮，在需要放大拍摄时，按住录制按钮的手指向上滑动，对画面进行放大。向上滑得越远，放大的倍数越高。在操作过程中，拍摄者要时刻谨记：手指不要离开屏幕，除非视频录制完成。

2. 使用抖音制作“时光倒流”短视频

常言道：“覆水难收”，然而，这个看似简单的道理，在短视频的世界中却可以被推翻。不仅“覆水”能“收”，还可以让掉落的树叶重新“回”到树上，让凋谢的花朵瞬间恢复饱满……而这些魔术般的表演，其实就是运用了倒放视频技术。

利用抖音的时间特效功能可以轻松实现倒放视频。不管是新拍摄的视频还是已保存在本地的视频，用户都可以在抖音的视频发布页面，为视频添加倒放特效，操作方法如下：

拍摄一段视频或上传一段视频后，在视频发布页面找到“特效”功能，在“时间”特效中选择“时光倒流”，即可获得一段神奇的倒放视频。

3. 玩转抖音必须关注这3个账号

要快速熟悉抖音，玩转抖音，就必须关注有关抖音的3个官方账号。

第一个账号：“抖音创作者学院”。该账号的内容涉及短视频定位、短视频策划、涨粉技巧、“粉丝”维护等知识，能为处于不同阶段的创作人员提供各项“干货”技巧。

第二个账号：“电商小助手”。这个账号能手把手地教你如何开通商品橱窗，乃至如何进行后续的电商运营。

第三个账号：“抖音小助手”。“抖音小助手”的作用是评选精品抖音内容。创作者在发布短视频时，可通过在视频文案中@抖音小助手，主动将自己的短视频交给官方进行审核，这可能会让短视频获得被推荐的机会，为账号提升热度。

10
Chapter

使用剪映 App 制作奇趣的短视频

本章要点

★ 掌握剪映 App 的基本操作

★ 掌握利用剪映 App 制作不同主题短视频的方法

随着短视频App的崛起，大众媒体迎来了“全民短视频”的时代。“全民短视频”不仅是指大部分民众都浏览短视频，更是指民众可以随时随地成为短视频的拍摄者。

许多开发者也瞄准了这个风口，众多手机剪辑软件应运而生，让毫无专业经验的普通民众，也能进行低门槛、易上手的短视频剪辑，制作出新奇、有趣的短视频。本章将向读者朋友介绍目前市场上最受欢迎的短视频编辑App之一——剪映的使用方法和编辑技巧。

10.1 了解剪映App的功能界面

剪映是由抖音官方推出的一款视频编辑工具，可用于短视频的剪辑制作和发布，常用于抖音视频剪辑。剪映App的页面设计简洁，功能却很完善，大家可在制作短视频前，了解剪映App的各项功能。

以剪映4.8.0版本为例，打开剪映App后，系统默认进入剪映App的剪辑页面，如图10-1所示。大家可点击“开始创作”按钮选择已有的视频或点击“拍摄”按钮来拍摄新视频。

图10-1 剪映的剪辑页面

除此之外，大家还可以点击下方功能区中的图标，如“剪同款”“创作学院”“消息”或“我的”等，来实现更多的操作。

功能区中各功能的介绍如下。

【剪同款】：内含近期的热门及推荐的专题，用户可以选择自己要剪辑的类型，并且可以在类型中选择心仪的模板。

【创作学院】：内含各类与视频相关的课程，如新手入门、拍摄技巧、创作构思等，用户可以学习更多的视频方面的内容。

【消息】：用户登录后，可以接收与抖音 App 同步的消息，如评论、点赞、新增“粉丝”等信息。

【我的】：可进入个人信息页面，页面中包括用户自己剪辑过的视频和喜欢的视频。

点击“开始创作”按钮，进入视频编辑页面。编辑页面主要分为 3 个区域，分别是显示区、操作区和功能区，如图 10-2 所示。

图 10-2　视频剪辑页面

编辑页面中各区域的功能如下。

【显示区】：可在线查看自己编辑视频的效果，以便及时对视频效果进行调整。

【操作区】：可以对当前视频进行操作，如添加素材，添加音频、播放等。

【功能区】：可对视频进行编辑，如添加音频、文本、贴纸等。

10.2 一键生成"圣诞快乐"视频

手机剪辑软件能让短视频剪辑变得更加简单与轻松，甚至可以做到量产同类型的短视频。剪映中就有"剪同款"的功能，能一键生成同款优质短视频。例如，一键生成"圣诞快乐"主题的短视频，如图 10-3 所示。

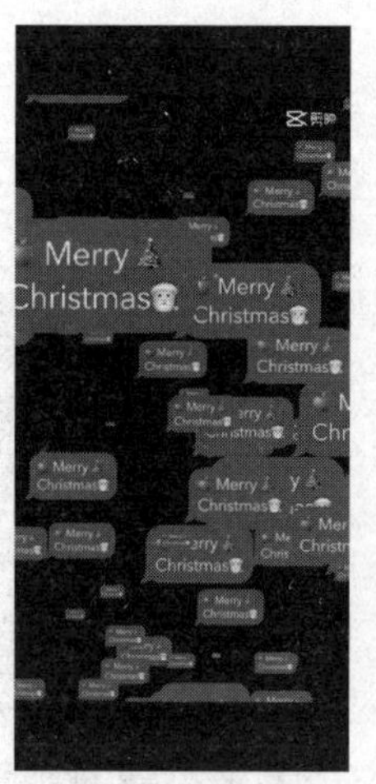

图 10-3 圣诞快乐主题的短视频

图 10-3 所示的短视频圣诞氛围非常浓郁，配乐也十分优美，是一个完整、优质的短视频作品。但其实这类短视频制作起来十分简单，具体操作步骤如下。

第 1 步：打开剪映 App，登录个人账号。

第 2 步：在主界面中点击底部功能区中的"剪同款"图标（见图 10-4），进入剪同款页面。

第 3 步：剪同款页面中有许多推荐的短视频模板，用户既可以在顶部的搜索框中❶进行关键字搜索，也可以❷在分类列表中查找需要的短视频模板，如图 10-5 所示。

图 10-4 “剪同款”图标

图 10-5 剪同款页面

第 4 步：这里选择“圣诞快乐”主题模板，如图 10-6 所示。

第 5 步：进入“圣诞快乐”主题模板，可以看到该模板的示范视频。确认效果后点击“剪同款”按钮，如图 10-7 所示。

图 10-6 “圣诞快乐”主题模板

图 10-7 示范视频预览

第 6 步：选择该模板后只需再导入一段视频素材或一张照片素材，这里选择照片素材。❶点击“照片”选项卡，然后选择已有的照片，或❷点击“拍摄”按钮，直接拍摄所需素材，如图 10-8 所示。

第 7 步：在照片列表中选择素材后，点击“下一步”按钮导入素材，如图 10-9 所示。

图 10-8　选择素材

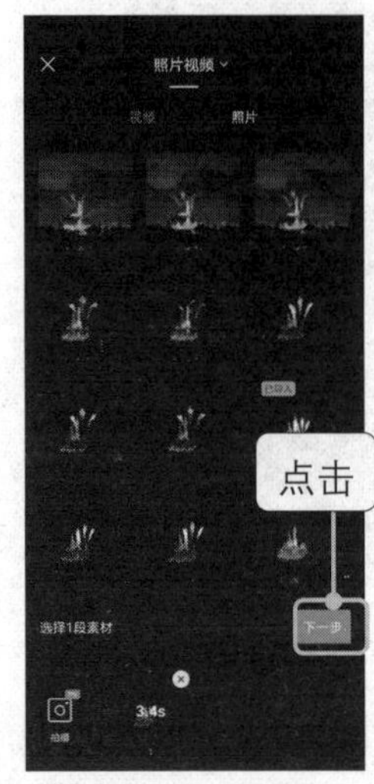

图 10-9　导入素材

第 8 步：预览效果。素材自动导入，同款主题的视频已经生成并自动播放，效果如图 10-10 所示。

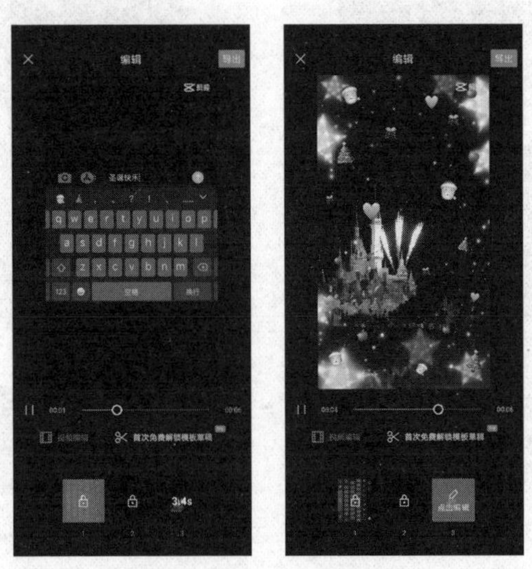

图 10-10　预览效果

第 9 步：一键生成的同款主题的短视频制作完成，导出视频即可。

10.3　制作照片音乐卡点视频

抖音卡点视频的火爆上线，让很多卡点音乐跟着“热”了起来，而照片音乐卡点视频则是其中制作最为简单的一种。本节将介绍使用剪映制作照片音乐卡点视频的方法，具体操作步骤如下。

第 1 步：打开剪映App，登录个人账号。

第 2 步：在主界面中点击底部功能区中的“剪同款”图标，如图 10-11 所示。

第 3 步：❶点击“卡点”选项卡，选择想要的模板，这里❷选择“超暖卡点”模板，如图 10-12 所示。

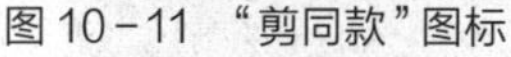

图 10-11　“剪同款”图标

图 10-12　选择模板

第 4 步：进入“超暖卡点”模板，可以看到该模板的示范视频。确认效果后点击“剪同款”按钮，如图 10-13 所示。

第 5 步：因为该视频模板需要导入 9 张照片素材，所以在素材选择页面❶选择 9 张照片素材，然后❷点击“下一步”按钮，如图 10-14 所示。

图 10-13　预览示范视频

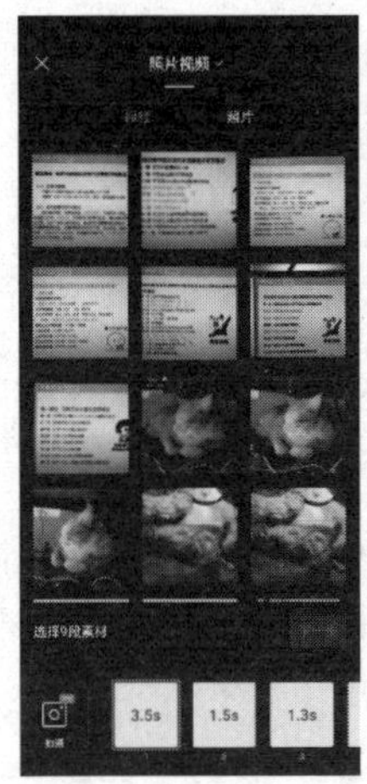

图 10-14　选择素材

第 6 步：预览制作成果。素材自动导入，同步制作好的视频自动播放。用户可预览效果，检查效果是否满意，如图 10-15 所示。

图 10-15　预览效果

第 7 步：照片音乐卡点视频制作完成，导出视频即可。

10.4　制作多视频同框显示的短视频

多视频同框显示的短视频，不仅能增强视频的趣味性和画面感，也让短视频有了更多互动的可能。播主应当熟练掌握这类视频的制作方法，这样就可以与其他播主“远距离同框”，甚至开展多种形式的合作。使用剪映 App 制作多视频同框显示的短视频的具体步骤如下。

第 1 步：打开剪映 App，登录个人账号。

第 2 步：在主界面中点击底部功能区中的“剪同款”图标，如图 10-16 所示。

第 3 步：在顶部搜索框中❶输入“多视频同屏播放”并搜索，然后选择想要的主题模板。这里❷选择“双屏合拍”模板，如图 10-17 所示。

图 10-16 “剪同款”图标

图 10-17 选择模板

第 4 步：进入“双屏合拍”模板后，可以看到该模板的示范视频。确认效果后点击“剪同款”按钮，如图 10-18 所示。

第 5 步：因为该视频模板需要导入 2 段视频素材，所以这里❶选择 2 段视频素材，选完后❷点击“下一步”按钮，如图 10-19 所示。

图 10-18　预览示范视频

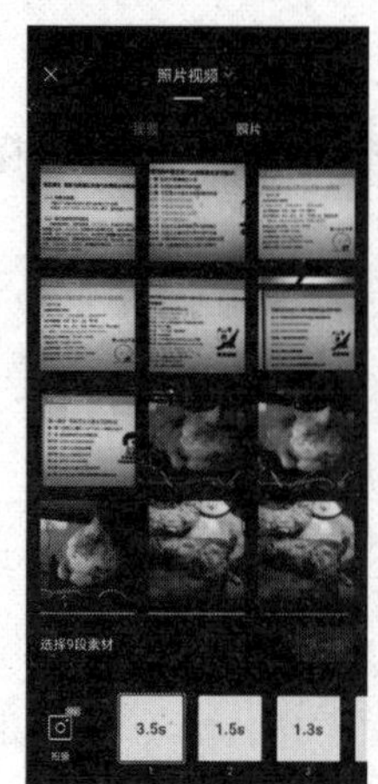

图 10-19　选择素材

第 6 步：素材自动导入，同步制作好的视频自动播放。用户可预览效果，检查效果是否满意，如图 10-20 所示。

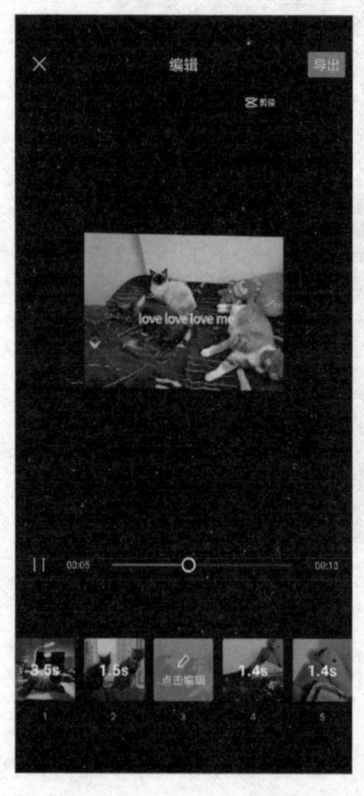

图 10-20　预览效果

第 7 步：多视频同框显示的短视频制作完成，导出视频即可。

10.5　制作电子音乐相册

电子音乐相册是颜值类短视频中十分受用户偏爱的一种类型，播主会将许多美美的照片配上恰到好处的背景音乐，制作成电子音乐相册，展现出十足的格调，颜值与风格双管齐下，捕获观众的心。新手可以多多练习电子音乐相册的制作方法，在积累素材的同时逐步提升自身的审美水平。使用剪映 App 制作电子音乐相册的具体操作步骤如下。

第 1 步：打开剪映 App，登录个人账号。

第 2 步：在主界面中点击底部功能区中的“剪同款”图标，如图 10-21 所示。

第 3 步：在顶部搜索框中❶输入“电子音乐相册”并搜索，然后选择想要的主题模板，这里❷选择“超好听的纯音乐卡点模板/16 张”模板，如图 10-22 所示。

图 10-21　“剪同款”图标

图 10-22　选择模板

第 4 步：进入模板后，可以看到该模板的示范视频。确认效果后点击“剪同款”按钮，如图 10-23 所示。

第 5 步：进入素材选择页面，该视频模板需要导入 17 张照片素材，❶选择照片素材并确认无误后，❷点击“下一步”按钮，如图 10-24 所示。

图 10-23　预览示范视频

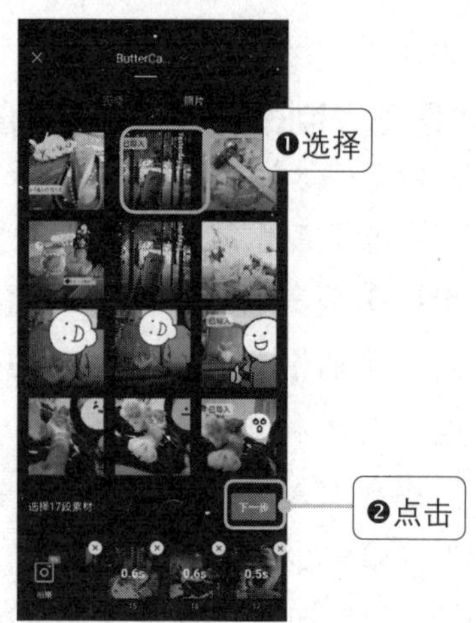

图 10-24　选择素材

第 6 步：素材自动导入，同步制作好的视频自动播放。用户可预览效果，检查效果是否满意，如图 10-25 所示。

图 10-25　预览效果

第 7 步：电子音乐相册制作完成，导出视频即可。

10.6　自动识别语音并生成字幕

大多数短视频除了文字配音外，还需要添加同步的字幕，以便用户观看。但使用传统的添加字幕的方式，即在每一帧画面中逐字逐句地输入字幕，不仅工作量大，而且容易出现错误。利用剪映App可以轻松地添加字幕，完全不需要逐字逐句地输入，具体操作步骤如下。

第 1 步：打开剪映App，登录个人账号。

第 2 步：在主界面中点击左上方的“开始创作”图标[+]，如图 10-26 所示。

第 3 步：❶选择有文字配音的视频素材，确认无误后❷点击“添加”按钮，如图 10-27 所示。

图 10-26　进入剪同款　　图 10-27　选择视频素材

第 4 步：素材导入后，点击底部功能区中的“文字”按钮[T]，如图 10-28 所示。

第 5 步：进入文字编辑页面，点击“识别字幕”按钮，如图 10-29 所示。

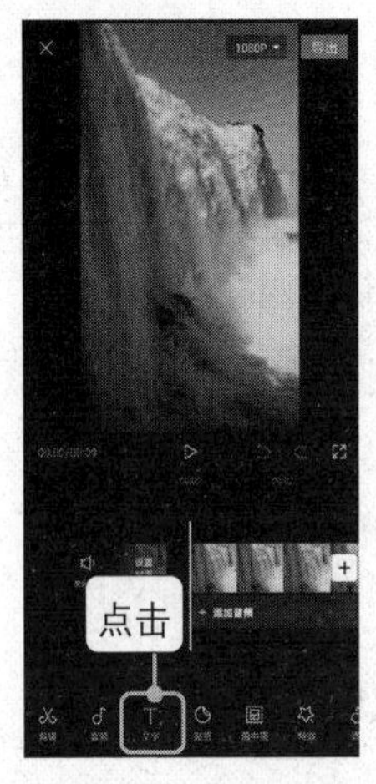

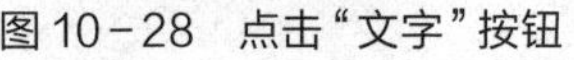
图 10-28　点击“文字”按钮

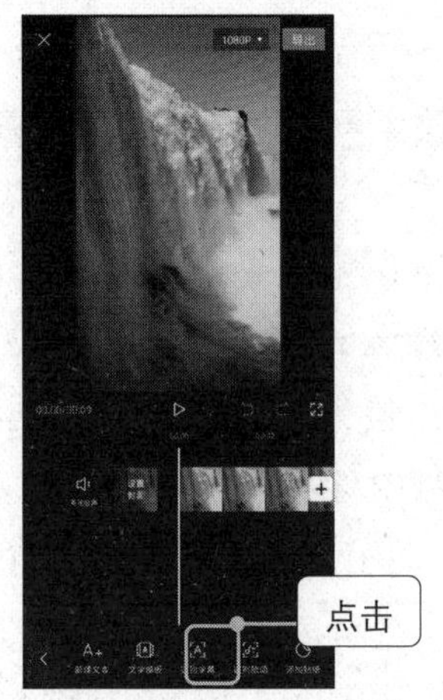

图 10-29　点击“识别字幕”按钮

第 6 步：在弹出的对话框中点击“开始识别”按钮，如图 10-30 所示。

第 7 步：字幕自动导入，用户可预览效果，并检查字幕是否有误，如图 10-31 所示。

图 10-30　点击“开始识别”按钮

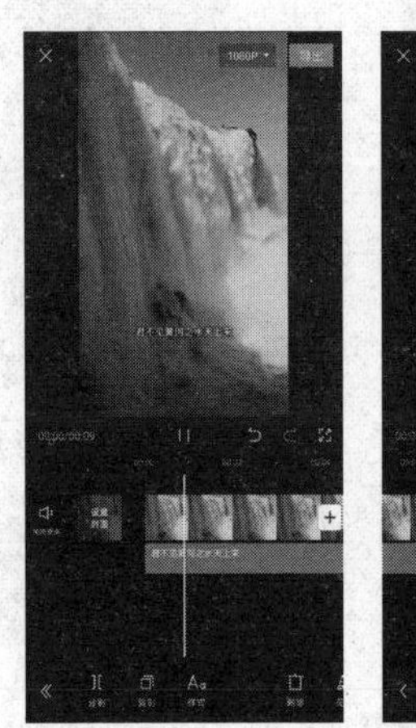

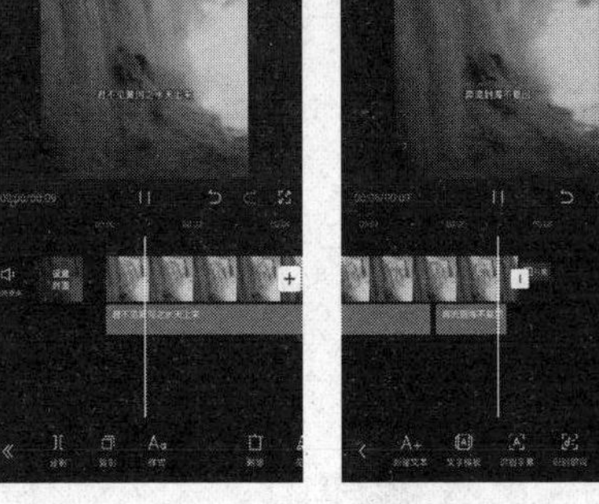

图 10-31　预览效果

10.7　制作与喜欢的名人的“合照”

很多人都期望能与心仪的名人来一次“同框”，拉近自己与偶像的距离。使用剪映App便可以轻松实现大家的这一心愿，具体操作步骤如下。

第 1 步：打开剪映App，登录个人账号。

第 2 步：在主界面中点击底部功能区中的“剪同款”图标，如图 10-32 所示。

第 3 步：在顶部搜索框中❶输入“合照”并搜索，然后选择想要的模板，这里❷选择排在第一位的“合照”模板，如图 10-33 所示。

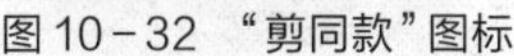
图 10-32　“剪同款”图标

图 10-33　选择模板

第 4 步：进入“合照”模板后，能看到该模板的示范视频。确认后点击“剪同款”按钮，如图 10-34 所示。

第 5 步：进入素材选择页面，该视频需要导入 1 张照片素材。❶选择照片素材并确认无误后，❷点击“下一步”按钮，如图 10-35 所示。

图 10-34　预览示范视频

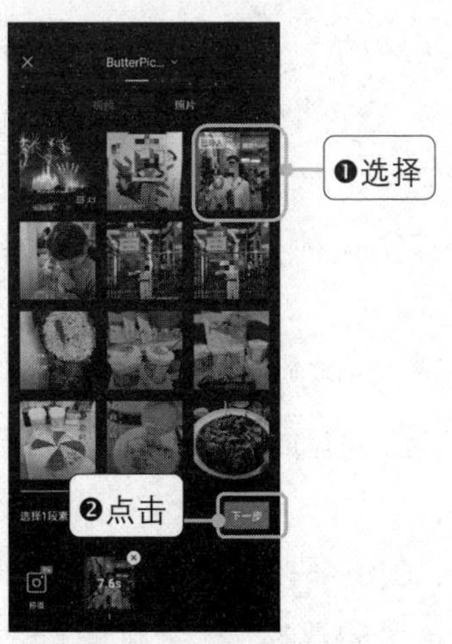

图 10-35　选择素材

第 6 步：素材自动导入，同步制作好的视频自动播放。用户可预览效果，检查效果是否满意，如图 10-36 所示。

图 10-36　预览效果

第 7 步：与名人的“合照”制作完成，导出视频即可。

10.8　制作“搜索一下”效果

短视频领域的“弄潮儿”或许曾浏览过一类十分新奇、酷炫的短视频：短视频的开头是一个头部网站的搜索页面，输入要搜索的内容后，出现相应的搜索结果。例如，输入“2020 最可爱的人是谁”之后则跳出播主自己的照片。其实这种类型的短视频可以通过剪映一键生成，具体操作步骤如下。

第 1 步：打开剪映 App，登录个人账号。

第 2 步：在主界面中点击底部功能区中的“剪同款”图标，如图 10-37 所示。

第 3 步：在顶部搜索框中❶输入“搜索一下”并搜索，然后选择想要的主题模板，这里❷选择“搜索玩法”模板，如图 10-38 所示。

图 10－37　“剪同款”图标　　　　图 10－38　选择想要的模板

第 4 步：进入“搜索玩法”模板后，能看到该模板的示范视频。确认后点击“剪同款”按钮，如图 10－39 所示。

第 5 步：进入素材选择页面，该视频需要导入 1 张照片素材。❶选择照片素材并确认无误后，❷点击“下一步”按钮，如图 10－40 所示。

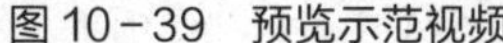

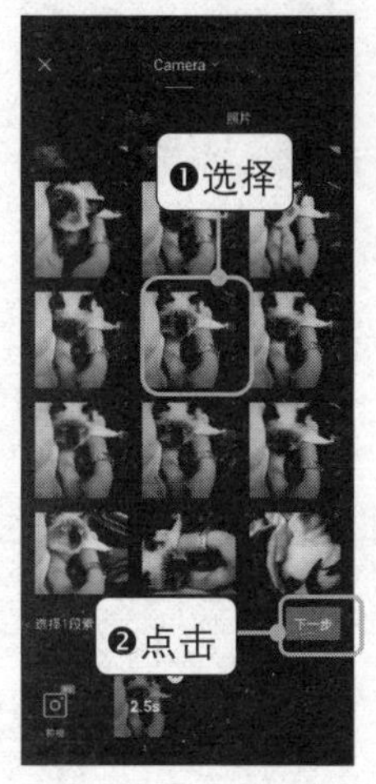

图 10－39　预览示范视频　　　　图 10－40　选择素材

第 6 步：❶点击“文本编辑”选项卡，再❷点击底部的图标，如图 10－41 所示。

第 7 步：❶图标上出现“点击编辑”字样后再次点击❶图标，在弹出的文本框中❷输入文字，然后❸点击“完成”按钮，如图 10－42 所示。

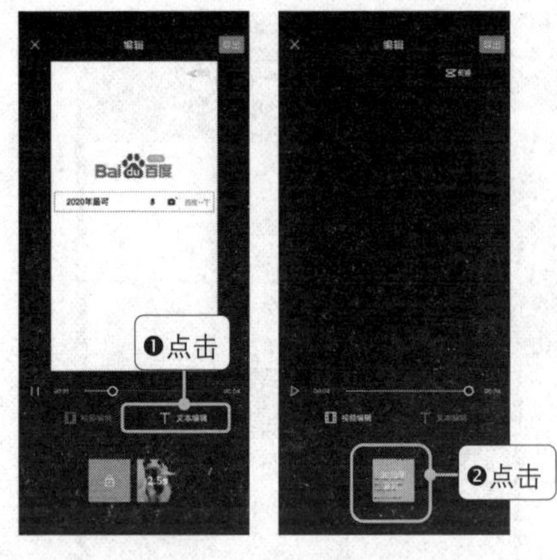

图 10－41　点击“文本编辑”图标

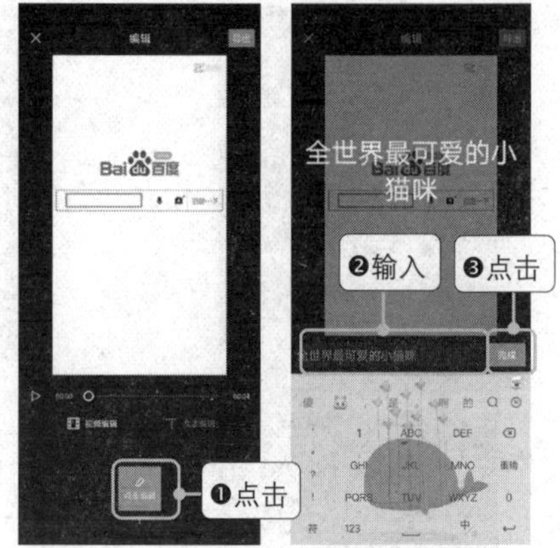

图 10－42　编辑文字

第 8 步：点击播放按钮（见图 10－43），对视频效果进行预览，如图 10－44 所示。

图 10－43　点击播放按钮

图 10－44　预览视频效果

10.9　一键生成可爱治愈的Vlog片头

Vlog作为短视频的一种新形式，吸引了越来越多观众的眼球。它的主要内容虽不尽相同，但风格大多偏向正能量、治愈类型。其实制作一个画面精美、主题突出的Vlog片头并不难，在剪映中使用一键生成功能便可以制作治愈型Vlog片头，具体操作步骤如下。

第 1 步：打开剪映App，登录个人账号。

第 2 步：在主界面中点击底部功能区中的“剪同款”图标，如图 10-45 所示。

第 3 步：在顶部搜索框中❶输入“可爱治愈”并搜索，然后选择想要的主题模板。这里❷选择“Vlog 片头”模板，如图 10-46 所示。

图 10-45　“剪同款”图标

图 10-46　选择模板

第 4 步：进入“Vlog 片头”模板后，能看到该模板的示范视频。确认后点击“剪同款”按钮，如图 10-47 所示。

第 5 步：进入素材选择页面，该视频需要导入 1 张照片素材。❶选择照片素材并确认无误后，❷点击“下一步”按钮，如图 10-48 所示。

图 10-47　预览示范视频

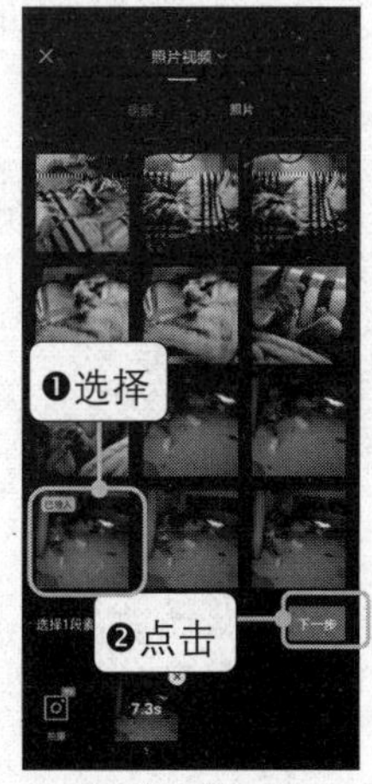

图 10-48　选择素材

第 6 步：页面跳转后，可以看到Vlog片头已经生成。如果对模板自带的文字不满意，还可以点击“文本编辑”选项卡后对文字进行更改，如图 10-49 所示。

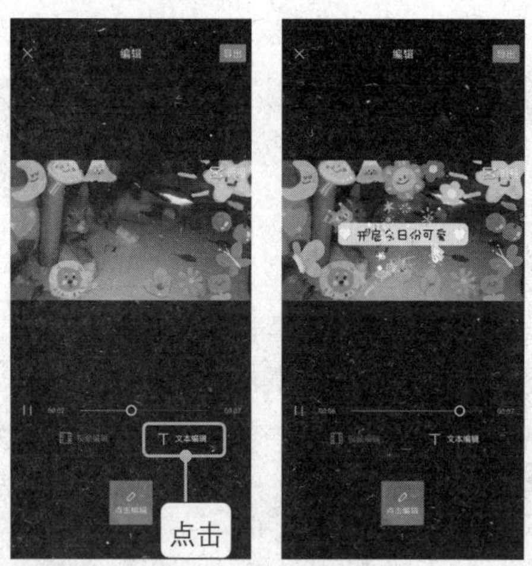

图 10-49　修改文本

【提示】由于本例中的文字与主题相符，因此并未对文字进行改动。

10.10　秘技一点通

1. 使用剪映制作“动态朋友圈”

通常我们看到的朋友圈都是静态的图文展现形式，缺少活力。而使用剪映制作的动态朋友圈则给人一种新奇的感觉，更加引人注目。制作动态朋友圈的具体操作步骤如下。

第 1 步：打开剪映 App，登录个人账号。

第 2 步：在主界面中点击底部功能区中的“剪同款”图标，如图 10-50 所示。

第 3 步：在顶部搜索框中❶输入“朋友圈”并搜索，然后选择想要的主题模板。这里❷选择“九宫格|动态朋友圈”模板，如图 10-51 所示。

图 10－50　“剪同款”图标

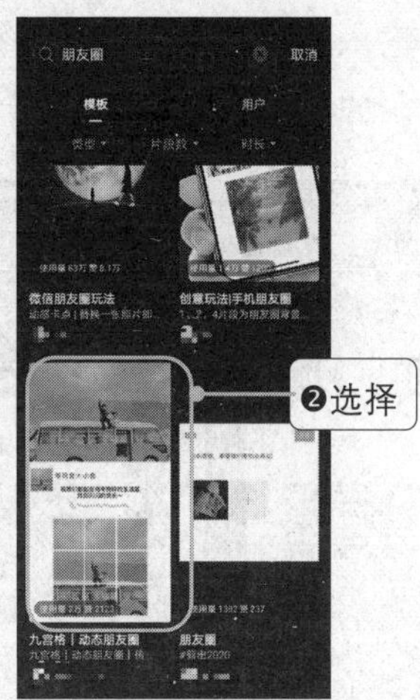

图 10－51　选择模板

第 4 步：进入“九宫格动态朋友圈”模板后，能看到该模板的示范视频。确认后点击“剪同款”按钮，如图 10－52 所示。

第 5 步：进入素材选择页面，该视频需要导入 3 段相同的视频素材。❶选择合适的视频素材，并反复添加 3 次，确认无误后，❷点击“下一步”按钮，如图 10－53 所示。

图 10－52　预览示范视频

图 10－53　选择素材

第 6 步：❶点击“文本编辑”图标，❷点击底部文本方框 1，如图 10－54 所示。

第 7 步：❶点击出现“点击编辑”字样的文本方框 1，❷在弹出的文本框中输入合适的文字，即修改“微信昵称”。❸点击“完成”按钮结束文本编辑，如图 10-55 所示。

图 10-54　点击文本方框 1

图 10-55　编辑“微信昵称”

第 8 步，重新输入“朋友圈文案”。❶点击底部方框 2，❷点击“点击编辑”按钮，❸输入新的朋友圈文案，❹点击“完成”按钮，如图 10-56 所示。

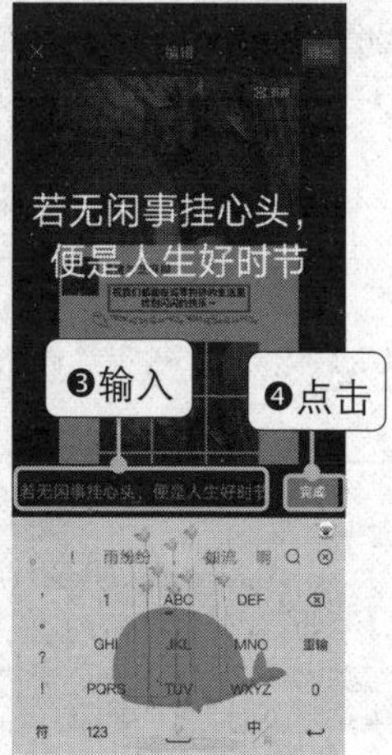

图 10-56　重新输入朋友圈文案

第 9 步：动态朋友圈视频制作完成，如图 10-57 所示。

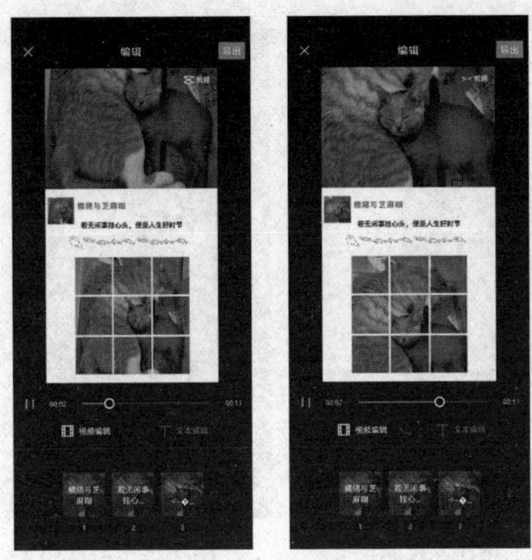

图 10－57　预览视频效果

2. 一键生成最受欢迎的Vlog画面——上下留白，中间播放视频

上下留白，中间播放视频，是一种非常适合 Vlog 的画面布局。横屏拍摄的短视频能囊括更多有趣的内容，而上半部分的留白可以用来固定标题，下半部分是专属的字幕区域，既不会挡住视频中的精彩内容，也能更清晰地显示文字内容。

将视频素材制作成这样的形式其实操作非常简单，利用剪映 App 就能一键生成。制作人员只要将横屏视频素材导入剪映 App，然后将画面比例设置为 9∶16，就可以自动生成上下留白的短视频。这样，编辑人员就可以在留白区域自行添加文字内容了。

3. 使用快影App快速切换横竖屏

虽说在今天短视频已经进入了“竖屏时代”，但在短视频的拍摄环节，拍摄团队仍然可能会受诸多因素的影响，只能录制横屏素材。这时作为剪辑者，难道只能直接上传视频让观众把手机横过来或是让观众歪着头看视频吗？当然不行。利用快影 App 就能迅速切换横竖屏，具体操作步骤如下。

第 1 步：打开手机上的快影 App。

第 2 步：在主界面中点击上方的“剪辑”按钮，如图 10－58 所示。

第 3 步：进入素材页面后❶选择需要进行横竖屏切换的素材，确认无误后❷点击“完成”按钮，如图 10－59 所示。

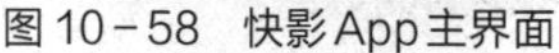

图 10-58 快影App主界面

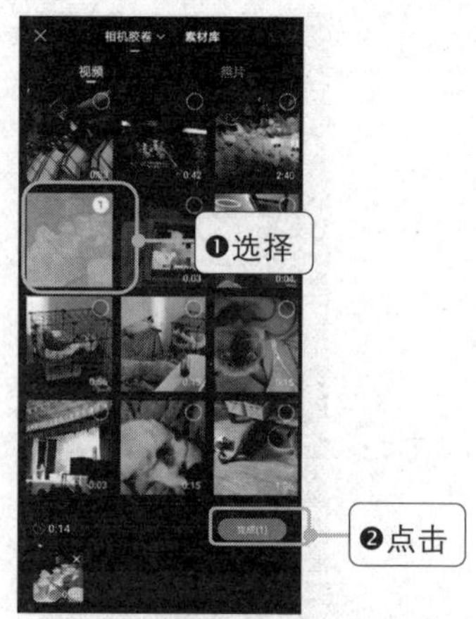

图 10-59 选择素材

第 4 步：导入素材后，可以看到视频画面本身的比例为 16:9，需要转化成适合短视频平台播放的竖屏比例。点击视频上方的“比例”按钮，如图 10-60 所示。

第 5 步：进入比例调整页面，❶选择“9:16”，视频画面便已呈现 9:16 的效果。确认后❷点击“√”按钮，如图 10-61 所示。

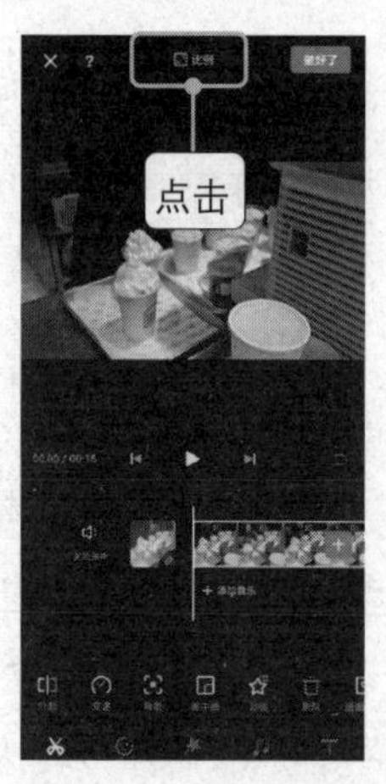

图 10-60 点击“比例”按钮

图 10-61 选择画面比例

第 6 步：视频已经从横屏模式变成了竖屏模式，剪辑者可以继续进行其他操作，也可以点击右上方的“做好了”按钮结束视频编辑，如图 10-62 所示。

第 7 步：在“导出设置”页面，剪辑者可自行调整视频的分辨率与帧率，调整后可选择“直接导出”或是“导出并分享”，如图 10-63 所示。

图 10－62　“做好了”按钮

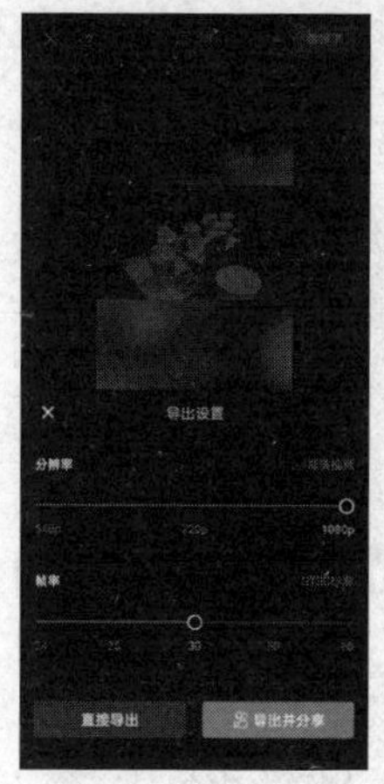

图 10－63　“导出设置”页面

4. 使用快影App为视频添加贴纸

未经加工的原始视频素材，很难将制作者的意图、情绪等准确地传达给观众。所以很多时候剪辑者需要为短视频添加配乐，让观众“听出”短视频的情绪，有时还需要在关键处添加字幕或贴纸，既可以让观众“看到”短视频要“说”的话，也可以让短视频更加妙趣横生。利用快影 App 为短视频添加贴纸的具体步骤如下。

第 1 步：打开手机上的快影 App。

第 2 步：在主界面中点击上方的“剪辑”按钮，如图 10－64 所示。

第 3 步：进入素材页面，❶选择需要添加贴纸的素材，确认无误后❷点击“完成”按钮，如图 10－65 所示。

图 10－64　“剪辑”按钮

图 10－65　选择素材

第 4 步：点击视频制作页面底部的“素材”按钮，如图 10-66 所示。

第 5 步：在素材页面点击“贴纸”按钮，如图 10-67 所示。

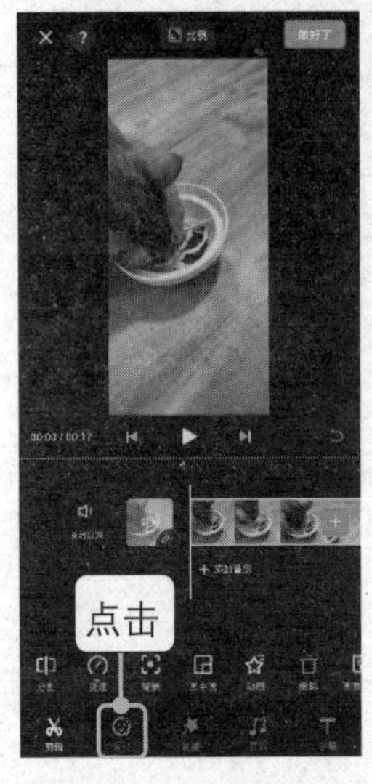

图 10-66　视频制作页面

图 10-67　“贴纸”按钮

第 6 步：在页面下半部分展开贴纸列表，剪辑者可自行选择。为了贴近猫咪吃食的视频内容，这里选择“好饿”贴纸，如图 10-68 所示。

第 7 步：❶按住贴纸将其拖动至理想的位置，然后用双指同时按住贴纸调整其大小，调整至合适大小后，❷点击“√”按钮，如图 10-69 所示。

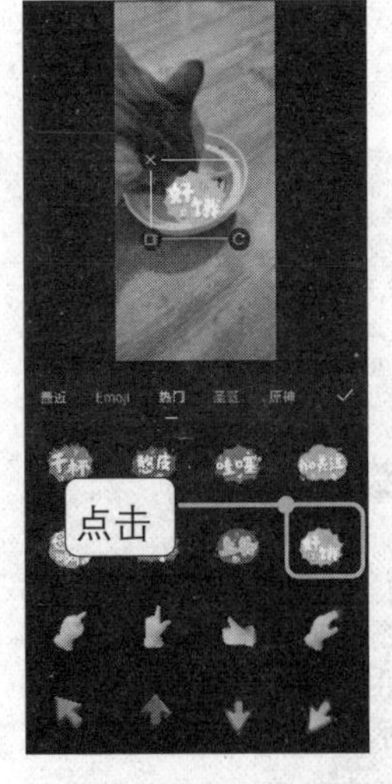

图 10-68　选择贴纸

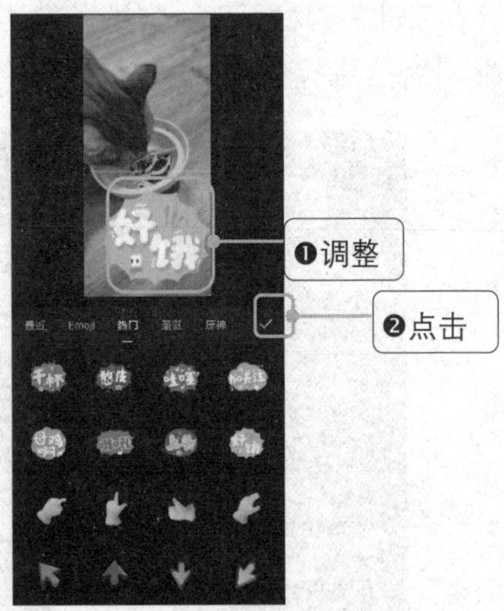

图 10-69　添加贴纸的效果

第 8 步：页面跳转回视频编辑主界面，可看到贴纸已经添加至视频指定位置。用户可点击播放键对视频效果进行预览，如图 10-70 所示。

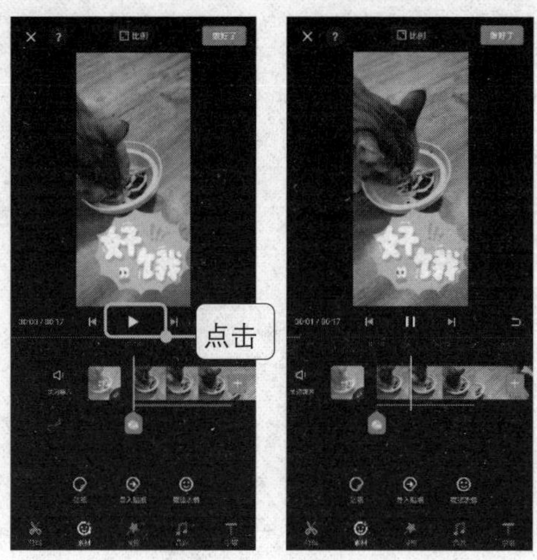

图 10-70　预览效果

11
Chapter

高效推广短视频

本章要点

★ 掌握设计短视频名片的要点
★ 最大化短视频发布的效用
★ 了解视频权重与账号权重
★ 学会使用 DOU+ 工具
★ 掌握分析短视频数据的方法

众所周知，短视频近几年已成为商家争夺的财富风口，这说明它具有很大的商业价值。广告和电商是目前短视频达人和网络红人变现的主要途径。短视频凭借其巨大的传播潜力，已然成为个人与企业宣传推广的新战场。

在完成短视频的制作后，接下来的重点工作就是发布与推广，让更多的用户看到你的短视频。那么，如何做好短视频的推广呢？作为短视频的运营推广人员，首先需要不断学习，掌握短视频推广的基本技能，并且要结合时下热点，充分突出自己的特色，从细微处入手，让宣传效果达到最大，将短视频流量越推越高。

11.1　设计吸引“粉丝”的短视频名片

一个优质的短视频，不仅内容会对观众产生影响，其账号的各方面细节设置也能影响观众对短视频的印象。在这些细节中，短视频名片就是其中的重中之重，是非常能体现短视频账号的个性的。

11.1.1　什么是短视频的名片?

观众在浏览到陌生播主发布的有趣的短视频后，很可能会点击账号的头像，进入其个人主页(见图 11-1)，观看该账号发布的其他视频作品。

图 11-1(1)为短视频播主的个人主页，其中的许多细节便构成了播主独特的短视频名片。这部分内容包括账号昵称、账号头像、视频标题、个人简介及视频封面等。以图 11-1 所示的短视频账号为例，账号昵称为“周思雨(懂音乐的BOSS)”，账号头像是昵称上方的播主照片，

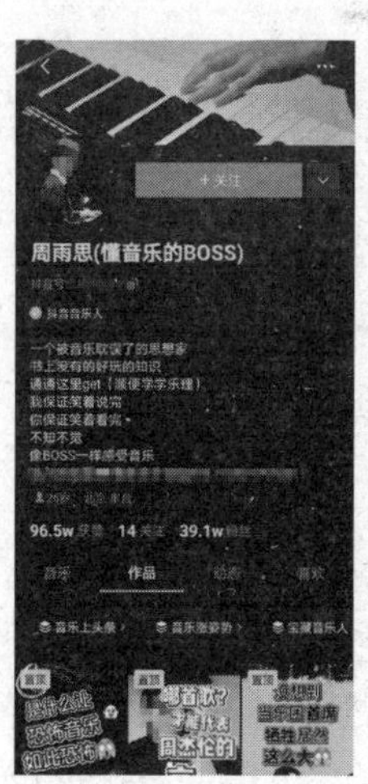

(1)

(2)

图 11-1　播主的个人主页

视频标题与封面则是图 11-1(2)所示的内容，该账号的个人简介是位于抖音身份认证“抖音音乐人”下方的所有文字。

短视频的名片很大程度上会影响账号的形象、风格定位，甚至短视频的播放量。观众在浏览播主个人主页时，如果页面布局精美，昵称颇具特色且有记忆点，签名也充分展现了播主的个性，这样的短视频名片就十分容易俘获观众的心，给观众留下深刻的印象。

11.1.2 起一个好听、好记的昵称

账号昵称相当于一个人的名字，好的姓名能给人留下更深刻的印象，也容易让人获得更好的外部机遇。而好的账号昵称除了能给观众留下好印象外，还能在一定程度上降低传播成本。那么如何拟定一个既能展现个性，又易于传播的账号昵称呢？短视频运营者可以从以下四个方面着手。

1. 简洁易记

在姓名中用复杂的字眼来博眼球的时代已经过去了，在今天，账号昵称应该足够简洁，避免使用生僻字与生僻发音，以便于记忆与书写。根据这个原则拟定的名字，既便于用户记忆，也便于后期进行品牌植入与推广。例如，抖音号“知了”的播主是一位相貌姣好的女模特，其发布的视频内容主要是通过剧情植入来进行服装展示，从而达到卖货的目的。该账号昵称“知了”，简单明了又便于记忆。“知了”目前的“粉丝”已超过 200 万，其抖音个人主页如图 11-2 所示。

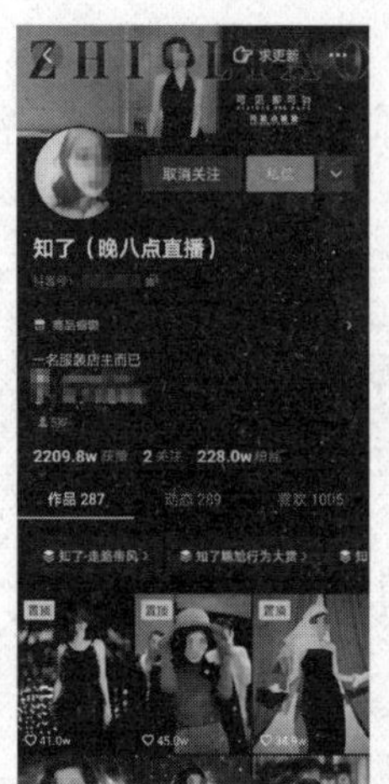

图 11-2 “知了”的抖音主页

2. 谐音命名

谐音命名的目的是体现创意，便于用户进行联想记忆。例如，抖音号“浪胃仙”就是典型的以谐音为昵称的账号。

“浪胃仙”作为一个知名美食账号，将大家熟知的零食“浪味仙”中的“味”，换为了同音字“胃”，在朗朗上口的同时方便记忆，同时暗示了自身美食账号的属性，不得不说这一取名方式十分巧妙、高明。

3. 关键词定位

在账号昵称中加入关键词，不仅可以增强人们对于账号的亲切感，也可以提示账号的内容。而嵌入昵称中的关键词，既可以是某地域名称，也可以是特定的领域分类。

例如，抖音号“横店西门吹雪”发布的内容大多是记录横店拍戏的搞笑花絮，而账号昵称加入了关键词“横店”，既言明了地点，也借用了横店影视城的属性，表明了账号的内容与影视剧拍摄有关。

说到以领域为关键词的账号，就不得不提抖音号“绵羊料理”。“料理”点出了视频内容，表明这是一个美食账号；“绵羊”则既好听又便于记忆。该账号目前在抖音平台拥有超过 519 万的“粉丝”，其同名账号在哔哩哔哩平台也拥有超过 574 万的“粉丝”，如图 11-3 所示。

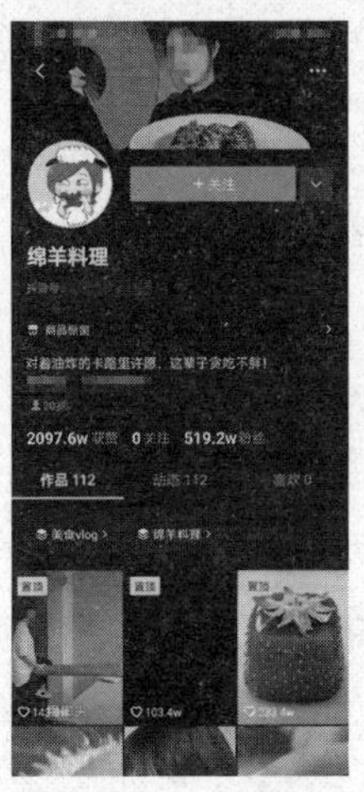

图 11-3　“绵羊料理”的抖音个人主页与哔哩哔哩个人主页

4. 以数字命名

数字的特点是简单易记，在命名中出现既稀有又个性，所以许多播主会以数字为账号取昵称，这种方式十分巧妙，不仅简洁利落，还引导观众思考推敲这些数字所代表的含义。以抖音号“彭十六 elf”为例，其账号认证为抖音音乐人，播主是一位嗓音优美的高颜值女生。该账号直接将姓氏与数字十六和英文名组合在一起作为账号的名称，很容易就让观众记住了。抖音号“彭十六 elf”的个人主页与某个视频如图 11-4 所示。

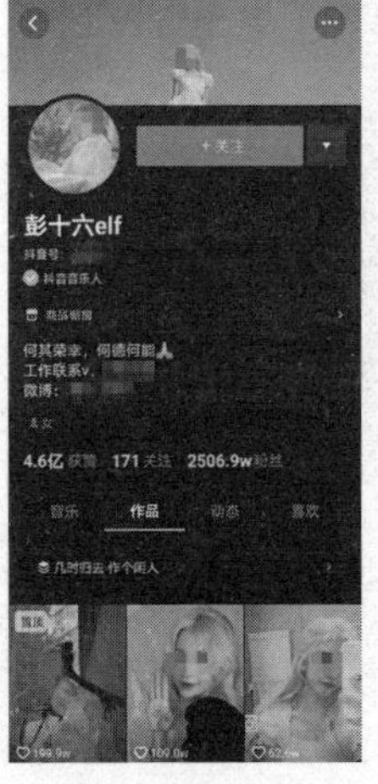

图 11-4　以数字命名的账号

11.1.3 上传符合定位的头像

头像是辨认账号的重要标志之一，在一定程度上，头像甚至比昵称更能吸引用户的注意。除此之外，适合的头像还能提升账号的格调，为账号吸引更多“粉丝”。头像的选取需要符合两个原则，如图 11-5 所示。

图 11-5 头像选取原则

富有代表性的选取头像的方式通常有 5 种，团队可以按照账号的调性及自身的需求进行选择或是创新。

1. 以真人照片做头像

以真人照片做头像的一大优势是，用户可以直观地看到播主的形象，便于用户将播主的形象与账号在脑海中进行“绑定”。这种设置头像的方式在一定程度上拉近了播主与用户的心理距离，就好像播主与用户是社交平台中熟悉的好友一样。例如，著名的旅行账号“itsRae”与艺人账号“杨采钰 Ora”，都使用了真人头像，十分有助于其个人 IP 的打造，如图 11-6 所示。

图 11-6 真人头像

在短视频领域，尤其是美妆类账号，以一张养眼的真人照片作为头像不仅有利于个人 IP 的打造，也从侧面进行了内容输出，呼应了短视频的主题。

2. 以图文LOGO做头像

图文LOGO头像是指，头像中仅包括LOGO与昵称，而不包含其他任何元素。抖音平台的视频剪辑账号“灵魂剪辑师”与美食Vlog播主“蜀中桃子姐”的头像都是以此方式设置的，如图 11-7 所示。

图 11-7　以图文LOGO做头像的账号

以图文LOGO为头像，可以明确账号内容的方向，增强账号的辨识度，同时也有利于强化品牌形象。

3. 以动漫角色做头像

各大短视频平台中不乏以动画内容为主的短视频账号，“一禅小和尚”就是比较典型的一例。该账号发布的短视频内容多是通过一禅与阿斗老和尚的对话来说明一个道理，“一禅小和尚”的头像如图 11-8 所示。

与“一禅小和尚”定位相似的账号，也可以尝试以视频内容中的角色作为头像，这可以与短视频内容起到相互促进的作用，产生更好的营销效果，角色形象也会更加深入人心。

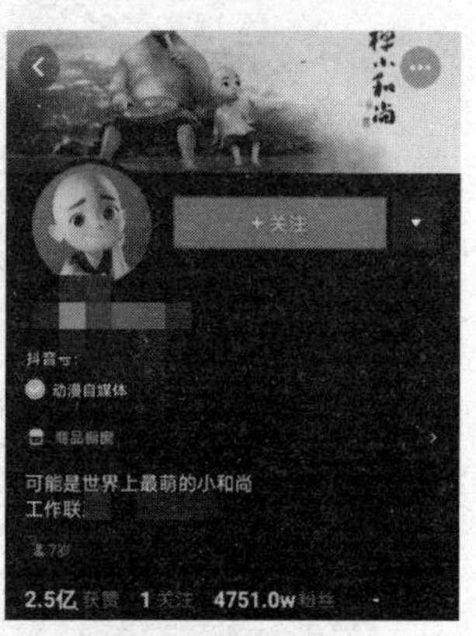

图 11-8　以动画角色做头像的账号

4. 以账号名做头像

以账号名做头像与以图文LOGO做头像只有些许差别。相较于图文LOGO头像，账号名头像更加直观，也更具冲击力。通常情况下，账号名头像会使用纯色的背景，以突出账号名本身，达到强化IP的作用。以账号名为头像的账号如图 11-9 所示。

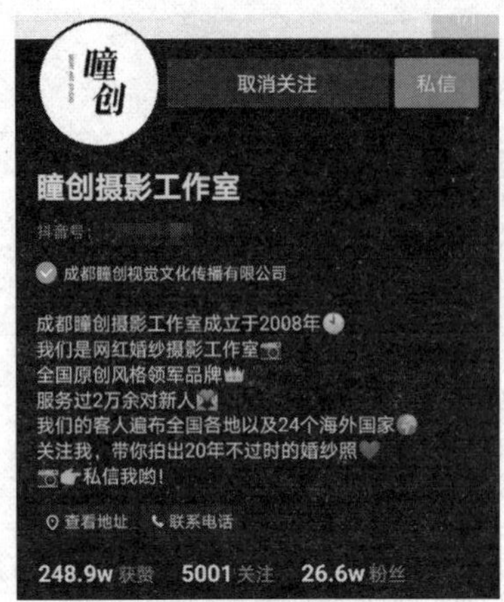

图 11-9　以账号名做头像的账号

5. 以卡通形象做头像

通常情况下以卡通形象做头像会显得比较俏皮，风格偏搞怪。许多视频内容比较轻松的账号会使用卡通头像，且一般选择与自身视频内容比较相符的卡通形象。以卡通头像示人的短视频账号如图 11-10 所示。

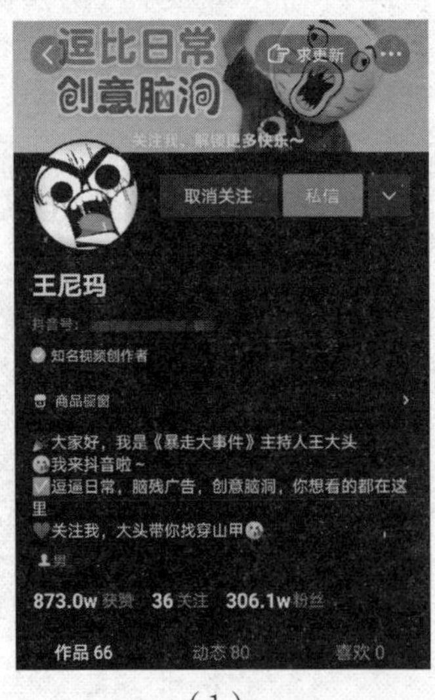

（1）

（2）

图 11-10　卡通头像账号

图 11-10（1）所示为知名搞笑账号“王尼玛”的个人主页，其播主是一个带着白色卡通头盔的男生，于是其头像用的也是标志性的头盔卡通画像。

而11-10(2)所示的账号“iPanda熊猫频道”，它的视频内容主要是大熊猫的可爱日常，于是选择了可爱的大熊猫的卡通图像作为头像，不仅与短视频内容呼应，也符合大熊猫萌萌的特点。

11.1.4　撰写吸引目光的视频标题

短视频标题是短视频运营团队需要精心打磨的，它的质量对视频播放量的影响非常大，有时甚至会出现，因为标题的一字之差，导致播放量截然不同的情况。短视频标题就是单个短视频的“门面”，短视频创作团队不仅需要了解好标题对短视频的意义，并且要学习拟标题的要点与步骤。

1. 好的标题到底有什么意义

标题是播放量之源，它不仅可以引导观众观看短视频，还能在视频发布初期，凭借关键词等要素，为视频带来更多的初始流量。除此之外，好的标题还可以吸引用户进行评论、点赞，进一步提升短视频的热度。

(1)好的标题具备社交属性。这句话是什么意思呢？以抖音平台一段关于狗狗的视频(见图11-11)为例，该短视频标题为“朋友家的傻狗，大家能给他取个名字嘛”。观众在看到这样的标题后，就会对视频中的狗狗为什么被称作“傻狗”而感到好奇，在观看视频之后便完全理解了——原来视频中的狗狗不管在什么场合都一直会蹦跳，十分呆萌。

图11-11　具备社交属性的标题

在观看完视频后，观众会因为被可爱的狗狗“萌到”而点赞与评论。许多观众也会为这只可爱的狗狗取适合的名字，评论区自然而然就热闹起来了。这就是有社交属性的标题的作用，这样的标题能引起大家的共鸣，让用户自觉转发传播，视频的播放量自然而然就提高了。

(2)好的标题能获取算法流量。大数据时代，推荐算法能帮助平台精准地捕捉用户的兴趣点，所以，抖音、美拍等App都采用了推荐算法渠道，并且现在越来越多的平台开始采用这种方法。推荐算法渠道捕捉用户兴趣点的基本流程如图 11-12 所示。

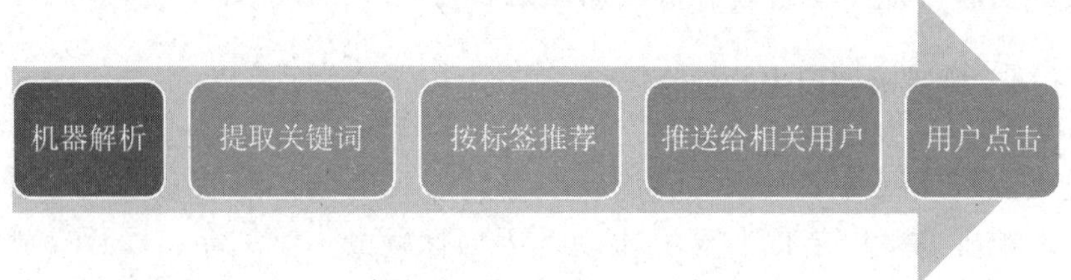

图 11-12 基本流程

由于机器算法对图文解析的优先级是高于视频图像的，因此对于短视频创作团队而言，获取推荐流量最直接有效的途径就是，精准地拟定短视频的标题、描述、标签、分类等。

（3）好的标题能引起用户行为。短视频的关键行为数据，即评论量、收藏量、完播率等，在很大程度也受到标题的影响。短视频创作团队需要具备利用标题引导用户点击的能力。图 11-13 所示的两个标题对用户行为的影响力就完全不同。

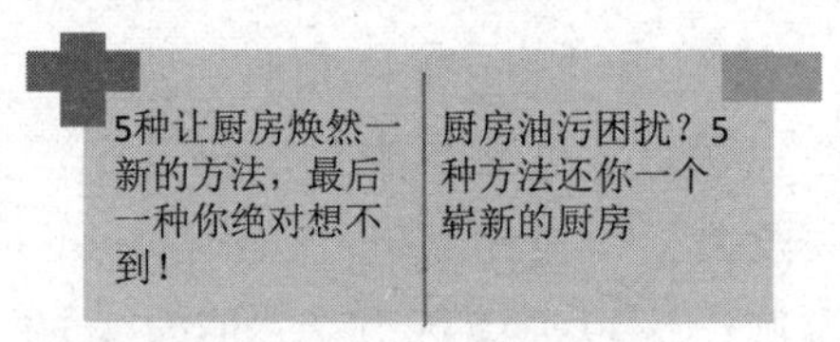

图 11-13 标题对比分析

左边的标题因为语气更加强烈，且藏有悬念，所以更容易引导用户点击；而右边的标题相比左边的标题，语言较为平实，语气不那么强烈，更关键的是没有引人入胜的悬念设置，对用户的吸引力自然不如左边的标题。短视频创作团队在拟定类似题材的视频标题时，应当尽量向前者靠拢。

名师点拨

什么是推荐算法？

推荐算法是计算机专业中的一种算法，具体是指结合用户的一些行为，加之一系列数学算法，推测出用户可能喜欢的内容。目前应用推荐算法比较多的有淘宝、今日头条、抖音等App。

2. 拟标题的三大要点

在了解好的标题对于短视频的重要意义后，短视频创作团队需要掌握拟标题的要点，围绕这些要点，再根据拟标题的步骤对标题进行反复打磨。通过研究标题的内容及平台运营的特点，拟短视频标题的要点可以总结为以下 3 个。

（1）明确受众标签。在发布短视频之前，短视频创作团队需要对视频的受众进行精准定位，并通过增加人群标签提升代入感，由此提升相关用户的行为数据。人群标签的类型十分丰富，可以利用的维度有很多，如年龄、身份、性别、职业、爱好等。例如，常见的短视频会以“00 后”“JK”“养猫”等作为标签，这就是典型的人群标签。

（2）明确受众痛点。好的短视频不一定可以完全捕捉到受众的痛点，但捕捉到了受众痛点的视频，一定是好的短视频，且这段视频的点赞量与评论量也一定不会太少。例如，某瑜伽账号的一条标题为“床上玩手机必练动作”的短视频，获赞超过了 217 万，如图 11-14 所示。

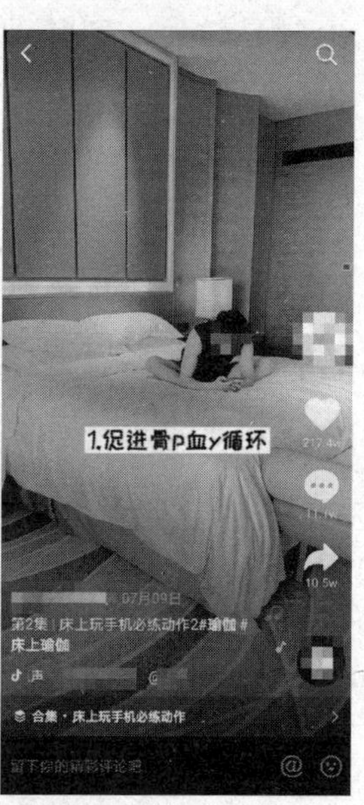

图 11-14　抓住用户痛点的标题

对于该账号的受众而言，困扰他们的是微胖的身材，以及没有专门的时间进行运动。而这条视频恰巧帮助他们抓住了每天睡前的时间来进行瑜伽训练，解决了他们想在家轻松完成瑜伽训练的问题。

（3）找到情绪的共鸣点。有情绪共鸣点的标题可以让观众感同身受，还能代替特定的人群发声。某情感故事类短视频账号曾发布过一条短视频，标题为“人总是活在他人的看法里，却忘了自己才是决定人生的人”，如图 11-15 所示。

图 11-15 所示的标题呼应的是当下越来越多的人关注的“独立与自我”的问题。人作为社会的一分子，总会与身边的人产生千丝万缕的联系，这也导致大家不可避免地要顾及身边人的想法与看法，甚至在一定程度上会忽略自己的真实感受。许多观众在看到这个标题时，或多或少会与自己或是身边人的经历产生联想，产生追求独立的共鸣。同时因为情绪共鸣，观众会主动点赞、评论或是转发，于是便加强了视频的传播性。

图 11-15　找到情绪共鸣点的标题

3. 拟标题的步骤

一个好的标题并不是脑海中灵光一闪的恩赐，而是短视频创作团队通过特定的方法与技巧不断打磨出来的。新手短视频创作团队在发布视频之前，需要掌握拟定标题的步骤，培养对标题的准确审美，这样团队发布的短视频才能获得更多流量。

（1）确定关键词。标题中含有高流量的关键词，可以起到吸引观众眼球的作用。而要做到这一点，在实际操作时有两个方法：增加关键词和普通词升级，如图 11-16 所示。

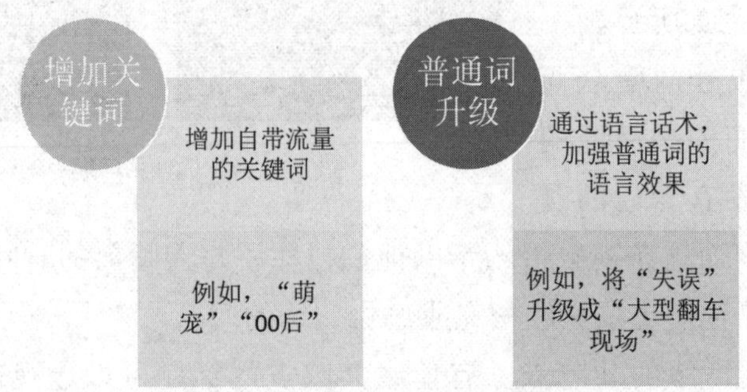

图 11-16　增加关键词与普通词升级

（2）斟酌句式。不同句式的标题，其表达效果是完全不同的。在思考标题的句式时，短视频创作团队可以学着使用一些小技巧，来提升标题的吸引力。

第一，多用短句，句式尽量多样化。短句的节奏非常短促，每个短句都像一个鼓点，可以很好地控制文字的节奏情绪，短视频创作团队应该为标题合理断句。另外，除陈述句式外，可以多尝试使用疑问、反问、感叹、设问等句式，以引发用户思考，增强情绪代入感。

以小米手机的宣传语为例，“一面是科技，一面是艺术”这句宣传语由两个精简的短句组成。结合手机这一主体商品，“科技”强调了手机的技术含量，“艺术”暗示手机的卖点，表明企业在手机的外观及其他方面也下足了功夫。

第二，多用两段式和三段式标题。相比一句话就完结的一段式标题，两段式和三段式标题能承载更多的内容，情绪上也层层递进，表述层次更为清晰。例如“石榴的三种新吃法，你肯定不知道，有一种一吃就爱上！”“三种方法快速剥核桃！最后那个只需 1 秒！”等。

（3）敲定字数。据统计，短视频标题的字数在 20 个字上下时，标题长度与播放量会呈正相关性，且标题长度在 25~30 个字时，视频的播放效果最好。当然，不同渠道的标题的最优字数不同。例如，今日头条的标题最好是 10~20 个字，美拍的标题需要的字数则多一些，抖音的标题限制在 55 个字以内最好。

（4）最终优化。当一个标题的基本框架已经成型时，短视频创作团队可以借助图 11-17 所示的 3 种方式来优化标题。

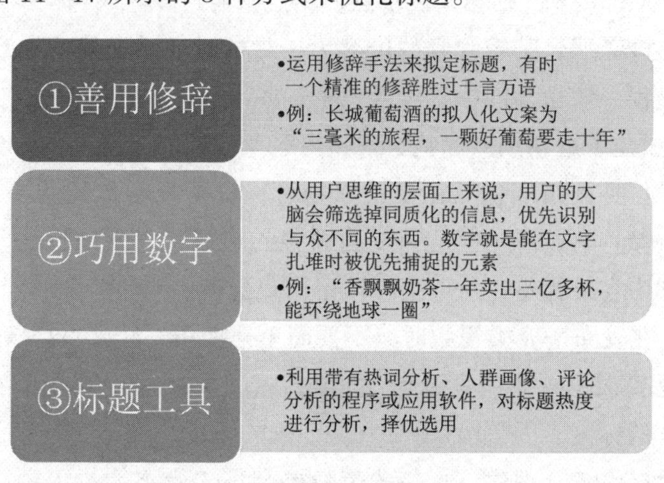

图 11-17　优化标题的三种方法

11.1.5 策划方便推广的分类标签

在浏览短视频时，用户每天都会收到大量的标签化推荐信息。那么标签的含义到底是什么呢？它在短视频推荐中有什么作用呢？短视频创作团队又应当如何依照标签的特性，为即将发布的短视频设置合适的标签呢？

1. 标签的意义

标签对平台与用户具有不同的意义。

对平台而言，精确的标签就像是在给用户画像，有助于命中算法逻辑，获取平台推荐，直达用户群体。

对用户而言，标签则是搜索符合自身兴趣短视频的一个通道。短视频的标题处一般会展示3~5个标签，用户可以通过对这些特定的标签进行搜索，找到相应的短视频。所以，标签也是短视频非常重要的流量入口。

2. 如何设置标签？

严格来说，标签是短视频仅有的文字中十分重要的一部分，它对短视频的初始推荐量拥有较大的影响。在发布短视频时，短视频创作团队要有技巧地设置标签，提升标签对于短视频热度的助推效果。

（1）控制标签字数和数量。对于一段短视频来说，通常每个标签的字数限制在2~4个，标签数量为3~5个较佳。标签过少，不利于平台的推送和分发；标签太多，则会淹没重点，错过核心“粉丝”群体。

例如，抖音平台某短视频的内容为，封校时期某学校的女大学生在宿舍拍照的过程，该视频的标签包含“封校的当代大学生”“摄影”“宿舍拍大片”3个，涵盖了近期热点标签、视频内容及视频的主题，十分全面。

（2）核心要点精准化。在设置标签时，短视频创作团队要尽量挖掘、提炼出短视频内容的核心，以及最有价值、最具代表性的特性，定位出最符合短视频内容的标签，从而精准锁定用户群体。

例如，在发布萌宠类视频时，不要简单地使用“萌宠”这类范围过大的标签，而是要根据视频内容选择“沙雕猫咪的日常”“小奶猫”“橘猫日常”等更为具体的标签。

（3）标签范畴合理化。标签的范畴要合理，既不能过于宽泛，也不宜过于细致。过于宽泛，容易导致视频被淹没在众多的竞争者中；过于细致，会限制视频的用户群体，导致视频损失大量的潜在用户。

例如，一条标题为“150 小个子女孩早春穿搭”的短视频，如果仅仅选用“150 小个子”“早春”作为标签，那么该账号就会损失很大一部分观众。更为合适的标签是“微胖”“穿搭”“梨型身材穿搭”“早春”等等。

（4）标签内容相关化。许多视频为了“蹭热度”，会将热门标签强加在毫无关系的视频内容中，这种做法是不推荐的。假设观众按图索骥，用搜索标签的方式看到了这条视频，结果发现严重的名不副实，自然会十分反感，这样便不利于提升视频的权重。

因此，标签的内容一定要与视频内容相关，不能为了流量而强加标签。正确的标签通常包括与视频内容相关的关键词，与行业相关的关键词、品牌词，有搜索流量的关键词等。标签的相关性越高，越容易被感兴趣的目标人群搜索到，视频获得的流量也就越高。

（5）热点追逐时效化。追踪热点事件是短视频创作团队需要长期进行的一项工作。各视频平台对热点话题都有一定的流量倾斜，例如，各大平台每到国庆节、开学季等特定的时间点，都会推出对带有特定话题的内容给予加倍推荐量的短视频征集活动。关于这一点，短视频创作团队也可以将其运用到标签设置中，将时间、热点要素加入标签中，这样往往可以获取更多的流量。

11.1.6　撰写有吸引力的简介

以抖音平台为例，简介就是账号主页中位于官方认证下方的，一行由播主自行编辑的，对于账号进行简单介绍的话语。以支付宝的抖音账号为例，其简介如图 11-18 所示。

图 11-18　个性十足的简介

支付宝的简介是“就是你们熟悉的那个支付宝”。这条简介个性十足，观众看到后也许会情不自禁地笑出声来。支付宝简介的撰写人十分聪明地利用了支付宝的知名度，撰写出了属于该账号的独一无二的简介。

短视频创作团队撰写简介时，如果能有这样的效果，自然是十分理想的。

从“支付宝”的简介中可以得出，个性十足的简介能够更好地留住观众。但短视频创作团队在对简介进行设置时也不能天马行空，而是需要遵循一定的规则，在规则的基础上追求效果与个性。

（1）介绍为主。简介作为账号主页占有一席之地的栏目，其首要作用就是对短视频账号进行介绍，让用户了解账号的内容定位与短视频创作团队的个性态度。在此基础上，引导用户关注。

因此，在撰写简介时，短视频团队可以结合自身账号的特色、作用、领域，去展示自己账号的亮点，这也是机构、企业、商家和一些自媒体人经常使用的方法，如图 11－19 所示。

图 11－19　展现账号领域的简介

除介绍账号外，由于字数限制并不严格，撰写人员还可以在简介中添加引导用户关注账号的文字，如图 11－20 所示。

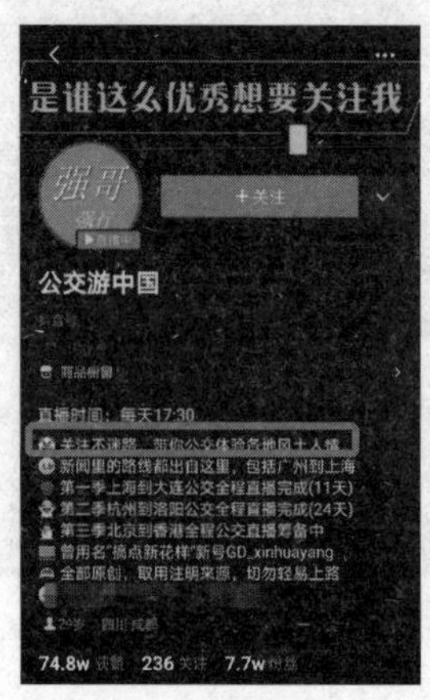

图 11－20　引导用户关注的简介

（2）表达自身看法。除了介绍账号、引导关注外，简介还能借机表达播主的看法、观点和感悟。许多播主都会在简介中表达一些感悟与观点，充分展示个性，让用户了解自己，并吸引调性相同的用户关注，如图 11-21 所示。

图 11-21 表达自身观点的简介

（3）规避敏感词汇。在撰写简介时，部分账号为了吸引合作者及更多用户关注，会将自己在其他平台的账号也放入简介中，这种做法是违反平台规则的。所以，如果短视频创作团队需要引导用户关注自己在其他平台的账号，简介中最好不要出现“微信”“微博”等词，而是转化为与“微信”“微博”相近的同音词或字母代替，如“VX”“围脖”“WX”等；或者用爱心的表情代表微信号，用围脖的表情暗示微博号等，如图 11-22 所示。

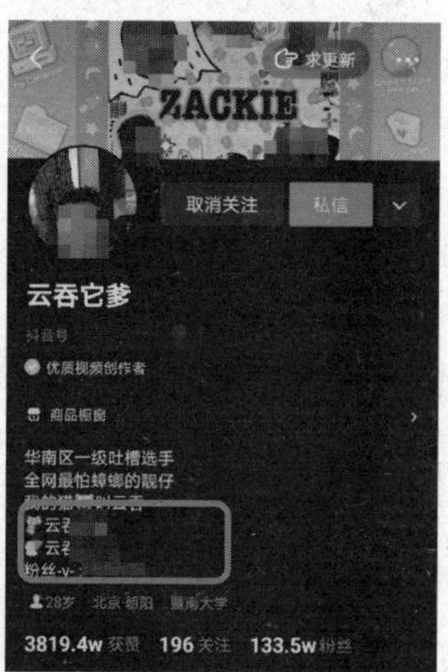

图 11-22 规避敏感词的简介

11.1.7 编辑让人忍不住点击的封面

封面也被称为头图，是用户进入账号主页后，看到的面积占比最大的内容。所以，封面在很大程度上会影响用户对视频乃至账号的第一印象。优秀的封面可以在一瞬间吸引用户了解每段视频的基本内容，在一定程度上提升视频的点击率。对于短视频运营者来说，视频封面的设置应遵循以下原则。

（1）与内容相关。短视频的封面要与视频内容保持一致，做到简明扼要地概括视频内容，让用户了解短视频的内容。封面风格统一的短视频账号如图 11-23 所示。

（1）　　　（2）

图 11-23　风格统一的短视频封面

图 11-23（1）所示为搞笑剧情账号“熊猫兄弟伙”设置的封面。可以看到，该账号的运营团队将同系列短视频的封面进行了统一设置，最后呈现出了“标题+出镜播主”的双要素形式。而图 11-23（2）所示的电影解说账号“婧公子”，则以三段视频为一个单位进行了组合设置，同一水平线上的三段视频的封面组合成了一张电影海报，并统一在右上角标出了电影名。

以上两种不同风格的设置封面图的方式各有千秋，其相同点在于都点明了视频的主旨，同时又都令人赏心悦目。这样精美的封面充分表现出了短视频创作团队的诚意，非常能吸引观众。

（2）坚持原创。现如今各大短视频平台都推崇原创。短视频原创要求播主个人或团队，对于短视频的各方面内容进行独立的策划。因此，在设置短视频封面时，短视频创作团队可以选取短视频内容的一帧作为封面图，也可以专门设计一个封面。但无论选择何种形式，都要遵循原创的原则。

（3）不要强加水印。以抖音平台为主的短视频平台，并不推崇播主在视频中加水印，视频封面也一样。强加水印容易导致视频审核无法通过，即使侥幸通过，视频也难以获得较高流量，这就与短视频运营的初衷相违背了。

11.2 短视频的发布也有讲究

短视频的发布可不是“一键上传”这么简单，在发布短视频时，需要选择主要受众集中在线的时间，并提前编辑好适合的文案等，力求在短视频发布的第一时间，就争取到最多的初始推荐量，为后期进入更高的流量池蓄力。

11.2.1 用@功能提醒“粉丝”观看

以抖音平台为例，“@”是播主们常用的促进短视频推广、提高账号被关注的概率的功能，进行“@”操作的目的是利用主账号与好友账号的热度，吸引更多的“粉丝”，赚取更多的流量。在抖音平台，播主在发布短视频时可以在发布页面点击“@好友”按钮，如图 11-24 所示。

点击“@好友”按钮后，跳转至的页面显示主账号已经关注的用户，播主可以从其中选择一位用户进行“@”，还可以在页面上方的搜索框内对用户昵称进行搜索，如图 11-25 所示。

图 11-24　发布页面

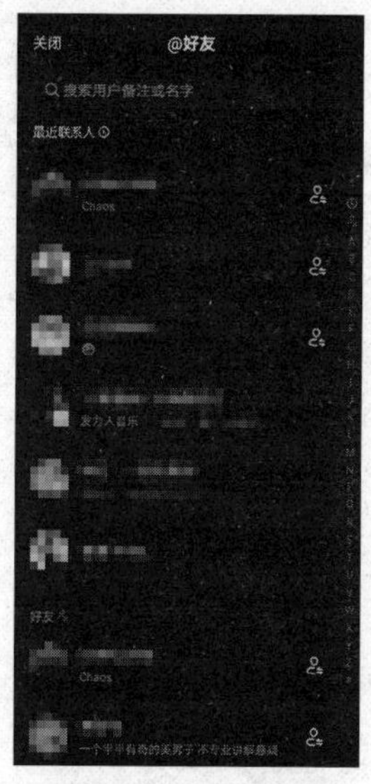

图 11-25　选择用户

播主在选择要@的好友时，有两点需要注意：一是要有相关性，即@的好友一定要与即将发布的短视频有一定关联，例如，短视频为播主与好友合拍等；二是@的好友要有一定热度，播主应该选择那些“粉丝”比较多的账号，从而利用短视频的优质内容，吸引对方“粉丝”关注播主自己的账号。

11.2.2 选择高效的发布时间段

每个短视频平台都拥有自己的观看流量高峰，播主在高峰期发布视频，可以提升视频的曝光率。但是，不同类型的短视频，要注意选择适合账号受众或是视频内容的发布时间。

从账号受众的层面来说，短视频创作团队需要在账号受众集中在线的时间段发布短视频，这样才能获得更好的效果。例如，以都市白领、大学生等人群为主要受众的软件教学类账号，建议选在工作日的下班时间或是周末发布短视频，因为这两个时间段才是账号受众能闲下来浏览短视频并学习技能的时间。

从视频内容上来说，如果是情感故事类短视频，就可以选择在深夜发布，这样可以引起更多“夜猫子”的共鸣并获得他们的点赞。而制作元气早餐这类短视频，则可以选择在早晨发布，用特殊时间段来加深用户的联想。如此，短视频才能真正做到为用户创造价值，并给用户留下深刻印象。

抖音的流量高峰

抖音官方数据显示，大众流量高峰常出现在工作日的中、晚饭前后，以及睡觉前，所以在抖音App发布短视频的黄金时间是11：00 ~ 13：00、18：00 ~ 19：00、21：00 ~ 22：00。

11.2.3 发布规律要明确

资深短视频运营团队都知道，账号的风格定位需要长期保持垂直统一，所以，在选定合适的发布时间后，短视频创作团队应当遵循属于自己账号的发布规律，如每晚7：00更新，或是每周日上午10：00更新等。

有规律地发布短视频，不仅可以创造出属于自己的制作与发布短视频周期，更重要的是可以培养用户的习惯。用户习惯并非一朝一夕就能养成的，而是要经过长时间的培养，但是用户养成习惯后对于平台或是账号是极为有利的，“双十一购物节”就是一个典型的例子。在平台用户形成“每年 11 月 11 日就是应当购物的节日”这一概念后，“双十一”的销售额逐年攀升，屡创新高。这一规律在短视频领域也同样适用。

在短视频领域中，播主要培养用户的习惯，需要经历三个步骤，如图 11-26 所示。

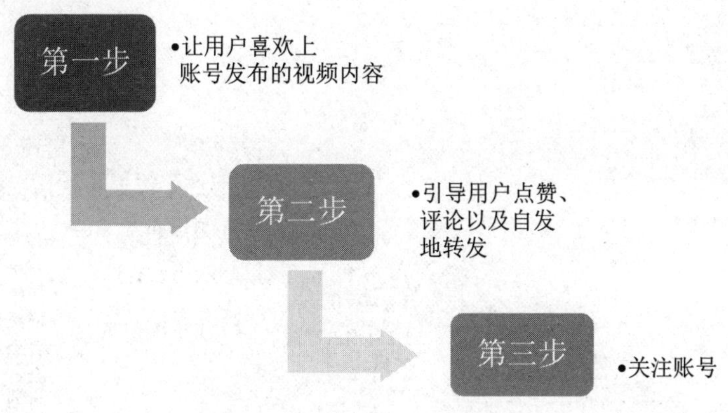

图 11-26　培养用户习惯的步骤

视频内容质量高的账号可以将这三个步骤一步做到位，而在三个步骤全部完成后，用户会心甘情愿来“蹲点”播主的短视频或是直播。这种行为的形成就是短视频对用户造成了影响，培养了用户习惯，无形中也增强了账号与用户之间的黏性。

11.3　提升视频权重与账号权重

权重是新媒体领域十分重要的一个概念。权重可以理解为某个账号或视频在平台所占的比重。即使是在今天这个“内容为王”的时代，也会有许多人说“好内容不如高权重”，可见权重的重要性。

11.3.1　平台流量池及推荐核心算法

在了解权重之前，新手短视频创作团队需要先弄清楚短视频平台的推荐规则，这样才能更好地与权重概念相结合，让自身账号在平台中获得更多优势。

1. 平台流量池

流量池机制是短视频平台的重要流量机制之一，所有账号发布的短视频，都需要经过流量池机制的推荐，才能逐步达到热门。

以抖音为例，平台会给每段新发布的短视频 200~500 的基础流量，之后根据该视频的点赞、评论和转发等数据来判断是否继续推荐。如果数据不错，接下来该视频就会被放入下一个流量池，如图 11-27 所示。

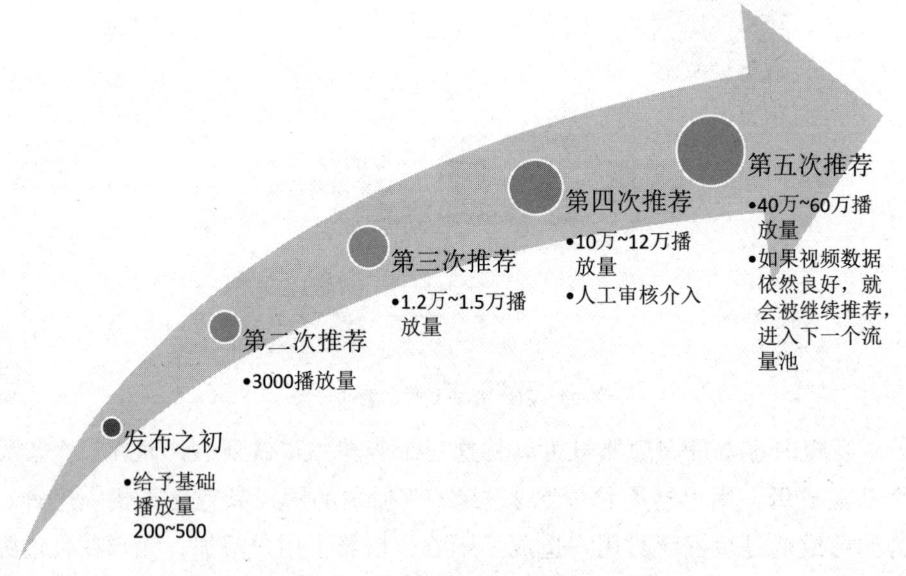

图 11-27　平台流量池机制的推荐步骤

如果短视频的相关数据持续保持良好的走势，平台就会不断地将其推荐到下一个流量池。如果短视频到达了图 11-27 中的 40~60 万的流量池，数据依然一路高涨，那么平台会继续将该视频向下一个流量池推荐——第六次推荐量在 200 万~300 万，第七次推荐量在 700~1100 万，第八次推荐会进行标签人群推荐，这时候的量级在 3000 万左右。

短视频团队需要注重短视频在每一个阶段的数据，以便能更快地实现流量池升级。在播放量还处于初级阶段时，也要耐心对待，不论播放量多少，都是一个很好的开端。

2. 核心算法

为什么某些视频在发布后，很长一段时间播放量都只有几十甚至个位数？依旧以抖音平台为例。抖音的算法机制中有一个十分强大的功能：快速识别内容是否重复、是否优质、是否低俗、是否涉及色情和政治等。如果团队发布的视频内容不够优质，例如，视频内容低俗、画面不清晰，或者疑似搬运，与平台上太多视频重复等，那么平台就会判定这部分内容为垃圾内容，不会给到正常的流量。

至此，许多新手会感到疑惑：明明在短视频平台看到许多换汤不换药的内容，它们依旧流量火爆，这是为什么呢？

的确，许多短视频平台都存在这一现象，在某内容火爆之后，其他播主纷纷跟拍，依旧能获得高流量，甚至流量反超原视频。此处的原理与之前所言的“内容重复”就并非同一概念了。在平台算法中，导致这种情况产生的本质原因在于热门内容的算法升级。也就是说，某一内容火爆后，平台算法会自动将这一内容判断为热门内容，是受大众喜欢的内容。因此，无论是谁转发或跟拍此内容，流量都不会太差。即使是“粉丝”极少的账号、权重较低的新号，发布此类热门视频，平台算法也会认定此为优质内容，所以会将短视频直接推荐到更大的流量池。

11.3.2　什么是新作品流量触顶机制？

许多“粉丝”数量在 300 万以下的账号都有这样的体验：如果账号发布的某条短视频在短时间内获得了超高流量，那么账号会获得大量的曝光，“粉丝”数量也会不停地上涨。然而，这种令短视频创作团队喜闻乐见的现象一般不会超过一周，且在此之后，那条爆款视频乃至整个账号都会迅速冷却下来，甚至后续发布的一些作品很难再有较高的推荐量，这是为什么呢？

这其中便涉及视频平台的流量触顶机制。以抖音为例，因为平台每天的总推荐量基本是固定的，在总推荐量固定的基础上，一方面，如果平台完成了内容相关标签人群的基本推荐，而非精准标签人群的反馈效果较差，就会停止推荐；另一方面，平台在原则上并不希望某一账号在短时间内迅速蹿红，而是希望通过账号的长期表现，考验其内容的再创新能力，也就是持续输出优质内容的能力。

除此之外，平台也希望将流量分给更多有潜力的账号，而不是将“鸡蛋”放在一个“篮子”里。即便如此，新手短视频创作团队也不要灰心丧气，只要持续进行优质作品的创作，高推荐量就会重新降临。

流量触顶的对应方法

在面临流量触顶时，短视频创作团队的账号“被迫”冷却，短时间内再度火爆是比较难的，这几乎是所有新手账号的共同困境。这时持续进行优质内容的创作是最根本的应对方法，除此之外，短视频创作团队还可以尝试采取另外两种应对方法：一、将个人号升级为企业号，这种方式能有效地清空限流标识；二、建立矩阵账号，多方面降低冷却风险。

11.3.3 视频权重与账号权重的作用

虽说各大平台对于权重的计算方法都秘而不宣，但权重却是短视频团队不得不重视的一个指标。我们可以将它简单地理解为：事物本身在其所属的环境中的重要性，在短视频平台中也是一样的。

短视频平台存在视频权重与账号权重两个概念。视频权重是指单个视频的权重，由视频本身的内容及数据表现决定，如视频是否清晰、是否含有违禁词、点赞量如何等，但并不影响该账号中其他视频的数据。而账号权重则与账号的“粉丝”量、是否进行认证等有关。

如果某视频的视频权重很高，那么它将助力于单个视频的各项数据。例如，该视频可以获得扶持流量，更有机会进入到下一个的流量池。还可以在同一账号中隐藏后再进行发布，且能通过审核等。

账号权重高则代表该账号比其他账号在各方面受益更多，例如，更容易统一标签，获得更好的精准流量推荐等。

11.3.4 权重与播放量的关系

权重与播放量自然是息息相关的，可除了大家烂熟于心的正相关关系外，具体的推荐量是怎样的呢？此处以一个新注册的短视频账号为例进行讲解。

新账号的前五条短视频决定了这个账号的初始权重，而平台在自身并不进行内容创作的情况下，出于让创作者拥有更高的创作热情，推动平台生态发展的目的，给予新账号的前五条短视频流量扶持，其中流量扶持最多的是第一条短视频。新账号发布的前几条视频播放量与账号权重的关系如图 11-28 所示。

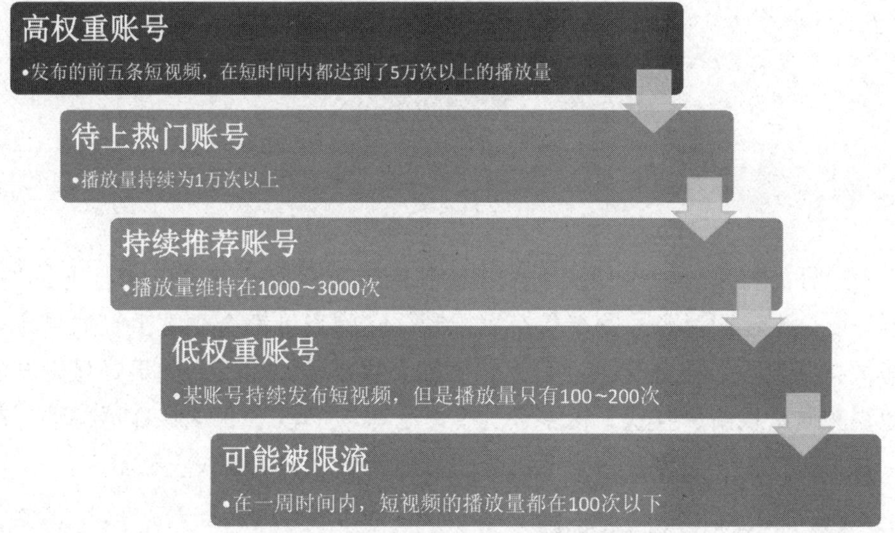

图 11-28　播放量与账号权重的关系

如果播主新注册的账号十分幸运地成了高权重账号，那么用该账号发布的短视频就很容易上热门。而在账号成为待上热门账号后，短视频创作团队需要积极参与热门话题，使用热门音乐，与热门短视频合拍，以提升上热门的概率。如果账号成了持续推荐账号，则需要抓紧时间提高短视频的质量，避免权重再次降低。

11.3.5　如何根据基础数据测算权重?

一个新注册的短视频账号，其权重往往不会很高。如果以分值作比，其权重分在 400 分左右。但这个分值并不是不变的，短视频平台会每周对账号进行一次评估，如果该账号一直未能产出优质内容，那么很可能会被扣除权重分。当权重分跌到 300 分时，该账号就会被定义为低权重账号。此外，如果账号发布的短视频涉及广告营销等违规行为，该账号会被直接扣分，成为一个低权重账号。抖音平台的权重测算方式如图 11-29 所示。

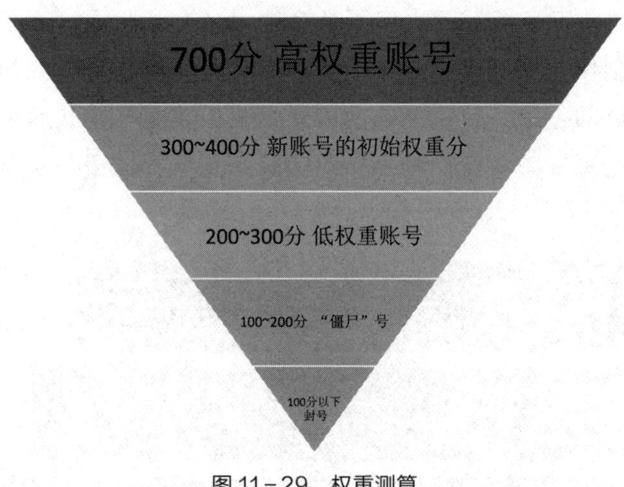

图 11-29 权重测算

账号的权重分如果持续下降，直到低于 200 分，该账号就会成为“僵尸”号。此时不管账号发布什么短视频，它的流量都会非常少。如果账号违规特别严重，扣分至 100 分，就会被直接封号。相反，如果账号发布的短视频质量很高，收获了很多点赞、评论和“粉丝”，那么该账号的评分就会涨得非常快，当评分达到 700 分时，它就会晋升为高权重账号。

11.3.6 提高权重的六大妙招

既然权重对短视频账号有着如此重要的作用，那么短视频创作团队应该如何提高账号的权重呢？这里总结了 6 种常用的方法，供短视频创作团队进行参考。

- 创作优质内容，打造爆款短视频。好的内容既能提高账号权重，又能吸引更多“粉丝”的关注，多方面提升视频的数据。
- 使用热门音乐。配乐是短视频的灵魂，若某账号新发布的短视频使用了热门音乐作为配乐，那么它就能得到平台给予的权重扶持。
- 插入热门话题。官方平台时常会推出不同的话题让创作者参与，这些热门话题包括但不限于开学季、新年等。参与官方热门话题，不仅可以增加短视频的推荐量，还能提升账号的权重。
- 参与官方举行的最新活动。在短视频平台，只要是创作者按照特定要求拍摄的短视频，参与官方活动就可以获得一定的权重扶持。

- 标题@抖音小助手。抖音官方很少明确表示哪些方法可以增加流量和提高权重，但是@抖音小助手是其中之一。在长期的运营过程中，短视频创作团队可能会发现，使用这一方法获得的额外流量较少、权重较低，这也许是使用的人太多造成的。但是对于新人来说，只要权重能提升就是好的，所以可以多多采用这一方式。
- 多与“粉丝”互动。短视频创作团队多与“粉丝”进行有效互动，如回复“粉丝”的评论和私信等，可以有效地提高账号的权重。

短视频创作团队要保证账号的权重不被扣分，根本方法是持续地产出优质内容，同时，多留意平台活动，抓住每一个能提高权重的机会，将运营做到极致。如果短视频创作团队能抓住每一个提升权重的机会，且不触犯平台的禁忌，那么账号的权重自然会上升。

11.3.7　被平台降权后的补救方法

账号已经积累了一定的“粉丝”数量，却因不小心违规而被降权，导致推荐量、播放量都迅速缩水，这样的尴尬情况许多短视频创作团队都遭遇过。在这种情况下，团队如果不懂补救的方法，可能会选择直接放弃账号。如此一来，前期的苦心经营便会付诸东流，十分可惜。那么，在遭遇降权后，短视频创作团队应当怎样合理地处理，才能使账号权重尽快恢复呢？方法如图 11-30 所示。

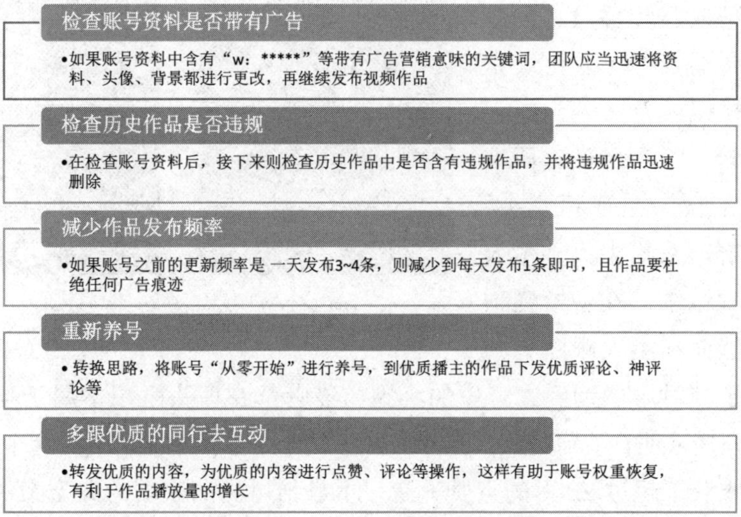

检查账号资料是否带有广告

- 如果账号资料中含有“w：*****”等带有广告营销意味的关键词，团队应当迅速将资料、头像、背景都进行更改，再继续发布视频作品

检查历史作品是否违规

- 在检查账号资料后，接下来则检查历史作品中是否含有违规作品，并将违规作品迅速删除

减少作品发布频率

- 如果账号之前的更新频率是 一天发布3~4条，则减少到每天发布1条即可，且作品要杜绝任何广告痕迹

重新养号

- 转换思路，将账号“从零开始”进行养号，到优质播主的作品下发优质评论、神评论等

多跟优质的同行去互动

- 转发优质的内容，为优质的内容进行点赞、评论等操作，这样有助于账号权重恢复，有利于作品播放量的增长

图 11-30　账号降权后的补救方法

除了执行图 11-30 中的 5 个方法外，短视频账号还要坚持“一机一卡一账号”，不要用一部手机频繁切换账号登录。同时，多用短视频 App 拍摄视频，多用热门音乐，这 3 种方式也能帮助账号尽快恢复权重。

11.3.8 提高点赞率的 4 个方法

账号发布的短视频是否能顺利进入下一个流量池，与其点赞量的多少息息相关，短视频创作团队应在做好视频内容的基础上，努力做到让浏览视频的观众都留下“小心心”。提高点赞量的方法具体有以下 4 种。

1. 在结尾处创造“高潮点”

有情节的短视频相当于一部小电影，可以引导观众的情感，让观众的情绪随着进度条的前行而不断累积，并在结尾处一次性地爆发出来。在合适的情节的引导下，观众会对结局的情节设置非常期待。如果结尾处的情节满足观众的情感期待，那么他们自然会留下点赞。

相反，如果观众看到最后，却没有得到自己想要的内容，心里难免会产生失落感，然后迅速划走，进入下一段视频。因此，播主一定要在结尾处安插冲击力足够强的剧情或反转桥段，创造一个“高潮点”，让观众主动为短视频点赞。

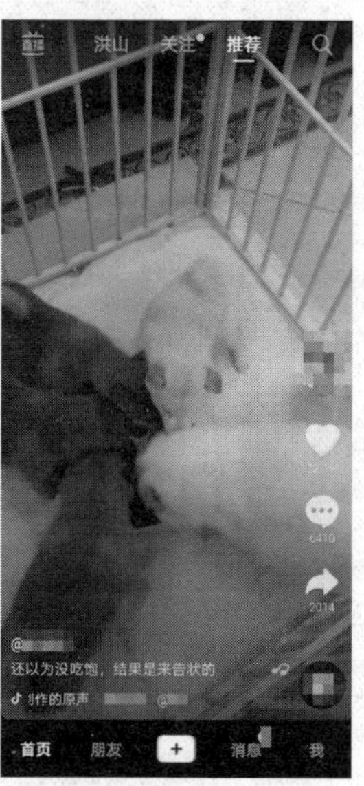

图 11-31 在结尾处创造“高潮点”

图 11-13 所示的这段视频时间不长，在视频开头，狗狗叼着碗来找主人，主人以为狗狗饿了，准备给狗狗喂食。然而在主人跟随狗狗来到笼子处时居然看到，家中的小狗与猫咪都在埋头吃原本属于狗狗的粮食。主人这才明白，狗狗其实是来“告状”的。这条短视频因为这个“告状”的高潮收获了超过 22 万的点赞，是一个靠结尾高潮获赞的典型案例。

2. 让观众“承诺”看完，创造点赞机会

点赞率是衡量短视频能否进入下一个流量池的重要指标之一，播主在发布短视频后，自然希望所有看到视频的观众都能留下“小心心”。据统计，大多数观众是在短视频接近尾声时点赞的。因此，短视频策划者一定要想方设法让观众们看到最后，尤其是那些时长较长的短视频。

为达到让观众看到视频最后的目的，许多播主会利用短视频的标题或是字幕请求观众将短视频看完。除了本就对视频感兴趣的观众外，部分观众原本会因为各种各样的原因而选择中途离开，却因为标题、字幕中“看到最后”的请求，对视频结尾产生了兴趣，通过实际行动答应这一请求，并在视频结尾处进行点赞。

图 11－32　在标题、字幕中请求观众看完

图 11－32 所示的短视频中，视频标题与字幕都包含“一定要看到最后”的文字，留住了部分因为时长过长或是对视频内容不感兴趣而要划走的观众。该视频时长较长，讲述的是两个小女孩在水边玩耍却不慎落水后，周围群众听到呼救声纷纷赶来参与救援，最后成功将两个小女孩捞上岸的真实事件。如果没有标题与文案中的请求，那么许多观众可能会因为时长而错过这个充满正能量的故事。正是因为有了这个请求，该视频也成功获得了超过 20 万的点赞。

3. 创造价值，不点赞就是错过

当短视频内容十分有价值时，部分观众点赞的含义就不仅仅是对视频表示赞赏了，还带有“马克一下”的意味，即用点赞来代替收藏。

名师点拨

什么是"马克一下"？

"马克一下"的意思是"做个标记"。"马克"这一说法是从英文单词"Mark"演变而来的，含义是"做记号、做标记"。我们在浏览网页时，可能会遇到需要收藏或稍后查看的内容，为了方便快速查找到这部分内容，网友会运用这一词汇在该内容下留言评论或进行转载，后期即可通过搜索关键词来找到对应内容。

当然，现在各大短视频平台本身就设置了收藏功能，操作并不复杂，但是远不如直接在页面设置点赞功能方便。同时，点赞的短视频会统一在某版块中展现，所以部分观众会习惯用点赞功能来代替收藏功能。而观众因为害怕错失价值而点赞的内容，大多是实用的"干货"，如图11-33所示。

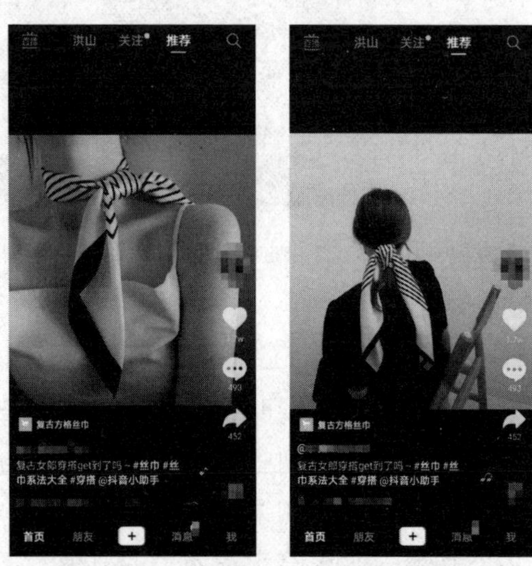

图11－33　创造有价值的短视频内容

图11－33所示的短视频主要是展示丝巾的多种系法。这对于喜爱丝巾这类装饰品的女性来说是十分实用的，但短视频App并没有历史浏览记录，所以当部分观众对视频内容感兴趣时，就会先点赞收藏视频，以方便日后查看。

4. 用文案、字幕、声音引导观众点赞

除了用优质的内容打动观众，让观众因为情绪、价值原因不得不点赞外，用文案、字幕、声音引导观众点赞的案例也不胜枚举，如图 11-34 所示。

图 11-34　用文案引导观众点赞

图 11-34 所示的短视频展示了某校青少年在训练中，团结有序、不畏艰难、相互帮助的美好品质。文案中“为我少年点赞”的话语，十分有利于引导观众自发地进行点赞。

11.3.9　提高评论率的 4 个方法

评论不仅能展现观众对短视频的评价与反馈，还可以提升短视频的热度。笔者接下来将介绍 4 个提高评论率的小技巧，如图 11-35 所示，以帮助短视频运营者提高视频热度。

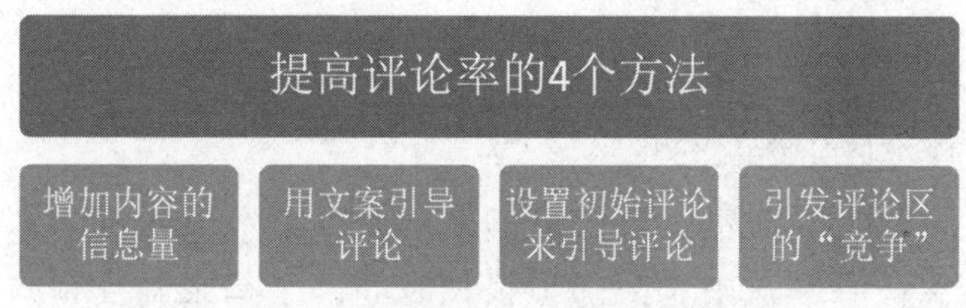

图 11-35　提高评论率的 4 个方法

1. 刺激用户情绪

刺激用户情绪的视频内容，通常分为两类。第一类是剧情类短视频中的情节与部分观众的亲身经历息息相关，观众会因此产生联想，感同身受，从而产生倾诉欲，留下评论。第二类则是通过感人或搞笑等情绪强烈的片段来感染观众，让观众在感动的同时会心一笑后留下评论。

（1）　（2）

图 11－36　刺激用户情绪的短视频

在抖音 App 中，一位身份为医护人员的播主曾发布了图 11－36 所示的这段短视频。

这段短视频的重点在于标题，文案十分生动地描述了播主令人捧腹的一段亲身经历，而图 11－36（1）中的内容从旁佐证了播主职业的真实性，提升了视频故事的可信度。

而图 11－36（2）所示为该视频的评论区，第一条获赞 1.1 万的评论用与标题文案相同的句式，表达了自己已经被文案“笑死”。接下来获赞 1.3 万与 1.6 万的评论分别对视频故事中的主人公——“15 床”进行了脑洞大开的揣测，甚至有许多观众因为这些有趣的评论，专门@自己的好友来到评论区观赏。该视频因为极富感染力的内容，向用户传递了无限欢乐，于是获得了超过 59 万的点赞与超过 7.6 万的评论，堪称通过刺激用户情绪提高评论比的典型案例。

2. 用文案引导评论

用文案引导评论，一般是指运营团队在短视频标题中提出一个问题，引导观众在评论区中进行讨论。

这类视频的内容通常带有一定的剧情，或者与有趣的现实生活有关。例如，某播主被一只流浪狗跟随了很长时间，于是录制视频向观众提问：

“大家看看，这只狗是什么品种，好养活吗？”如此观众便十分乐意在评论区回复播主的问题，视频的评论自然就会增多，这条短视频的热度也会上升。

3. 用初始评论引导评论

我们在浏览短视频时会发现：许多短视频的评论区中的置顶评论是播主自己留下的。其实这是播主们常用的一种引导评论的方式，即在发布短视频后，自己先进行评论。评论内容可能是对短视频内容的补充，也可能是在视频内容的基础上，向观众提出的问题。用评论补充视频内容的短视频如图 11－37 所示。

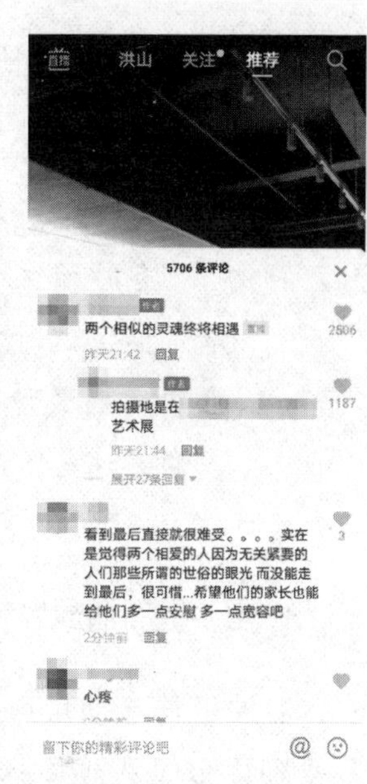

图 11－37　用初始评论引导评论

图 11－37 所示的短视频以女主人公的视角，讲述了一位最终没能与有情人终成眷属的男生的故事。视频中只有结尾处的字幕点明了男生的故事，并未给出任何后续介绍。而在评论区中，播主却留下了一句“两个相似的灵魂终将相遇”。这句话既像是对男主人公的故事的点评、总结，又像是对女主人公与男主人公后续故事的暗示，意味深长。这条评论获得了 2500 多个赞，以及 20 多条回复。

在短视频发布初期，评论数通常难以在短时间内猛涨。这时播主可以自行创作评论，对观众进行引导，甚至以小号评论、好友评论等方式活跃评论区，用多种形式触发观众的互动。

4. 引发评论区的“竞争”

好的短视频通常能体现一定的价值观，而大多数“粉丝”或观众点赞、评论短视频，是因为他们认同短视频的核心观点。但有时也会出现部分观众反对观点的情况。

面对这种现象，新手短视频创作团队不用慌张，也不用急着“灭火”。评论区中出现关于不同观点的讨论并不是坏现象，相反，在观众们的互相“抬杠”之下，短视频评论区一般会变得非常热闹。同时，随着视频热度的不断攀升，也会吸引更多观众加入讨论。由此可见，发布容易引发“争议”的短视频，往往能够获得更多的评论。

名师点拨

通过评论相反观点“炒热”短视频

有时播主发布的视频在红火一段时间后，播放量就会逐渐走低。这时要再次“炒热”这段视频，就可以用小号在评论区中的高赞评论下，回复持相反观点的评论，以此来获得更多的关注与回复。但要注意，这一方法并不适合用得太早。

11.3.10 提高播放量和互动量的九大关键环节

播放量与互动量可以说是决定一段短视频是否火爆的关键因素，二者都受到许多偶然或是必然因素的影响。但短视频创作团队要从根本上提升播放量与互动量，就要从内容选题、视频制作、内容分发三个层面入手，关注九大关键环节，打造具有爆款潜质的短视频。

第一个层面，内容选题。内容选题主要是指短视频的选题，而一段短视频的选题具有时效性、符合大部分观众的胃口、能在短时间内吸引观众的眼球，都是十分关键的。内容选题中涉及的具体环节如下。

- 选题：靠近热点。热点内容是最好的爆款选题，流量基础比较大。这并不是鼓励短视频创作团队将当下的热点复述一遍，而是鼓励大家用别具匠心的方式，捕捉热点中大众最关注的部分，从而产出具有正确价值观的内容。
- 主题：开门见山。短视频的开头要注重“黄金 3 秒原则”，内容要能够快速进入主题，不说废话，直击用户痛点。对于并不方便进行这类操作的短视频，创作者会聪明地将视频中最精彩的几秒放在开头。
- 受众：关注群体共性。用户都喜欢有料、有趣、有颜值的内容，短视频创作团队在选题的时候要多研究用户的喜好，长得好看就是优势，剧情有梗、有反转就能满足用户的心理，有争议更能引发用户评论。

第二个层面，视频制作。短视频的策划与创意最终还是以画面来体现的，视频画面是否清晰，剪辑是否流畅都与观众观感的好坏相关。视频制作层面需要注意的三个环节如下。

- 拍摄：画面要清晰。一定要保证短视频的画面清晰，建议至少是 1080 HD、60 FPS，这个效果目前的手机基本都支持。条件允许的话，用相机拍摄效果更好。同时，用摄影灯布光也能提升画面清晰度，三脚架或是稳定器也要用上，避免设备抖动，保证拍摄效果。
- 剪辑：叙事要清晰，精彩的配音和背景音乐锦上添花。剪辑、叙事要流畅，可以运用一定的技巧，但一定要让 90% 的观众理解。在此，不建议短视频创作团队运用蒙太奇等偏意识流的手法，否则容易产生曲高和寡的尴尬。故事要能够在短短几秒钟内引起用户的共鸣。当然，演员、剧本也是关键。
- 真人出镜，流量更多。短视频平台更愿意扶持“露脸”的账号，这与其社交属性是分不开的。同时，选取的演员除了颜值在线外，最好在演技上也有一定的造诣，否则容易产生“花瓶演员”难以表达剧本情感的尴尬。

第三个层面，内容分发。内容分发简单来说，就是发布短视频。短视频虽小，却处处都是讲究，处处都是运营。在内容分发层面需要注意以下三个关键环节。

- 封面：要追求精美。封面图能够帮助观众快速检索视频内容，从而找到想看的视频。经过大量的数据统计分析，当用户进入抖音个人主页时，视频封面更好看的账号，会吸引用户产生多次点击的欲望，这样能提高单个视频的播放量，同时，能够提高账号的关注量，从而提升“粉丝”量。
- 标题：要反复打磨。标题就是整个视频内容的精华，即便内容不够，也要用标题来凑。内容不错，标题写写得好，就能够得到更高的完播率，引发更多的评论，也越容易成为爆款。
- 推送时间：适合自己最重要。不同类型的短视频账号因为其受众不同，发布新短视频的最优时间是不同的。例如，剧情类账号可以在深夜发布视频，而美食类账号可以选在“饭点”进行发布。

名师点拨

新账号的黄金发布准则

对于新账号来说，短视频的发布时间可以参考“四点两天”准则。“四点”是指周一至周五的7点到9点、12点到13点、16点到19点及19点到22点；“两天”则是指周六和周日全天。在该原则中，发布时间的范围定得比较大，短视频创作团队在发布一段时间后，应当通过数据分析，查看自己“粉丝”的活跃时间、作品被浏览的高峰时间，再对作品的推送时间进行调整。

11.4 用DOU+工具将短视频推上热榜

DOU+作为抖音平台能帮助新手播主为视频流量助力的工具，被抖音的播主广泛应用。DOU+是抖音平台的一款视频加热工具，购买并使用后，可将视频推荐给更多兴趣用户，提升视频的播放量与互动量。

11.4.1 抖音平台的推荐和分发的原理

“得流量者得天下”，是所有短视频运营团队的共识。所有短视频创作团队都希望自己发布的短视频能成为热门，获得更多的流量。那么，一段热门短视频是怎样从零开始，一步步攀升至热点榜的前几名的呢？获得高流量固然重要，但了解短视频平台的推荐、分发原理，对短视频运营团队而言同样意义非凡。

以抖音App为例，作为当下热门的短视频平台，其流量推荐和分发原理十分有特点，主要体现在以下3个方面。

1. 循环去中心化、流量池原则

去中心化是指任何用户都可以成为抖音中的“明星”，从而成为大众关注的中心。同时，任何中心都不是永恒的，会随着情况的变化而改变。抖音不以任何名人、网红等作为固定的中心推荐对象，而是对新发布的视频进行无差别的初始推荐。这一原则给了每一位抖音用户相同的机会，对新手的成长无疑是非常有利的。

流量池原则是一个阶梯性的推荐原则。例如，某账号发布了一条新视频，抖音会将其先放入 100~300 的流量池。如果该视频的各项数据指标都很优秀，抖音就会将其再放入 500~1000 的流量池，以此类推。如果视频能拥有超过 10 000 的观看流量，那么这条短视频就离热门不远了。

在抖音中，去中心化与流量池原则是并行的，不管是谁发布的视频，都只能先进入第一阶梯的流量池，然后系统会依据该视频各个阶段的数据表现，利用算法来判断这些视频是否可以进入下一个流量池。

2. 叠加推荐

许多播主发布的短视频之所以能在一夜间爆红，大多是因为大数据算法对其视频进行了叠加推荐。叠加推荐机制是以短视频内容的综合权重作为评估标准的，而衡量综合权重的关键指标有完播率、点赞量、评论量、转发量，且每个梯级的权重各有差异，当权重达到一定量级后，抖音平台就会以大数据算法和人工运营相结合的机制不断对其进行推荐。

用户在抖音发布一个新的视频，平台会根据关注、附近、地域、话题等标签进行第一轮推荐。如果第一轮推荐中，该视频得到的完播率、点赞量、评论量、转发量相对较多，平台就会推断此视频内容质量较高，受用户欢迎，然后将该视频送入下一轮的推荐中，这时会有更多用户浏览到该视频，如果第二次推荐又有了比较好的反馈，该视频就可能进入再下一轮的推荐，从而获得更大的流量。

3. 时间效应

一条短视频如果在刚发布时并没有获得较多的流量，并不意味着它就永远失去了爆红的机会。实际上抖音中存在许多短视频，在刚刚发布时数据并不理想，但是隔了一段时间却突然爆火了。这是因为一个视频的爆红往往是需要一定的时间沉淀的，这就是时间效应。

抖音会定期挖掘之前没能“火”起来的一些优质的视频，经验丰富的运营团队常将这种现象戏称为“挖坟”。因此，播主在视频发布初期数据不佳的情况下，也不能对视频置之不理，而是要持续地为它进行点赞、评论，甚至将视频转发到朋友圈，以此增加视频的曝光度，不断坚持，说不定明天它就会成为拥有超高流量的爆款视频。

11.4.2 新账号怎样投DOU+？

新账号选择通过投放DOU+来进行视频推广是十分明智的，DOU+可以为短视频获得第二波流量助力。投放DOU+的过程可分为四个步骤，如图11-38所示。

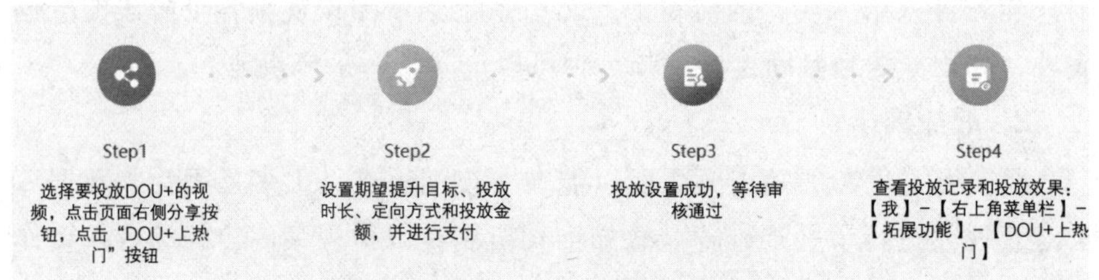

图11-38 DOU+投放的步骤

第1步：进入播主发布的视频主页，播放要投放DOU+的短视频，❶点击页面右下角的三点，再❷点击“DOU+上热门”按钮，如图11-39所示。

图11-39 DOU+投放入口

第2步：❶在页面中对期望提升的目标、投放时长、定向投放方式及投放金额进行设置，❷完成后进行支付，如图11-40所示。

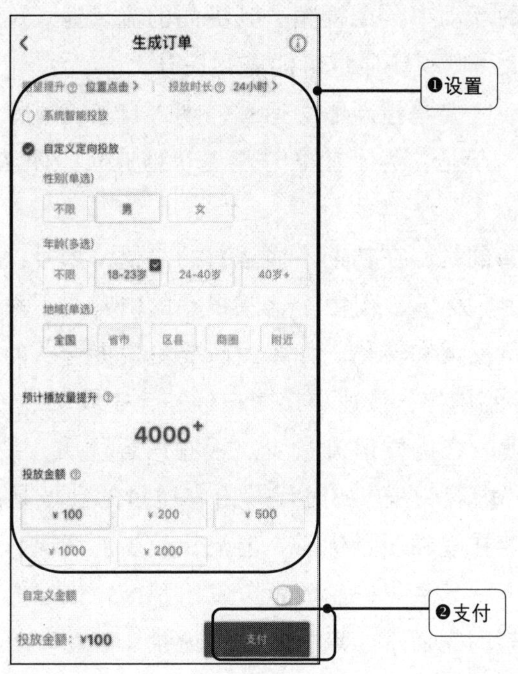

图 11-40　设置并支付

第 3 步：设置成功，等待审核通过。播主要注意的是，要将自己的某个短视频投放DOU+，那么自身账号就不能是私密账号。若之前进行了相关私密设置，就需要提前解除这一设置才能进行投放。

11.4.3　什么样的场景适合投DOU+？

DOU+ 虽说是一个非常好的流量助推工具，对投放者几乎没有门槛，但并不建议所有的短视频账号，为了获得更多流量都毫不犹豫地投放DOU+。如果短视频本身的质量就不高，那么即便花费再多的成本投放DOU+，也只能为该视频带来更多"一次性"的播放量，很难在循环推荐中产生质变，让视频成为热门。笔者实践过程中总结出了适合投放DOU+的三大场景。

场景一：需要更多流量测试视频质量、账号冷启动、账号转型。场景一中的三种情况如下。

- 测试视频质量很好理解，在播放量增多时，如果视频质量高，那么自然会换来更多的互动率，令视频去到更高的流量池。反之，如果视频的各项指标变化不大，则视频质量可能需要提升。

- 账号冷启动主要是指新账号运营初期，自然养成标签太慢，很难得到更高的推荐量。于是，为了让账号能更快地成长，团队通过投放DOU+来加快这一过程。

- 账号转型指的是，在初期不懂运营的时候，账号没有目的地发布了许多视频，被贴上了标签。但由于这些视频的内容并不垂直，质量也参差不齐，影响了流量反馈和转化。如今团队要更换更合适的标签，于是通过DOU+精准投放标签用户，快速更换账户标签，完成账号转型。

场景二：视频内容优质但流量少。视频内容优质，是适合投放DOU+的首要条件。在“内容为王”的时代，内容质量的高低是决定流量多少的关键，但依然会存在视频质量优质，但流量较少的情况。例如，在账号标签不明显的情况下，导致第一轮流量分发不精准，推送的用户对视频不感兴趣，影响了视频的完播率、点赞量、评论量、互动率等数据，以至短视频无法进入更大的流量池。这时如果短视频创作团队认为作品本身是十分优质的，就可以使用DOU+进行精准投放，对作品进行二次“加热”。

场景三：需要稳定的流量。例如，在账号进行一场重要的直播时，需要更多的用户看到直播间入口，以吸引更多的陌生流量。这时也可以采用投放DOU+的方式为直播“加温”。

在短视频平台，虽说有DOU+这样的付费助推工具，但从本质上来说，DOU+这样的工具只是为那些“沧海遗珠”助一把力，无法在朽木上雕琢出花朵。所以，要更为热门，最根本的方式还是用心打磨短视频内容。

11.4.4 分析DOU+热门的核心逻辑

DOU+能提高短视频的曝光率，令短视频获得更高的热度，这是众所周知的。那么DOU+具体是在平台推荐的哪个环节进行了助推呢？它的实现原理是怎样的呢？其实，DOU+助推短视频的逻辑十分简单，如图11-41所示。

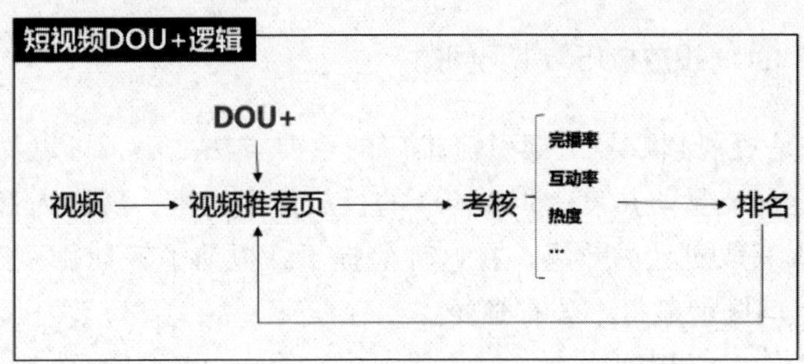

图 11-41　DOU+ 助推短视频的逻辑

从短视频推荐流程的源头说起，在账号新发布一条短视频后，系统算法会在视频推荐页为该视频匹配一定的流量，而匹配流量的多少由该账号的账号特征（标签、“粉丝”量等）、视频的内容特征（如关键词等），以及当前在线的用户特征（用户的兴趣、标签等）所决定。

在依据上述逻辑匹配到相应的用户后，平台会将视频内容展示给这些目标用户，并记录用户的反馈，包括用户是否看完了视频，是否存在关注、点赞行为等。接下来系统会基于反馈数据为视频内容评分、排序，并决定下一步为视频内容提供多少播放量。

在这个过程中，DOU+ 投放的行为就是购买播放量，提升视频曝光的行为。但这个曝光并不能直接影响到系统的评分环节。

以点赞率为例，视频 A 的播放量为 5000，有 1000 人点赞，那么视频 A 的点赞率就是 20%。如果这个时候购买了 100 元 DOU+，那么视频 A 将获得约 5000 的播放量，但是投放人却并不知道，5000 个观看视频的用户中有多少人会点赞。

如果点赞率低，或许会拉低该视频接下来获得的播放量，而点赞率高的话，也会提高即将获得的播放量。换言之，在系统的循环推荐中，DOU+ 仅仅作用于一轮推荐，只为短视频增加一次播放量。在下一轮的推荐中，系统给予该条视频多少播放量，还需要由视频在上一轮中的表现来决定。

与此同时，DOU+ 拥有选择投放目的的功能。假设以互动为投放目的，系统就会在基于特征和兴趣匹配的基础上，优先为视频选择更加有点赞、评论等互动倾向的在线用户进行推荐，那么从理论上来说，优秀的视频也的确能够通过投放 DOU+ 提高进入热门的概率。

11.4.5 DOU+投放技巧与常见问题

DOU+是短视频账号上架引流推广的重要方法之一，可以为视频与账号带来一定的流量与热度。但DOU+的投放需要成本，所有人都希望能用最小的成本获取更大的效果。在这种前提下，提前了解DOU+投放的相关技巧与常见问题就显得十分有必要。

1. DOU+投放时间

一天中不同的时段，抖音用户的活跃度是不同的。因此，DOU+的最佳投放时间也有讲究。正常情况下，下午6：00~12：00为用户活跃高峰期，团队可以选择这一时间段进行投放。

另外，如果团队要进行500元额度的投放，最好选择6小时投放时长，高于500元额度则建议选择12小时以上。大额投放需要给平台一个缓冲时间，时间太短的话，可能会存在被拿垃圾流量充数的可能，而晚上6：00到12：00，刚好为6个小时。

2. 为什么你的视频无法投放DOU+?

抖音本身存在系统审核与人工审核两道关卡，投放DOU+的视频自然也需要通过审核，审核通过后才可投放。不符合规则的都无法进行投放。抖音DOU+视频审核驳回的常见原因如图11－42所示。

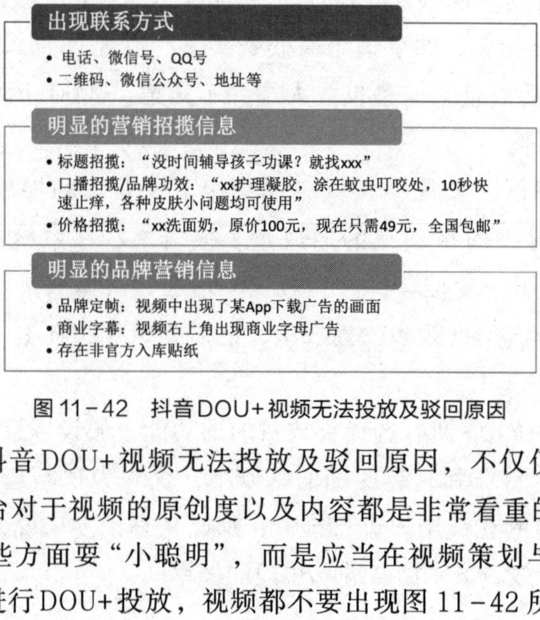

出现联系方式

- 电话、微信号、QQ号
- 二维码、微信公众号、地址等

明显的营销招揽信息

- 标题招揽："没时间辅导孩子功课？就找xxx"
- 口播招揽/品牌功效："xx护理凝胶，涂在蚊虫叮咬处，10秒快速止痒，各种皮肤小问题均可使用"
- 价格招揽："xx洗面奶，原价100元，现在只需49元，全国包邮"

明显的品牌营销信息

- 品牌定帧：视频中出现了某App下载广告的画面
- 商业字幕：视频右上角出现商业字母广告
- 存在非官方入库贴纸

图11－42 抖音DOU+视频无法投放及驳回原因

以上就是抖音DOU+视频无法投放及驳回原因，不仅仅是抖音，其实所有短视频平台对于视频的原创度以及内容都是非常看重的，短视频创作团队不要在这些方面耍"小聪明"，而是应当在视频策划与制作方面下功夫。不论是否进行DOU+投放，视频都不要出现图11－42所示的问题。

11.5 短视频播放与推广效果数据分析

短视频的数据作为数字化的流量，是判定短视频创作团队的工作是否成功的重要指标，也是鉴别某账号或某视频是否火爆的标准。除了与视频本身的内容相关外，短视频数据还与团队的推广工作息息相关，推广效果的好坏决定了数据的高低，但许多新手团队不知道的是，其实数据还可以反过来指导推广工作。

11.5.1 不可不知的衡量指标

众所周知，常见的短视频的相关指标包括点击率、评论率、转发率、收藏率、涨粉量。短视频创作团队需要深刻体会这 5 大指标所代表的含义，以及各自的作用，这样才能更好地了解数据涨跌背后的意义，并利用数据对短视频推广工作进行指导。5 大指标的含义与作用如表 11-1 所示。

表 11-1　短视频的 5 大指标

5 大指标	具体描述
点击率	• 指视频被点击的次数与被显示次数之比，其结果一般以百分比的形式呈现 • 点击率 = 点击量 / 展现量 × 100% • 点击率一般用来衡量视频对观众的吸引程度，以及该视频的受关注程度
评论率	• 指视频评论的次数与播放次数之比 • 评论率 = 评论量 / 播放量 × 100% • 评论率可以反映视频选题的受欢迎程度与观众对于视频话题的讨论欲望
转发率	• 指转发次数与播放次数之比 • 转发率 = 转发量 / 播放量 × 100% • 转发率是体现用户分享行为的直接指标，同时反映观众对于视频所表达的观点的认可程度，或对于视频内容是否具有共鸣。另外，转发率高的视频，通常带来的新增粉丝量较多
收藏率	• 指收藏次数与播放次数之比 • 收藏率 = 收藏量 / 播放量 × 100% • 用户收藏的初衷是为了再次观看视频，所以收藏率能够反映出用户对短视频价值的肯定程度。在短视频平台中，美食、美妆、健身等方面视频的收藏率一般比较高

续表

5大指标	具体描述
涨粉量	• 指视频发布后新增关注的用户数量，但还要减去同时取消关注的用户数量，所以涨粉量是新增关注用户数减去取消关注用户数的结果 • 涨粉量能在一定程度上体现该条短视频对于账号“粉丝”数量的影响

11.5.2 一定要重视初始推荐量

初始推荐量是影响短视频后期数据的重要因素之一。当视频发布之后，平台会将视频分配到一个流量池，然后根据该视频在这个流量池的表现，决定要不要将这个视频推荐给更多的人看。而在对短视频进行初次推荐时，给予的推荐量就是初始推荐量。在以这个规则作为前提的情况下，不论是新号还是大V，只要能够产出优质内容，就有机会成为爆款视频。

通常情况下，在短视频发布后的一小时内，平台会根据视频的播放量、完播率、点赞数、评论率等数据来判断该视频是否受欢迎，从而决定是否对该视频进行持续推荐。如果视频第一次或某一次转播的效果不好，没能进入更大的流量池，平台就不会持续推荐该视频，这个视频的数据也就很难提高了。由此可见。视频发布后得到的初始推荐量是非常重要的。

11.5.3 同期发布的多个短视频数据差距较大之解惑

短视频创作团队要解答同期发布的多个视频的数据差距较大的问题，首先要了解一个概念——同期数据。

同期数据是指同一个视频在同一时期的播放量，即相同时间内，同一个短视频在不同平台或不同渠道的播放量。因为不同短视频平台对各类短视频的喜好程度是不同的，所以同一视频的数据差距可能会比较大。

因此在发布视频之前，团队需要了解、测试各个短视频平台的活跃度，并熟悉每个平台的类型，然后将自己的短视频投放到合适的平台。同时，在不同平台发布相同的短视频时，短视频创作团队可以根据平台的类型与调性来撰写区别性文案，从而更大限度地获得不同平台的流量。

11.5.4 分析相近题材短视频的数据

新手团队在刚进入短视频行业时，学习分析、评估与自身账号风格定位类似的账号的数据非常重要。这项工作可以通过各种数据平台来进行，如飞瓜数据、卡思数据等。分析与自身账号定位类似的账号的短视频，应当从两方面入手。

首先，从对方账号的用户画像入手，分析对方“粉丝”的性别、年龄、地域，甚至星座等数据。

其次，分析相近题材短视频在平台中的受欢迎程度，受众人群基数及同领域排名较高账号的各项数据，如“粉丝”数、点赞量、评论量等。

短视频创作团队应当通过整合各类数据，绘制出条形图或折线图，将自身短视频与热门短视频进行数据对比，分析在题材相近的情况下，为什么对方的短视频能成为爆款，并从中学习对方的长处。

11.5.5 分析他人的爆款短视频数据

爆款视频无疑是值得所有短视频创作团队学习的，但鲜为人知的是，它的数据也非常具有参考价值。因此短视频创作团队应当将爆款视频的数据纳入数据分析工作中。

爆款短视频的各项数据一般都会比普通短视频的要好，这些数据包括视频播放量、点赞量/率、分享/转发量、评论量/率、收藏量/率、完播率、涨粉量等。团队可通过数据平台或视频平台，获得当天或当月的爆款短视频名单及数据进行分析。

为什么别人的短视频能够成为爆款？除了好的策划之外，能引起共鸣的内容同样至关重要。如果是同领域的短视频遥遥领先，则有可能是竞争对手创作了一个新的短视频形式，从而吸引了更多人关注。这种情况对于短视频创作团队来说，可能是一个很好的学习机会及发展机遇。团队可以选择采取跟进的策略，也可以学习对方的制作经验，改良或优化出新的视频形式。

11.5.6 根据成绩差距来改进工作

短视频创作团队应当利用数据分析为短视频的策划、发布做指导，并在实践过程中不断地进行验证。所以，将视频发布的成果与预期成绩进行对比是十分关键的。通过二者的对比，可以总结出对应短视频的制作、发布、互动全过程中的优点并继续保持，以及对仍然不够好的部分进行优化。一般二者对比结果不外乎以下三种。

第一种：顺利完成原定成绩目标。

第二种：超预期完成并取得优秀成绩。

第三种：没能完成原定成绩目标。

作为专业的短视频运营团队，不能只停留在浅层数据（点赞量、“粉丝”

量、完播率等）分析的层面上，还需要深入运营的整体诉求及对投入产出等目标维度进行分析，才能得出最终成绩，并根据结果来进行下一次的优化改进。

假如短视频的最终成绩和预期成绩差距比较大，那么必须返回到根源上进行反省。在此过程中，短视频创作团队可以将短视频账号中的主要数据，以图表的形式制作出来，更加具象地进行重点优化，从策划和后期制作等方面着手进行改善。

11.6 秘技一点通

1. 关注两大数据，让你瞬间“盘活”DOU+带货

DOU+带货原本就是一门比较复杂的生意，新手不能只关注销售额，还要多方位地关注各项数据，在不同阶段进行对比与总结。其中，进店率与转化率是两大不得不重视的数据指标，好好把握这两大指标，能产生意想不到的收获。

抖音的进店率和转化率，与淘宝相比存在一定区别。例如，某抖音号的进店率是，10万的播放量有1万人进店，但进店的1万人里，有多少消费者产生了购买行为，才是它的转化率。抖音的进店率相对淘宝来说，转化率会更低一些，这是由于在淘宝购买商品属于搜索型购买，消费者本来就需要这类产品，所以转化率比较高。而抖音的消费者是被视频所吸引才点进来并有可能产生购买行为的，视频本身被刷到就需要一定的概率，转化率自然就会低一些了。

所以，选择在抖音上卖货，要先观察该商品在淘宝上的转化率。一般来说，在淘宝平台，转化率为10%的就属于还不错的品类，15%就属于很好的品类，20%以上就是非常不错的品类了。

进行DOU+卖货必须重视数据，想实现真正的信息化一定要利用好第三方工具，更好、更深入地分析判断经营情况。短视频平台是讲究数据的，在这里进行变现千万不能信马由缰。

2. DOU+相关问题解惑：DOU+币是啥？订单消耗怎么计算？

许多新手虽然掌握了投放DOU+的步骤，但对于DOU+的内部原理及如何扣款等问题依然一无所知，笔者接下来就讲述一些与DOU+消耗等相关的问题。

首先，DOU+ 币是抖音平台提供的，是可在抖音平台消费的虚拟货币。

短视频创作团队可利用DOU+币自由购买DOU+流量。

其次，DOU+的订单消耗是如何计算的呢？当平台将投放DOU+的视频展现给一位用户时，系统会自动扣除一部分金额，直到扣减至购买金额或订单投放终止。DOU+的订单数据中并不包含自然播放量，仅为投放DOU+带来的展现量、播放量、互动量。其中，展现量与播放量是有区别的。展现量为展现给用户的次数，即被用户看到的次数，例如，视频被展现给了100 位用户观看。而播放量则是视频被播放的总次数，其中包含了重复播放量，例如，某段视频被展现给了 100 位用户观看，每位用户都将这段视频看了 3 次，那么播放量就是 300。

3. DOU+带货如何选品？先了解抖音购物的四大心理模式

许多新手做抖音带货时，努力了很长时间也没能获得好的效果，难免心灰意冷。很多时候是因为他们没能领悟一个道理：对于带货短视频账号而言，得用户心者得天下。要在抖音这个特殊平台上卖货，首先要了解抖音用户在抖音购物的心理模式，从而做到“对症下药”。抖音购物的四大心理模式如下。

（1）爱“占便宜”。DOU+带货之所以赚钱，是因为观众“爱占便宜”。很多“粉丝”少、视频少的带货号靠的并不是自然流量，而是付费流量。例如，某面膜官方价格为 99 元，但是DOU+带货就需要给出更低的价格，如领券后 39 元，价格低了之后，厂家还要给出高佣金，这样消费者确实捡了便宜。

（2）打开“新世界”。消费者在抖音上可以挖掘到很多新奇的产品。各种差异化、升级化的品类出现，展现形式也很新颖，消费者往往会抱着“这些产品好新奇，买来试试”的心态去下单。

（3）羊群效应。一些DOU+种草号的评论区置顶，都是“特别好用”“保证好用”“我发誓”及各类型见证，这些评论看起来很逼真，点赞量也很多，容易引起消费者的跟风消费行为。

（4）试错成本低。哪怕消费者觉得产品并没有那么好，但是因为试错成本很低，消费者也会愿意买单。例如，对于脱发的消费者来说，原价199 元的生发液，现在只要 49 元，试错成本就比较低。其实也是一种“赌”的心态，消费者会想：万一真的很好用呢？由此可见，促使用户下单的决定性因素就是试错成本低。

把握这四大消费心理，针对用户心理进行选品、打折、宣传，短视频创作团队就能找到属于自己的带货道路。

12 短视频变现

Chapter

本章要点

- ★ 掌握短视频变现的 7 种方式
- ★ 寻找适合自身账号的短视频变现方式

商业变现是短视频运营人员进行创作的原动力。在传统的长视频时代，一般通过在视频的片头、片中或片尾插入广告来实现变现，这样生硬的变现形式在短视频中显然是不太行得通的。

那么，在短视频的特定环境中，运营人员应当如何依据短视频自身的特性，在保证用户的观看体验的前提下实现变现呢？这个问题是值得所有短视频运营者深思的。本章将给大家讲解短视频变现常用的几种方式。

短视频居高不下的热度，吸引了越来越多的观众。而如此庞大的观众基础，也让更多的商家入驻短视频平台，或是积极寻求与高人气短视频播主的合作。因此，旺盛的市场催生出多种短视频变现的方式。新晋短视频运营者应对这些方式进行深入了解，找到适合自身账号的变现途径。

12.1　渠道分成

渠道分成是短视频账号最直接也是最基本的收入方式之一。在短视频诞生之初，各个平台都推出了不同的平台补贴政策。短视频账号只需达到一定的条件，就能获得平台分成。

但渠道分成并非短视频运营的主要收入，相比其他变现方式的收入，渠道分成就像是冰山一角。所以，平台一般仅作为短视频变现的渠道，短视频运营人员往往在渠道分成外，还会追求其他的变现收入。

12.2　广告合作

广告是媒体时代随处可见的一种宣传方式，聪明的商家自然也不会放过短视频这个传播良机。广告合作有 5 种形式，分别是冠名广告、植入广告、贴片广告、品牌广告和浮窗广告。

1. 冠名广告

冠名是指企业为了提升企业、产品、品牌的知名度和影响力而采取的一种宣传方式，它是广告中比较直接、生硬的一种形式。冠名广告常见于电视节目中，比如，我们在很多综艺节目中就常常看到企业的冠名广告。

冠名广告通常有 3 种形式：片头标板、主持人口播和字幕鸣谢。通常来说，冠名广告是一种双赢的合作形式，企业通过短视频的广告宣传达到品牌宣传的目的，扩大影响力。而对于短视频创作者而言，不仅加强了对外合作，还实现了盈利。

2. 植入广告

目前植入广告是短视频中运用范围最广的一种。植入广告主要是把产品或服务中具有代表性的视听品牌符号，融入影视或其他传播载体中，给观众留下印象，以达到营销目的。在短视频领域，植入广告的常见形式是将产品融入故事情节中，并突出产品的各项优势。例如，抖音号“情绪唱片”，就在短视频故事中巧妙地植入了商品及其功能介绍，如图12-1所示。

图12-1　短视频中的植入广告

相比其他广告形式，植入广告能更加不着痕迹地融入短视频。因此，它更不容易引起观众的反感，也就能达到更好的宣传效果。有时由于短视频的故事情节实在太有趣，因此观众明明知道这条视频的本质是某产品的广告，也依然愿意为产品买单。这也是短视频与植入广告相结合所要达到的最终效果。

3. 贴片广告

贴片广告是指商家通过不同的介质和形式（如视频、海报等），将自身的品牌及LOGO直接展现给大众，以提高自身知名度。

贴片广告常见于电影中，一部优秀的影片一般都具有较高的人气，以及良好的放映环境，这都能保证贴片广告的到达率。但由于贴片广告的表现形式还是比较直接的，因此短视频中很少采用这种广告形式。

4. 品牌广告

品牌广告即以品牌为中心，专为企业打造的一种广告。这种广告形式主要是从品牌自身出发，以宣传企业的品牌文化、理念为目的。虽然变现更为高效，但其制作成本也相对较高。

5. 浮窗广告

浮窗广告是指在视频播放的过程中，悬挂在画面某个特定位置的LOGO或一句话。浮窗广告一般出现在视频画面的角落，常见于电视节目，但由于这种广告形式十分直白，可能会影响观众的观赏体验而受到相关政策的限制。

12.3 “粉丝”变现

“粉丝”变现是短视频领域重要的一种变现手段。“粉丝”变现并不是指每一位“粉丝”都能为创作者带来经济收益，在所有关注账号的“粉丝”中，只有一部分“粉丝”能为账号带来实际收益。这是由于“粉丝”与“粉丝”之间是存在差别的，如图 12-2 所示。

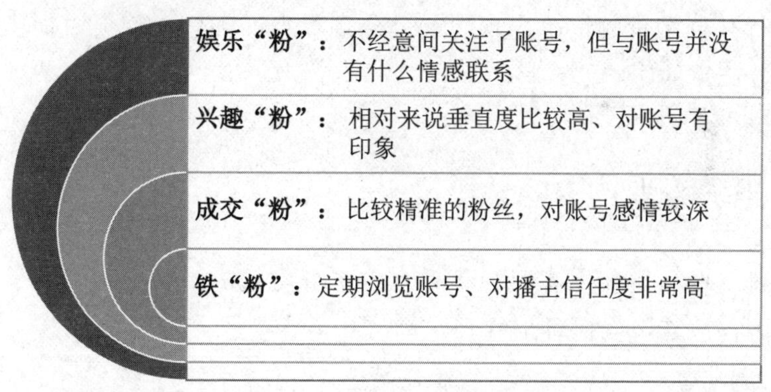

图 12-2　不同的“粉丝”类型

图 12-2 展现了 4 种“粉丝”类型，而不同类型的“粉丝”为账号带来的收益是不同的。例如，在“粉丝”变现的第一种形式——“粉丝”打赏中，铁“粉”往往是打赏次数与金额最多的群体，而娱乐“粉”几乎很难给账号打赏。

除了直接的打赏，“粉丝”变现还有一种形式，就是社群卖货。社群卖货是指账号通过各种各样的方式，将观众引流到社群内，再进行卖货。其中，所有交易都通过社交软件进行。而这类卖货方式主要针对的群体一般是账号的铁“粉”与成交“粉”。社群卖货具有以下优点。

- 受众精准，成交率高。由于只有对营销短视频感兴趣的“粉丝”才会进群，因此群内的成员基本上是播主的精准客户，对于播主推荐的商品比较认可，成交率也因此相对较高。
- 受众稳定，便于管理。进群后的“粉丝”是播主在长期经营账号的前提下累积的精准客户，对于播主有一定的忠诚度。在第一次推广过后，可以持续运营同一社群，向受众推广其需要的其他商品。
- 推广成本小，有利于测款。在需要对某款商品进行小范围的测试时，可以利用现有的社群来进行，这样可以节约推广成本。
- 反馈及时，便于调整经营策略。由于社群的自由性，运营方能及时地获得并处理用户的反馈，有利于运营方及时调整经营策略，维护社群的黏度。

进行社群卖货的短视频创作团队，由于需要通过这样的方式得利，所以要更用心地对社群内外的“粉丝”进行维护，尤其要警惕冒用自身账号名称进行社群卖货的情况出现。如果出现类似的问题，就会对播主的名声造成十分严重的影响。

12.4 电商变现

电商变现是目前主流短视频平台中十分常见的一种变现方式，主要分为淘宝客与自营电商两种形式。

1. 淘宝客

淘宝客是一种按成交计费的推广模式，它的模式是播主或个体作为推广者，从淘宝客推广专区挑选商品，并获取商品代码进行推广，任何买家通过推广者发出的商品链接进入淘宝平台的卖家店铺完成购买后，推广者都可以得到由卖家支付的佣金。这个过程中买家可以是任何人，包括推广者自己。而推广者发布商品链接的渠道不受限制，对于短视频播主而言，推广渠道就是商品橱窗。

淘宝客作为一种变现方式，操作起来相对简单，短视频播主只需要负

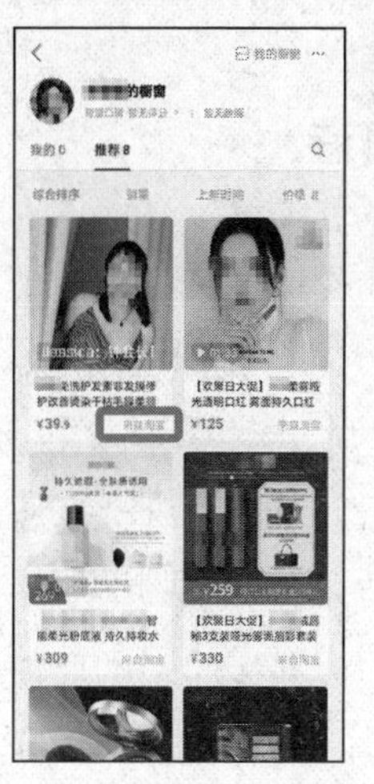
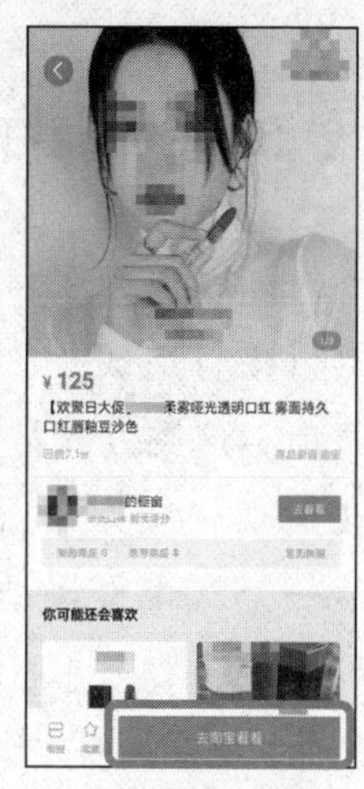

（1）　　（2）

图 12－3　淘宝客播主橱窗

责商品推广，商品的生产、发货、库存管理等都由卖家负责，比较适合规模较小的新晋短视频创作者。以淘宝客的形式实现变现的播主的抖音橱窗界面如图 12－3 所示。

从图 12－3（1）中可以看到，以淘宝客作为变现方式的抖音播主，其橱窗首页中所有商品右下角均有“来自淘宝”的标识。点击某商品进入购买页面后，商品下方也显示“去淘宝看看”的按钮，如图 12－3（2）所示。如果顾客点击这一按钮继续购买，下一步页面将从抖音跳转至淘宝平台对应商品的购买页面。

2. 自营电商

自营电商，顾名思义，是指经营者自己建立品牌进行经营。它的一般模式为，经营者自己推出符合自己的品牌诉求及消费者需要的采购标准，来引入、管理和销售各类品牌的商品，并以这些可靠的品牌作为支撑点，突显自身品牌的可靠性，进行品牌与电商的双重推进。

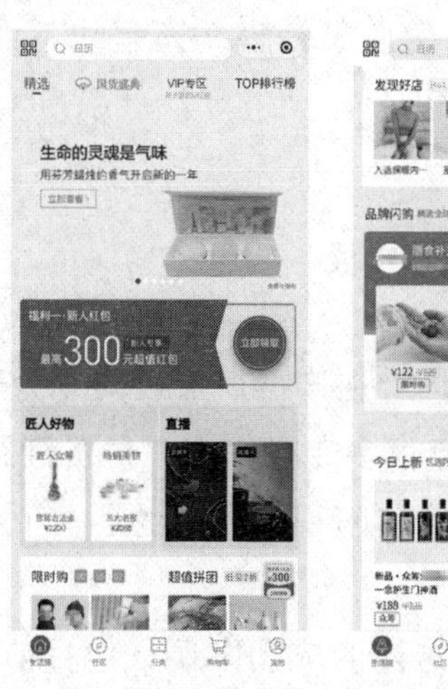

图 12－4　一条生活馆

自营电商最典型的案例就是“一条”。一条建立了自己的线上商城：“一条生活馆”（见图 12－4），它为用户提供了一个交易平台，可直接在这个平台上享受服务并进行消费，无须通过其他平台实现。

自营电商这种变现形式，可以针对账号自身的用户群体，更加精准地提供商品。除此之外，自营电商的运营成本虽然比淘宝客高，但其盈利也相对多一些。

12.5 IP形象打造

将短视频账号作品中某一突出的形象打造成一个IP，就是IP形象打造。这类方式常见于动漫作品中，在短视频类型日益丰富后，IP变现这一方式也慢慢适用于短视频。例如，短视频领域十分成功的IP“李子柒”，就拥有十分典型的形象，如图12-5所示。

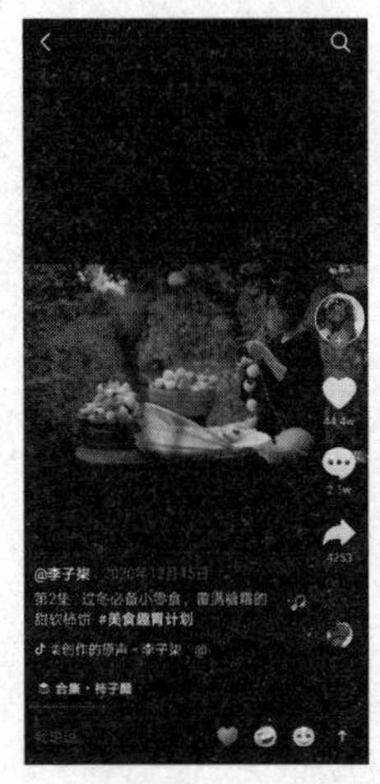

图12-5 IP成功案例——李子柒

李子柒通过一系列的短视频，成功地打造了自己的IP。在形象上，她身着古风服饰，长发飘逸，笑容恬静；在内容上，李子柒用古朴的纯手工方式，制造各类吃食、用品等。李子柒目前已经成功打上“古风”“手工”“美女”“美食”等标签，以她为品牌的螺蛳粉、火锅底料、鲜花饼等商品，都能获得很高的销量。

从李子柒的案例可以看出，打造IP的好处是便于日后各种变现。不管是与IP有关的商品销售，还是线下活动的举行，都可以吸引足够的人流，迅速实现变现。

12.6 知识付费

优质的内容在产出后可以转变为服务或产品，知识也是一样。例如“得到”App中有很多专栏供用户付费订阅（如《罗辑思维》），实现了知识与费用的挂钩。而“问视课堂”也是一个把短视频与知识付费结合在一起的典型案例。

虽说有这样的成功案例，但目前知识付费在短视频中的市场还未完全打开，不过它依旧是一种不可小觑的变现形式。也许在不久的将来，知识付费就会化身短视频行业的一匹“黑马”。

知识付费在形式上分为两种，第一种是付费学习某项课程，第二种是付费进行专业咨询。

许多以知识学习为主要内容的付费视频，正在短视频领域崭露头角。这类短视频的模式往往是先引入情境，表达学习某项课程的必要性，然后“抛出优惠”，如图 12-6 所示。

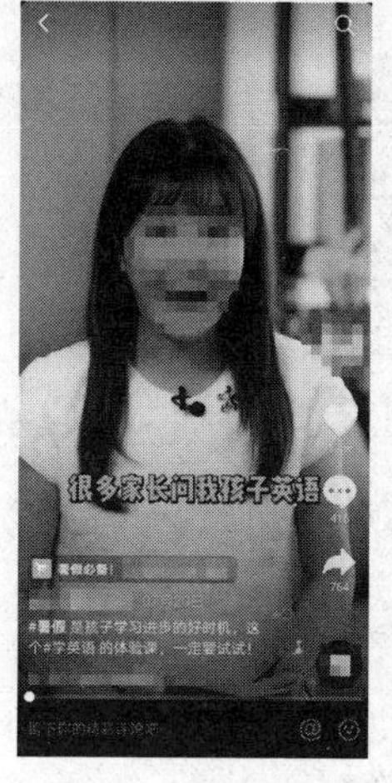

图 12-6　知识付费案例

而专业咨询则是借助短视频，拉近了与公众的距离，如法律咨询。过去法律咨询在普通大众眼中是十分昂贵的，真正遇到问题时，也不知道去哪里找律师。而一部分聪明的运营者利用短视频的低门槛开设了账号，对生活中能用到的一些法律知识进行讲解，同时提供免费的专业咨询网站链接，并将用户引流到专业网站进行互动，视情况收费，收获了大量的线上客户，如图 12-7 所示。

（1）　（2）

图 12-7　专业咨询付费案例

图 12-7(1) 为短视频播放页面，从此页面中可以看到，播主用文字与图片相结合的方式，开门见山地罗列了他能够提供的法律援助范畴。同时，页面中有一个非常显眼的弹窗，点击“查看详情”按钮，则会进入图 12-7(2) 所示的页面。在此页面中对相关问题作答后，即可预约律师进行专业咨询。

12.7 其他变现方式

除了上述 6 种变现方式外，短视频的变现方式还有许多，包括版权变现、媒体影响力变现、众筹合作等。

其实，从根本上来说，短视频就是一种传播方式，而宣传的具体内容可以由创作者自己来决定。在目前的短视频市场上，短视频的类型与内容都越来越丰富多彩，所以，未来也会衍生出越来越多的变现方式。短视频创作团队在进行账号运营时，应将目光尽量放长远，争取创造出更多的可能。

12.8 秘技一点通

1. 学会一招——让你的视频轻松破十万

许多短视频创作者由于前期操作不当等原因，在发布短视频后，视频播放量总卡在 500 左右，难以突破，吸收不到新的粉丝，账号权重无法提升。

当账号陷入这种困境时，创作者可以利用热点榜中的热点事件，激活账号权重，突破播放量，具体做法如下。

（1）打开热点榜，对前 20 个热点话题进行筛选。选择与自身账号领域最接近的热门话题。

（2）迅速收集该热门事件的相关信息，制作一段口播式点评的短视频，或者将与该热点相关的高浏览量文章改编成适合自身短视频的形式，将视频时长控制在 30 秒左右，在短视频用户活跃时间进行发布，就能轻松突破流量困境。

短视频热点榜中，前 20 个热点话题本身就自带巨大的流量等待分配，创作者可以借助热门话题的东风，将自身视频送上热门，走出低流量、低权重的尴尬境地。

2. 播主与抖音平台如何分成?

目前抖音平台最主要的收益来源于其直播板块。在这个方面，个人播主的分成比例为 30%，而公会播主获得的分成比例会更高，在 40%~50%。

公会播主的分成来源于两部分：固定分成与任务分成。其中，固定分成的比例在 40%~45%，任务分成比例为 0%~5%，分成比例总计在 45%~50%，最高分成可达到 50%。如果公会为了激励播主而放弃 5% 的服务费，那么理论上播主最高能够拿到 55% 的分成。

建议有条件的个人播主，可以通过加入公会来提高分成。但直播公会也有不同的级别，其中，S 级别的公会是分成比例最高的，但相对而言进入门槛也会更高。

3. 懒人这样发作品，躺着赚钱

抖音平台其实隐藏着许多轻松赚钱的方法。例如，在发布作品时，通过官方网页进行发布，并申请关联热点，播主就能在家躺着等待收益进账。

要通过这样的方式赚取收益，播主应多关注抖音热点榜，在榜单中寻找适合自身拍摄相关视频的热点，如变装挑战或是泼水成冰等。抖音搜索页面中的热点榜如图 12-8 所示。

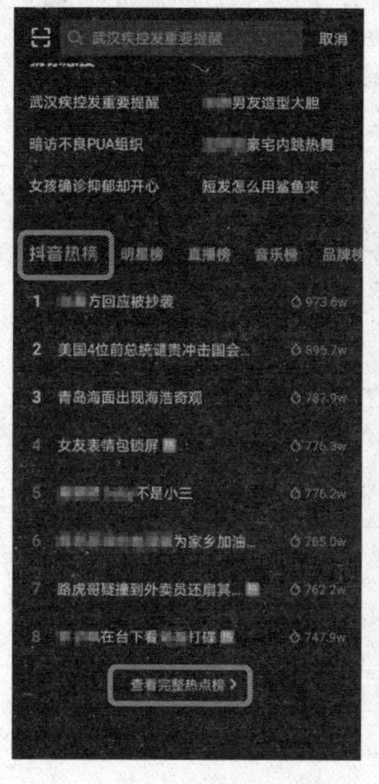

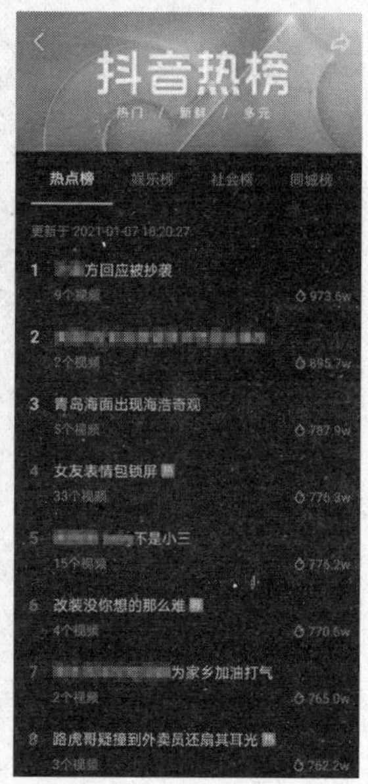

图 12-8　抖音热点榜

在拍摄完与某热点相关的视频后，播主在抖音官网登录自己的账号，然后在发布视频页面中找到“申请关联热点”项，并依照提示输入热点词。设置完成后，按流程发布视频即可，如图 12-9 所示。

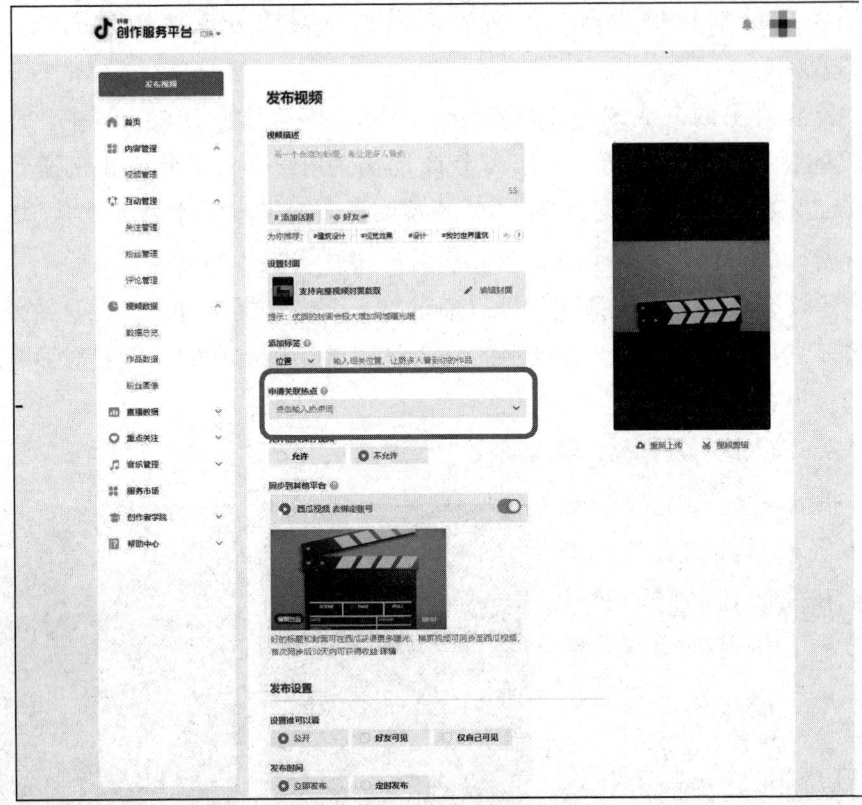

图 12－9　发布视频页面